Handbuch zum Entwerfen

regelspuriger

Dampf-Lokomotiven

von

GEORG LOTTER

Ingenieur der Lokomotivfabrik Krauss & Comp., A.G.
München.

Mit einem Begleitwort

von

WILHELM LYNEN

Professor des Maschinenbaus an der technischen Hochschule
München.

Mit 136 Abbildungen im Text

München und Berlin
Druck und Verlag von R. Oldenbourg
1909

Vorwort des Verfassers.

Das vorliegende Buch verdankt seine Entstehung den Bedürfnissen von Unterrichtszwecken; es soll jedoch auch dazu dienen, angehenden, bereits in der Praxis stehenden Ingenieuren des Eisenbahnwesens an die Hand zu gehen, ihnen über viele Schwierigkeiten mit geringerem Zeitaufwand hinwegzuhelfen und sie anzuleiten, aus der außerordentlich reichhaltigen lokomotivtechnischen Literatur das unbedingt Wissenswerte herauszuholen.

Da die für die Ausbildung von Fahrzeugen gebrachten Grundsätze nicht nur für die Dampflokomotive sondern auch für die zurzeit in lebhafter Entwicklung begriffene Elektrolokomotive Geltung haben, eignet sich ein großer Teil des Buches auch für Elektroingenieure, die sich mit dem Bau von Elektrolokomotiven zu beschäftigen haben.

Das Buch befaßt sich aus Gründen der Einheitlichkeit nur mit r e g e l spurigen Dampflokomotiven, wie sie für den Betrieb unserer mitteleuropäischen Bahnen in Frage kommen.

Es sei hervorgehoben, daß die auf S. 31 u. f. gegebenen Zahlentafeln der Hauptabmessungen und Gewichte in einer den üblichen Umfang überschreitenden Weise abgefaßt sind, damit sie alle Angaben enthalten, welche für den Konstrukteur bei Festlegung der Hauptabmessungen von Wichtigkeit sind.

Besonderen Wert habe ich auf die Betrachtung der Fahrzeugausbildung gelegt. Um das große Gebiet der ausgeführten Achsanordnungen besser übersehen zu können, habe ich mich bemüht, die vorwiegend gebrauchten Typen übersichtlich zu ordnen, ihre wichtigsten Eigenschaften (Überhang, Kessel-, Triebwerksanordnung, Kurvenbeweglichkeit usw.) deutlich zu kennzeichnen und durch eine Reihe von Skizzen mit erläuternden Begleitworten darzustellen. Ab und zu sind hierbei geschichtliche Bemerkungen eingeflochten, um dem vielfach sich regenden Interesse für die Entwicklungsgeschichte der Dampflokomotive Rechnung zu tragen.

Weiter habe ich eine große Zahl von vielfältigen und praktisch erprobten Zahlenangaben (über Spielräume, Abstände, Triebwerks-, Steuerungsabmessungen, Inanspruchnahmen, Gewichte von Einzelteilen usw.) zusammengefaßt, deren Anwendung beim Entwurf fortwährend notwendig wird, welche aber meist zu zerstreut oder gar nicht so zur Hand sind, wie es wünschenswert wäre. Im Bedarfsfall sind Beispiele herangezogen. Daß sich alle Angaben nur auf Ausführungen stützen, bedarf keiner weiteren Hervorhebung.

Zum Schluß spreche ich der Leitung der Kraußschen Lokomotivfabrik und anderer deutscher Werke meinen aufrichtigen Dank aus für das Entgegenkommen, welches sie mir zur Förderung des Buches erwiesen haben.

München, im April 1909.

Georg Lotter.

Fünfter Abschnitt.

Sechster Abschnitt.

Siebenter Abschnitt.

Achter Abschnitt.

Dampf-Lokomotiven

Inhaltsübersicht.

Einleitung.

Der Entwurf einer Dampflokomotive.

Der Entwurf einer Dampflokomotive umfaßt eine Reihe von rechnerischen und zeichnerischen Arbeiten. Zu ihrer raschen Förderung ist es wissenswert, die Reihenfolge zu kennen, in welcher die Grundlagen eines Lokomotiventwurfs schrittweise gewonnen werden.

Der Ausgangspunkt ist das »Betriebsprogramm«, welches die zu erzeugende Zugkraft, das hierzu erforderliche Reibungsgewicht, das Dienstgewicht sowie die Hauptabmessungen des Kessels und Triebwerks auf Grund von Erfahrungszahlen zu berechnen gestattet.

Nach Feststellung der Hauptabmessungen und kritischem Vergleich derselben mit ähnlichen bewährten Ausführungen ist die Rost- und Heizfläche des Kessels konstruktiv zu verwirklichen. Die anzufertigende Kesselskizze legt die Hauptmaße des Kessels: seinen mittleren Durchmesser und seine Gesamtlänge fest.

Ihr folgt zweckmäßig die Bestimmung des zur Tragung des Kessels und allenfallsiger Wasser- und Kohlenvorräte erforderlichen Gesamtachsstandes und dann die Gruppierung der Trieb-, Kuppel- und Laufachsen innerhalb dieses Gesamtachsstandes, kurz die Festlegung der »Achsanordnung«.

Die hierbei Beachtung verdienenden Gesichtspunkte sind in diesem Handbuch ausführlicher behandelt, als es wohl erwartet werden dürfte. Diese Unverhältnismäßigkeit in der Behandlung des Stoffes sei kurz begründet:

Die beim Entwurf der Achsanordnung einer Lokomotive maßgebenden Leitsätze sind bis jetzt nur selten in übersichtlicher Weise zusammengestellt worden. Ja es gibt sogar Werke über Lokomotivbau, welche eine systematische Zusammenstellung der auf dieses (freilich teilweise umstrittene) Gebiet bezüglichen Gesichtspunkte überhaupt nicht enthalten.

Der Grund dieser Erscheinung liegt nahe. Es fällt den Verfassern in der Regel nicht leicht, sich auf den Standpunkt des Entwerfenden zu stellen. Sie begnügen sich vielfach damit, Ausführungen zu besprechen, sie eventuell k r i t i s c h zu besprechen und hier und da einen Satz allgemeiner Bedeutung einzuflechten.

Die Gesichtspunkte, welche zu einer bestimmten Achsanordnung geführt haben, sind vielfach nicht bekannt und werden somit übergangen.

Diesem Mangel abzuhelfen ist im 4. Abschnitt (§ 144 u. ff.) versucht worden. Es entstand die Einteilung der Eisenbahnfahrzeuge nach der Art ihrer Führung im Gleis, nach welcher man direkt geführte, teilweise indirekt geführte und vollkommen indirekt geführte Fahrzeuge unterscheiden kann, je nachdem die Führung durch im Hauptrahmen gelagerte Achsen oder unter Vermittelung eines Drehgestells oder ausschließlich durch Drehgestelle erfolgt. Auf die für höhere Geschwindigkeiten sehr geeignete rein indirekte Führung der Lokomotive durch zwei Drehgestelle ist nachdrücklich hingewiesen. Diese Art der Führung findet im Lokomotivbau bekanntlich keine allgemeine Anwendung — wahrscheinlich aus Gewohnheitsgründen — die wenigen Ausnahmen, zu welchen die $^3/_4$ gekuppelte bewährte Krauß-Type der Bayerischen Staatsbahn und anderer Verwaltungen zählt (führendes Helmholtz-Drehgestell, fest gelagerte Triebachse, hinteres amerikanisches Drehgestell), sind in den §§ 62 bis 64, S. 220 u. f. angeführt.

Hand in Hand mit der genannten Einteilung der Fahrzeuge geht die Anwendung des Begriffes: »Geführte Länge des Fahrzeugrahmens«, welcher geeignet ist, die Güte der Führung eines Fahrzeuges in der Geraden und in Krümmungen zu kennzeichnen.

Von der zu entwerfenden Lokomotive sind bisher der Kessel und die Achsordnung ermittelt, bei welch letzterer für guten Lauf in der Geraden und der engsten vorkommenden

Krümmung Sorge getragen wurde. Um die gewählte Achsanordnung mit Ausführungen vergleichen zu können, sind die
am meisten gebrauchten Typen im 5. Abschnitt übersichtlich
zusamengestellt und — soweit erforderlich — kritisch besprochen.

Der weitere Entwurf befaßt sich zweckmäßig mit der
Durchbildung des Hauptrahmens und allenfallsiger Drehgestelle
(vgl. den 6. Abschnitt). Triebwerk und Steuerung sind soweit
besprochen, als sie den Vorentwurf beeinflussen. Zum Schluß
folgt die zwar überschlägige, im Interesse der vorherigen Preis-
bestimmung jedoch möglichst genaue Ermittelung des voraussichtlichen Leer- und Dienstgewichtes und die Prüfung, ob die
ursprünglich angestrebten Achsdrücke eingehalten werden.

Damit ist der Vorentwurf einer Lokomotive erledigt und
die Grundlage zur konstruktiven Durchbildung der Einzelheiten
gewonnen. Auf letztere ist nicht eingegangen, da dies außerhalb
des Rahmens dieser für den Anfänger bestimmten »Anleitung
zum Entwurf« liegt. Indes sind bei jeder passenden Gelegenheit
geeignete Hinweise gegeben, welche zu weiterem Studium der
lokomotivtechnischen Literatur anregen sollen.

Erster Abschnitt.

Bestimmung der Hauptabmessungen und Gewichte.

§ 1.   **1. Angaben, welche zum Entwurf einer Lokomotive erforderlich sind.**

1. **Die Leistungsprogramme.** Diese schreiben vor:

1. Die Förderung einer bestimmten Last G[1]) am Zughaken mit einer bestimmten Mindestgeschwindigkeit in der Wagerechten.

2. Die Förderung der nämlichen oder einer anderen Nutzlast mit einer bestimmten Geschwindigkeit auf einer bestimmten Steigung, in welcher allenfalls gewisse Krümmungen vorkommen.

3. Die Höchstgeschwindigkeit, mit welcher die leere Lokomotive bei ruhigem Lauf zu fahren hat.

   Punkte 1 und 2 sind für die Kessel- und Maschinenleistungen entscheidend, Punkt 3 bedingt den Triebraddurchmesser (vgl. T. V. § 102, Fassung 1909, Zahlentafel Nr. 1, S. 10/11) und die Durchbildung der Lokomotive als Fahrzeug (vgl. die im 4. Abschnitt im § 30, S. 145 u. f. gegebenen Gesichtspunkte).

---

[1]) Alle in diesem Handbuch gebrauchten Abkürzungen sind auf Seite 264 u. ff. zusammengestellt.

2. Der höchste zulässige Achsdruck.

1. Dieser beträgt auf den Hauptbahnen des Vereins deutscher Eisenbahnverwaltungen z. Z. höchstens 16 t $= 2 \times 8$ t. Auf Nebenbahnen schwankt er zwischen 10,12 und mehr Tonnen.

Höhere Achsdrücke als 16 t, welche z. B. bei Einrichtungen zur zeitweiligen Erhöhung des Reibungsgewichts [1]) vorkommen, sind nur mit Genehmigung der Landes-Aufsichtsbehörde zulässig.

2. Die Achsdrücke werden nach den heute noch geltenden Bestimmungen (gemäß T. V. § 6) bei stillstehendem Fahrzeug gemessen. Die senkrechten, nicht ausgeglichenen Komponenten der Fliehkraft der Gegengewichtsmassen zum Ausgleich der hin und her gehenden Triebwerksteile werden also nicht berücksichtigt, obwohl sie auf jeder Maschinenseite einmal während einer Umdrehung eine Mehrbelastung der Schiene bewirken.

3. Bei sehr schweren und besonders bei kurzachsstandigen Lokomotiven ist zu untersuchen, ob sie den Brückenbelastungs-Vorschriften der betreffenden Verwaltung entsprechen.

3. **Der kleinste Krümmungshalbmesser** auf freier Strecke und die hier vorhandene Spurerweiterung, ebenso der kleinste überhaupt zu befahrende Krümmungshalbmesser, welcher gewöhnlich auf mit nur sehr geringer Geschwindigkeit zu befahrenden Schuppengleisen liegt, der kleinste Krümmungshalbmesser in Weichen und die hier vorhandene Spurerweiterung.

4. **Die Länge der ohne Erneuerung der Vorräte zu durchfahrenden Strecke,** der Abstand der vorhandenen Wasser- und Kohlenstationen. Bedarf an Vorräten:
a) bezogen auf die kilometrische Länge der Bahnstrecke: Wasserverbrauch: $6 \div 7$ l/kg verbrannter guter Steinkohle, hierzu noch ca. $10 \div 15\,^0/_0$ für Verluste beim Speisen usw. Kohlenverbrauch auf Flach- und Hügellandbahnen: im Schnellzugdienst ca. 12 kg/km, im Personenzugdienst ca. 10 kg/km, bei Güterzügen bis zu 16 kg/km.

---

[1]) Z. 1903, S. 877. — Baden IV f. ($S^3/_6$. 2 C 1) Z. 1908, S. 567. — D. Lok. 1908, S. 196.

b) bezogen auf 1 PS_e-Std.: Wasserverbrauch bei Naßdampfbetrieb mit einstufiger Dampfdehnung $15 + 12,5$ kg/PS_e-Std.,
mit zweistufiger Dampfdehnung 11 kg/PS_e-Std., bei Betrieb
mit Heißdampf $10,5 + 8,8$ kg/PS_e-Std. Der Kohlenverbrauch
ergibt sich aus der Verdampfungsziffer des verfeuerten
Brennstoffs.

5. **Die Entscheidung,** ob die zu entwerfende Lokomotive in
beiden Fahrtrichtungen verkehren soll, ohne gedreht zu
werden, oder ob an den Endpunkten der Bahn Drehscheiben
mit einem gegebenen Durchmesser vorhanden sind.

6. **Die Art des zu verfeuernden Brennstoffs:**

   a) seine (auf Versuchsfahrten bestimmte) Verdampfungsziffer,
   welche die Größe der Rostfläche bedingt,

   b) die Art seiner Flammenbildung (ob lang- oder kurzflam-
   mig), welche die Feuerraumtiefe beeinflußt.

   Verdampfungsziffern:

   Holz 3
   Braunkohle . . . . 3,5 ÷ 5
   Steinkohle je nach Güte . . . . . 6 ÷ 9
   Petroleumrückstände 12

Weiter können noch folgende Angaben von Wichtigkeit
werden:

7. **Die schwierigste Stelle der zu befahrenden Strecke:**
Engste Kurve in größter Steigung, Vorhandensein feuchter
Tunnels, schienengleicher Wegeübergänge, da diese Umstände
die Reibungszugkraft stark herabziehen (vgl. § 7, S. 16,
Zahlentafel 3).

8. **Das kleinste Durchfahrtsprofil,** falls dies noch innerhalb
der »Umgrenzungslinie der festen Teile für Haupt- und
Nebenbahnen« liegen sollte, was bei regelspurigen Lokomotiven, die auf Höfen oder in Gebäuden verkehren sollen,
zuweilen gefordert wird.

Anmerkung: Bei Festlegung aller Breitenabmessungen ist im
allgemeinen die »Umgrenzungslinie der festen Teile für Haupt- und Nebenbahnen«, nicht etwa die »Umgrenzung des lichten Raumes für Haupt- und
vollspurige Nebenbahnen« maßgebend. Vgl. Hütte, 20. Aufl. II, S. 756,
Abb. 9, in welcher beide Umgrenzungslinien vereinigt sind.

2. Ermittelung der Zugwiderstände, welche bei Erfüllung der Leistungsprogramme zu überwinden sind. § 2.

Hierzu eignen sich u. a. folgende Formeln:

1. **Die Clarksche Formel in der Erfurter Fassung:**

1. w kg/t $= 2{,}4 + \dfrac{V^2}{1300} \pm s + k$,

wobei s das Steigungsverhältnis der Bahn in $^0/_{00}$, positiv in Steigungen, negativ in Gefällen, k der Krümmungswiderstand, nach von Röckl $= \dfrac{650}{R^m - 55}$ kg/t.

2. W kg $= (L + T + G) \cdot w$.

2. **Die in der Kraußschen Lokomotivfabrik üblichen Formeln:**

a) für Geschwindigkeiten unter 40 km/Std.

$$W \text{ kg} = L_1 \cdot l + (L - L_1 + T + G) \cdot w$$
$$+ (L + T + G) \cdot (\pm s + k),$$

wobei l der Laufwiderstand der gekuppelten Lokomotivachsen

bei zweifach gekuppelten Lokomotiven $= 8$ kg/t
» dreifach   »   » $= 10$ »
» vierfach   »   » $= 12$ »
» fünffach   »   » $= 14$ »

w der Laufwiderstand der ungekuppelten Lokomotiv-, der Tender- und Wagenachsen $= 3{,}5$ kg/t, s und k wie unter 1.

b) für Geschwindigkeiten von 40 bis 120 km/Std.

$$W \text{kg} = (L + T + G) \cdot (w \pm s + k),$$

wobei w der Laufwiderstand aller Zugachsen $= \dfrac{V}{10}$ kg/t, s und k wie unter 1.

3. **Die Franksche Formel,** welche die verschiedenartige Zusammensetzung der Züge berücksichtigt. Diese ist somit vorwiegend für g e n a u e r e Widerstandsermittelungen, insbesondere bei Vergleichsversuchen geeignet. Lit. Org. 1883, S. 3, 69; Z. 1903, S. 460; Z. 1907, S. 94.

A n m e r k u n g : Die B a r b i e r sche Formel empfiehlt sich weniger, da sie nur für enge Geschwindigkeitsgrenzen richtige Werte liefert.

Das Lokomotivgewicht L und das Tendergewicht T wird in die angeführten Formeln unter Benutzung der Zahlentafeln 5 bis 7 des 2. Abschnitts, S. 31 bis 123, s c h ä t z u n g s -
w e i s e — vorbehaltlich einer späteren Berichtigung — eingesetzt.

§ 3. ### 3. Ermittelung der Nutzleistung der Lokomotive, am Triebradumfang gemessen.

$$N\,\mathrm{PS_e} = \frac{Z\,\mathrm{kg} \cdot V\,\mathrm{km/Std.}}{270},$$

wobei die Zugkraft Z dem nach § 2 gefundenen Gesamtwiderstand W des aus Lokomotive, Tender und angehängten Wagen bestehenden Zuges gleich ist und für V die in den Leistungsprogrammen geforderten Fahrgeschwindigkeiten eingesetzt werden.

Die hier genannte Zugkraft Z kann zum Unterschiede von anderen Arten der Zugkraft (vgl. § 8, S. 16) »leistungsprogrammgemäße Zugkraft« genannt werden.

§ 4. ### 4. Bestimmung der erforderlichen Verdampfungsheizfläche H.

Da die spezifische Inanspruchnahme der Heizfläche ($\mathrm{PS_e/m^2}$) von der minutlichen Umlaufzahl n und diese vom Triebraddurchmesser D mm der Maschine abhängt, muß über die minutliche Umlaufzahl n der Triebräder, bzw. ihre sekundliche Umlaufzahl u, über ihren Durchmesser D, weiter über die Verwendung von Naß- oder Heißdampf, von Zwillings- oder Verbundwirkung, über das Verhältnis $\frac{H}{R}$ und über den höchsten Betriebsdruck p Entscheidung getroffen werden.

1. n bzw. u ergeben sich aus T. V. § 102, Fassung 1909, welche 1. die Achsanordnung,

2. die Art der Verteilung der gefederten Lokomotivmasse auf die Radbasis berücksichtigt. (Die Zahlentafel Nr. 1, S. 10 und 11 gibt Übersicht über die bei den verschiedenen Bauarten zulässigen höchsten minutlichen Umlaufzahlen n.)

Bei Lokomotiven, deren besondere Bauart ruhigen Gang sichert, sind mit Genehmigung der Aufsichtsbehörde höhere Umlaufzahlen zulässig; z. B. Dampfmotorwagen der Bayerischen Staatsbahn, Klasse MCCi, mit Maffei-Triebwerk, bestehend aus zwei Zylindern und 2×2 gegenläufigen Triebwerken: $V_{max} = 75$ km/Std., $D = 990$ mm, $n_{max} = 402$, $u_{max} = 6,7$.

Zusammenhang zwischen n, u, D und V.

$$n = 5310 \cdot \frac{V \, \text{km/Std.}}{D \, \text{mm}}$$

$$u = 88,5 \cdot \frac{V \, \text{km/Std.}}{D \, \text{mm}}.$$

2. Der Triebraddurchmesser D ist in den allermeisten Fällen durch die Erfahrung festgelegt, kann also aus den Zahlentafeln 5 und 7, S. 31 u. f. entnommen werden. Gegebenenfalls kann man die Wahl von D an folgenden, bis zu Geschwindigkeiten von etwa 90 km/Std. brauchbaren Formeln prüfen:

v. Grove: $D\,\text{cm} = 95\,\text{cm} + 4v$,

Georg Meyer: $D\,\text{cm} = 100\,\text{cm} + V$,

v. Borries: $D\,\text{mm} = 800\,\text{mm} + 15\,V$.

Kleine Raddurchmesser haben sich vielfach gut bewährt; sie bieten folgende Vorteile: Geringes Gewicht (ungefederter Teile), hohe Umlaufzahl, folglich gute Feueranfachung, Verringerung der Dampfniederschläge in den Zylindern.

3. Die Entscheidung der Anwendung von Naß- oder Heißdampf, der Zwillings- oder Verbundwirkung, liegt meist in den Händen des Bestellers.

Die Vorzüge des Heißdampfs fallen um so bedeutender ins Gewicht, je höher die verlangte Schlepp- und Geschwindigkeitsleistung, je größer die für die zu durchfahrenden Strecken erforderlichen Wasser- und Kohlenvorräte und je kürzer die Betriebspausen sind.

Zahlentafel
Höchste minutliche Umlaufzahl *n*, welche
Fahrgeschwindigkeit in der Regel nicht

Mindestens eine Achse unter oder hinter der Feuerbüchse								
	1	2	3	4	5	6	7	8
Zylinder außen oder zwei Zylinder außen und ein Zylinder innen	Lokomotiven mit in einem vorderen Drehgestelle vereinigten Laufachsen			Lokomotiven mit vorderer Laufachse oder vorderem Deichselgestelle			Lokomotiven ohne vordere Laufachse	
	freier Triebachse oder 2 gek. Achsen oder 3 gek. Achsen	4 gek. Achsen	5 gek. Achsen	freier Triebachse oder 2 gek. Achsen oder 3 gek. Achsen	4 gek. Achsen	5 gek. Achsen	mit freier Triebachse oder 2 gek. Achsen oder 3 gek. Achsen	mit 4 gek. Achsen oder 5 gek. Achsen
	und mit oder ohne hintere Laufachse, hinteres Dreh- oder Deichselgestell							
Umdrehungszahl in der Minute	320	260	230	280	260	230	260	200

	12	13	14	15	16	17
Zylinder innen oder je zwei Zylinder innen und außen mit gegenläufigem Triebwerke	Lokomotiven mit in einem vorderen Drehgestelle vereinigten Laufachsen		Lokomotiven mit vorderer Laufachse oder vorderem Deichselgestelle		Lokomotiven ohne vordere Laufachse	
	freier Triebachse oder 2 gek. Achsen oder 3 gek. Achsen	4 gek. Achsen oder 5 gek. Achsen	freier Triebachse oder 2 gek. Achsen oder 3 gek. Achsen	4 gek. Achsen oder 5 gek. Achsen	mit freier Triebachse oder 2 gek. Achsen oder 3 gek. Achsen	mit 4 gek. Achsen oder 5 gek. Achsen
	und mit oder ohne hintere Laufachse, hinteres Dreh- oder Deichselgestell					
Umdrehungszahl in der Minute	360	280	310	280	280	250

Nr. 1.

„bei der gröfsten zulässigen
überschritten werden soll".

Feuerbüchse überhängend		
9	10	11
Lokomotiven mit beliebiger Lage der Zylinder und		
2 oder 3 gek. Achsen und mit vorderer Laufachse, vorderem Drehoder Deichselgestelle	2 oder 3 gek. Achsen und ohne vordere Laufachse, vorderes Drehoder Deichselgestell	4 oder 5 gek. Achsen mit und ohne vordere Laufachsen
240	220	180
18		
Lokomotiven mit Triebdrehgestellen, mit oder ohne überhängende Feuerbüchse und mit beliebiger Lage der Zylinder		
200		

Anmerkung.

Für Lokomotiven, die zur beliebigen Verwendung in beiden Fahrtrichtungen bestimmt sind, ist jeweils jene Umdrehungszahl der Triebräder zulässig, die der Radfolge in der betreffenden Fahrtrichtung entspricht.

Bemerkungen:

1. Nach T. V. § 88, 2 werden ›für Schnellzuglokomotiven zweiachsige Drehgestelle, deren Drehpunkt zwischen den Drehgestellachsen liegt, sowie Verbindungen beweglicher Achsen von ähnlicher Wirkung an erster Stelle empfohlen‹. Das amerikanische und das Krauß-Helmholtz-Gestell sind also für alle Geschwindigkeiten zugelassen.

2. Vorausfahrende ›ein- oder zweiachsige Deichselgestelle und nach der Bahnkrümmung einstellbare Laufachsen‹ sind dagegen nach T. V. § 88, 3 nur für Lokomotiven geeignet, die für Fahrgeschwindigkeiten bis 80 km/Std. bestimmt sind.

4. $\dfrac{H}{R}$ wird gewählt

a) bei langflammigem Brennmaterial

   α) bei Lokomotiven mit verhältnismäßig großer Leistungsfähigkeit, welche bei geringem Gewicht erzielt werden
muß, also besonders bei Schnellzugmaschinen, zu
50 ÷ **55** ÷ 60,

   β) bei Lokomotiven, welche bezüglich des Dienstgewichtes keine allzu große Sparsamkeit erfordern,
somit schwere Kessel mit größeren Heizflächen ver-
tragen können, also besonders bei Gütermaschinen:
60 ÷ 65.

b) bei kurzflammigem Brennstoff (Anthrazit, Kleinkohle)
20 ÷ 30.

c) bei Koks 100.

$\dfrac{H}{R}$ ist um so höher zu wählen, je mehr auf ruhiges
Verbrennen der Kohle und auf geringen Brennstoffver-
brauch Wert gelegt wird.

> Anmerkung. Zur Vermeidung von Irrtümern sei daran
> erinnert, daß in diesem Handbuch — sofern nicht anders bemerkt
> — unter H die feuerberührte, verdampfende Heizfläche
> (unter Ausschluß einer allenfalls vorhandenen Überhitzerheiz-
> fläche $H_{\text{Üb}}$) verstanden ist.

5. Der höchste Kesseldruck p kg/cm² sei bei Naß- und
Heißdampf-Zwillingslokomotiven nicht unter 12 kg/cm²,
bei Verbundlokomotiven größer als 12 kg/cm².

> Anmerkung. Hoher Kesseldruck verursacht zuweilen
> wegen der erforderlichen größeren Blechstärke ein Kesselgewicht,
> welches zu große Achsbelastungen bedingen würde. Dieser
> Umstand kann bei großen Schnellzuglokomotiven eine Herab-
> setzung der ursprünglich in Aussicht genommenen höchsten
> Spannung im Gefolge haben; z. B. Bayerische Staatsbahn
> Klasse S³/₆, Nr. 3201, erbaut von Maffei i. J. 1906, welche mit
> nur 14 kg/cm² arbeitet, obwohl alle neueren, bis dahin erbauten
> Schnellzuglokomotiven der nämlichen Verwaltung 16 kg/cm²
> höchste Kesselspannung haben.

Nach Entscheidung der Punkte $1 \div 5$ kann die erforderliche »gesamte wasserverdampfende Heizfläche H« bestimmt werden. Ihre Festlegung ist umso schwieriger, je größer die gewünschte Kesselleistung ist und je mehr beim Entwurf an Gewicht gespart werden muß.

Wohl jede Lokomotivbauanstalt benutzt zur Heizflächenbestimmung ihre eigenen, auf langjähriger Erfahrung begründeten Formeln, deren Ergebnisse u. U. je nach dem besonderen Fall modifiziert werden.

Zur Ermittelung der Heizfläche wird vielfach verwendet:

Die von Borriessche Zahlentafel der Anstrengungsziffer β

der Heizfläche $\dfrac{\beta \, \mathrm{PS_e} \text{ am Triebradumfang}}{1 \, \mathrm{m^2} \text{ Heizfläche}}$:

Zahlentafel Nr. 2.

Gattung		Dampfwirkung	$\dfrac{H}{R}$	$\dfrac{H \ddot{U}b}{R}$	p	$\dfrac{J}{H}$	Anstrengungsziffer β bei einer sekundlichen Umdrehungszahl u									
							1,0	1,5	2,0	2,5	3,0	3,5	4,0	4,5	5	5,5
Naßdampf	S, P	Zwilling	50÷60	—	12	0,80	—	4,2	4,5	4,8	5,0	5,2	5,3	5,4	5,5	5,6
		Zweizyl.-Verb.	50÷60	—	12	0,85	—	4,5	5,1	5,6	6,0	6,4	6,7	6,9	7,0	7,1
		Vierzyl.-Verb.	50÷60	—	14	0,85	—	5,9	6,3	6,7	7,0	7,2	7,4	7,6	7,7	7,8
	G	Zwilling	55÷65	—	10	0,85	3,5	3,8	4,1	4,3	4,5	—	—	—	—	—
		Verbund	55÷65	—	12	0,90	3,8	4,2	4,5	4,8	5,0	—	—	—	—	—
Heißdampf	S, P	Zwilling	42÷60	11÷17	12	0,87÷1,5	—	7,0	7,5	8,0	8,3	8,6	8,8	9,0	9,2	9,3
		Zweizyl.-Verb.	40÷55	10÷14	12	0,8 ÷1,2	—	7,5	8,5	9,3	10,0	10,7	11,2	11,5	11,7	11,8
		Vierzyl.-Verb.	39÷52	10÷12,5	14	0,74÷0,9	—	9,8	10,5	11,2	11,7	12,0	12,3	12,6	12,8	13,0
	G	Zwilling	46÷62	11÷19	12	1,15 ÷1,7	6,4	7,0	7,5	7,9	8,2	—	—	—	—	—
		Verbund	40÷44	9÷10,2	13	0,93 ÷1,3	6,6	7,3	7,8	8,3	8,6	—	—	—	—	—

Die in vorstehender Zahlentafel schräg gedruckten Ziffern sind in der Borriesschen Originaltabelle (Fassung von 1903, E. d. G. 2. Aufl., S. 73) nicht enthalten. Ihre Ergänzung schien mit Rücksicht auf die inzwischen vielfach vorgenommene Erhöhung der Umlaufzahl und die Einführung des Heißdampfes wünschenswert. Bei Benutzung der Zahlentafel 2 ist zu beachten:

1. Wird der Kesseldruck von p Atm. auf p_1 Atm. erhöht, so steigt die zulässige Belastung der Heizfläche von

$$\beta \, \mathrm{PS_e/m^2} \text{ auf } \beta_1 = \beta \cdot \sqrt{\frac{p_1}{p}} \, \mathrm{PS_e/m^2}.$$

2. Bei Versuchsfahrten wurden vielfach noch höhere Werte festgestellt. Dies kann begründet sein

in der Verwendung besseren Brennstoffs,

in der Geschicklichkeit des Personals,

in besonders vorteilhaften Witterungsverhältnissen, welche den Zugwiderstand günstig beeinflußen.

Die erforderliche Verdampfungsheizfläche H m²
= N PS$_c$: β PS$_e$/m².

§ 5.

5. Bestimmung der Rostfläche R.

Die Rostfläche folgt unmittelbar aus dem nach § 4 gewählten Verhältnis $\dfrac{H}{R}$ zu $R = H : \dfrac{H}{R}$.

Die Größe der Rostfläche ist abhängig von der Verbrennungsgeschwindigkeit des Feuerungsmaterials und von der Höhe, in welcher dieses auf den Rost geschichtet werden kann.

§ 6.

6. Vorläufige Schätzung des Dienstgewichts L der Lokomotive

auf Grund der nach § 4 bestimmten Kesselheizfläche H unter Benutzung der in den Zahlentafeln 5 und 7 S. 31 u. f. gegebenen Wertziffern $\dfrac{H}{L}$:

$$L = H : \dfrac{H}{L}.$$

Die richtige Wahl der Wertziffer $\dfrac{H}{L}$ ist schwierig, da sie von vielen Umständen in mannigfacher Weise beeinflußt wird. Vergleicht man die Werte $\dfrac{H}{L}$ in den Tafeln 5 und 7, so findet man, daß dieser Quotient im großen und ganzen in verhältnismäßig engen Grenzen schwankt, und zwar bei Lokomotiven mit besonderem Tender etwa zwischen 2,3 und 3,3 m²/t, bei Tenderlokomotiven etwa zwischen 1,5 und 2,6. $\dfrac{H}{L}$ hat nur bei Tenderlokomotiven mit gleich großen Vorratsräumen den Sinn einer vergleichbaren Wertziffer.

Hierzu sei bemerkt

a) bezüglich H:

1. Steigert man die Heizfläche eines Kessels in bestimmtem Maße, so nimmt das entsprechende Kesselgewicht langsamer zu, da in einem Langkessel größeren Durchmessers (bei gleichbleibender Siederohrteilung) unverhältnismäßig mehr Rohre untergebracht werden können als in einem solchen geringeren Durchmessers. Das Gewicht der Feuerbüchse und des Feuerbüchsmantels nimmt mit zunehmender Feuerbüchsheizfläche verhältnismäßig zu, das Langkesselgewicht jedoch steigert sich bei einer Vergrößerung der Rohrheizfläche weit langsamer als bei dem Kesselhinterteil.

2. Die Größe der erforderlichen Heizfläche wird durch die Güte der Dampfausnutzung insofern beeinflußt, als mit einer Steigerung der Dampfausnutzung

durch Vorwärmung des Speisewassers[1]),
» Erhöhung des Kesseldrucks,
» Dampftrocknung oder Überhitzung,
» Heizung der Zylinder[2]),
» weiter getriebene Dampfdehnung,
» Anwendung der »Gleichstrom-Dampfmaschine« im Lokomotivbau[3])

die Kesselabmessungen und das Kesselgewicht (bei gleich bleibender Maschinenleistung) abnehmen.

b) bezüglich L: Das Dienstgewicht L setzt sich im wesentlichen zusammen aus dem Gewicht des Rahmens, Kessels, der Maschine und der Ausrüstung, wozu bei Tenderlokomotiven noch die Vorräte kommen, die hier von erheblichem Einflusse sind.

Das Rahmengewicht wird stark beeinflußt durch die Bauart der Lokomotive im allgemeinen (Achsanordnung, Drehgestelle usw.) und durch die Durchbildung des Rahmens im

---

[1]) Ägypt. Staatsbahn $S^2/_4$: 2 Bo, Vorwärmer Bauart Trevithick Z. 1907, S. 11; Central of Georgia $G^4/_5$: 1 Do, Z. 1900, S. 154.

[2]) Est $S^3/_5$ 2 Co (Serie 10).

[3]) Zuerst versucht auf der Intercolonial Railway of Canada, vgl. The Railroad Gazette 1901, S. 395.

besondern. Die Anwendung von vier durchlaufenden Rahmen-
blechen, von kombiniertem Außen- und Innenrahmen, von Außenrahmen überhaupt, der Einbau umständlicher Rahmenverstei-
fungen vergrößern den Wert L gegenüber dem bei einfachen
Barrenrahmen, Innen- oder Kraußschen Kastenrahmen.

Das Kesselgewicht ist bereits unter a) besprochen.

Das Gewicht der Lokomotiv-Dampfmaschine
nimmt mit Vergrößerung der Leistung langsam zu. Triebräder sehr großen Durchmessers oder solche mit schweren Gegen-
gewichten, insbesondere bei geringem Radsterndurchmesser,
Kropfachsen, endlich die Anordnung von drei oder vier Triebwerken vergrößern L stärker.

Das Gewicht der Ausrüstung, u. a. des Führerhauses,
beeinflußt L um so mehr, je kleiner die Lokomotive ist; besonders geforderte Bremseinrichtungen steigern L in dem Maße,
je höher der gewünschte Bremsdruck und je größer die Zahl
der abzubremsenden Räder ist.

Aus dem Angeführten geht hervor, daß eine genaue Schät-
zung des voraussichtlichen Dienstgewichtes außerordentliche Erfahrung erfordert. Es ist deshalb allgemein üblich, die Gewichte aller
Einzelteile in einer Tabelle zu vereinigen, um das zu erwartende
Gesamtgewicht möglichst genau zu erhalten; gleichzeitig werden
hierbei die Lage des Gesamtschwerpunkts der leeren und der
dienstbereiten Lokomotive sowie die Verteilung ihres gefederten
Gewichts auf die Unterstützungspunkte des Hauptrahmens (auf
die »Federbasis«) und damit die zu erwartenden Achsdrücke
ermittelt. Über die Verwirklichung bestimmter angestrebter
Achsdrücke (vgl. § 85, S. 258).

§ 7.   7. Ermittelung des erforderlichen Reibungsgewichts L_1.

1. **Die Reibungsziffer.** Das Reibungsgewicht L_1 ergibt
sich unter Zugrundelegung einer mittleren Reibungsziffer für
diejenige Zugkraft, welche während der Fahrt, d. h. im Beharrungszustand, den größten nach den Leistungsprogrammen sich
ergebenden Gesamtwiderstand des Zuges überwindet. Diese
als »leistungsprogrammgemäße Zugkraft Z« bezeichnete Kraft
wirkt am Umfange der Triebräder; ihre Größe ist im § 2 bereits

ermittelt. Die Reibungsziffer zwischen Radreifen und Schiene, auch »Adhäsionskoeffizient« genannt, ist mit dem Zustand der Schienen stark veränderlich. Über die erfahrungsmäßigen Werte gibt nachstehende Zahlentafel 3 Aufschluß.

Es ist üblich, entweder mit der Reibungsziffer

$$f = \frac{Z\,\text{kg}}{L_1\,\text{kg}} = 1 : \frac{L_1\,\text{kg}}{Z\,\text{kg}}$$

oder nach von Borries mit dem Quotienten $\dfrac{Z\,\text{kg}}{L_1\,\text{t}}$ zu rechnen.

Bei diesen beiden Quotienten ist jedoch zu beachten, daß unter Z ein physikalischer Wert, nämlich der Reibungswiderstand zwischen Radreif und Schiene zu verstehen ist, dem die am Triebradumfang entwickelte »Zylinderzugkraft Z_z« höchstens gleich werden darf, wenn Schleudern, d. i. Gleiten der Räder auf den Schienen ohne Fortbewegung der Lokomotive, vermieden werden soll. In den Lokomotivtabellen dagegen, vgl.

Spalte $\dfrac{Z_z}{L_1}$ der Zusammenstellungen 5 und 7 des 2. Abschnitts, ist für Z_z ein rechnungsmäßiger Wert, ermittelt nach den Formeln des § 11, vgl. S. 22 u. ff., die »Zylinderzugkraft Z_z«, eingesetzt.

Zahlentafel Nr. 3.

Übersicht über die Veränderlichkeit der Werte $f = \dfrac{1}{\cdot\cdot} \;\text{bzw.}\; \dfrac{Z}{L_1}$, **abhängig vom Zustand der Schienen.**

	f	$\dfrac{Z}{L_1}$ kg/t
Bei trockenen, staubfreien oder ganz nassen Schienen	$\dfrac{1}{7} \div \dfrac{1}{6{,}6} \div \dfrac{1}{6}$	$143 \div 150 \div 167$
Bei Glatteis, Tau, Nebelreißen, in feuchten Tunnels und auf Bahnhofstrecken, wo regelmäßig mit geöffneten Zylinderhähnen gefahren wird	$\dfrac{1}{7} \div \dfrac{1}{10}$ und weniger	$143 \div 100$ und weniger
Bei verlässigen Sandstreuern, welche trockenen, reinen, körnigen Sand (auch bei Seitenwind) zwischen Rad und Schiene fördern . . .	$\dfrac{1}{5} \div \dfrac{1}{4}$ und mehr	$200 \div 250$ und mehr

2. Das erforderliche Reibungsgewicht L_1 ist somit

$$L_1 \geqq \frac{Z}{f} \text{ oder } L_1 \geqq Z : \frac{Z}{L_1},$$

wobei für Z die »leistungsprogrammgemäße Zugkraft« einzusetzen, und für f bzw. $\frac{Z}{L_1}$ folgende Werte zugrunde zu legen sind:

a) bei S- und P-Lokomotiven mit besonderem Tender: $\frac{1}{6,67}$ bzw. 150 kg/t;

b) bei G-Lokomotiven mit besonderem Tender auf mäßig gekrümmten Strecken: $\frac{1}{6}$ bzw. 167 kg/t;

c) bei G-Lokomotiven mit besonderem Tender auf ausgesprochenen Gebirgslinien mit scharfen Krümmungen und feuchten Tunnels: $\frac{1}{6,67}$ bzw. 150 kg/t;

d) bei T-Lokomotiven, deren Reibungsgewicht durch den Verbrauch der Vorräte nur wenig beeinflußt wird, je nach dem Verwendungszweck die unter a) ÷ c) genannten Werte;

e) bei T-Lokomotiven, deren Reibungsgewicht durch den Verbrauch der Vorräte abnimmt: $\frac{1}{9} \div \frac{1}{7}$ bzw. 110 ÷ 143 kg/t, wobei unter L_1 das Reibungsgewicht bei v o l l e n Vorräten verstanden ist.

§ 8. Die vier verschiedenen Arten der „Zugkraft" einer Lokomotive.

Bei Berechnung der Hauptabmessungen einer Lokomotive kommen vier verschiedene Arten der »Zugkraft« in Frage:

1. die »leistungsprogrammgemäße« Zugkraft,
2. die Zugkraft aus der Maschinenleistung,
3. die Zugkraft aus der Kesselleistung,
4. die Zugkraft aus dem Reibungsgewicht.

Diese vier Arten sind voneinander wohl zu unterscheiden und seien deshalb kurz besprochen:

. **1. Die leistungsprogrammgemäfse Zugkraft** Z ist diejenige Zugkraft, welche dem beim Leistungsprogramm zu überwindenden Gesamtwiderstand das Gleichgewicht hält. Sie wird am Triebradumfang, nicht etwa am Zughaken gemessen, ist demnach die Summe der zur Bewegung der Lokomotive, des Tenders und der Wagen erforderlichen Zugkräfte.

2. Die Zylinderzugkraft Z_z, auch »Zugkraft aus der Maschinenleistung« genannt, ist die von der Lokomotivmaschine am Hebelarm des Triebradhalbmessers erzeugte Umfangskraft; sie ist — wie die Umfangskraft oder der entsprechend bezogene »Tangentialdruck« einer jeden Kolbendampfmschine von o bis zu einem Maximum veränderlich und wird im Mittel gesetzt:

$$Z_z = u \, p \, \frac{d^2 h}{D},$$ wobei die jeweiligen Werte des Koeffizienten u

aus den Formeln des § 11, S. 22 u. f. ersehen werden mögen.

Die Gefahr des Schleuderns ist am größten, wenn Z_z sein Maximum erreicht. Da Verbundmaschinen ein gleichmäßigeres Tangentialdruckdiagramm haben als Zwillingsmaschinen, so folgt: Verbundlokomotiven können mit einem geringerem Reibungsgewicht ausgestattet werden als Zwillingslokomotiven, gleichviel ob Zwei- oder Vierzylinderverbund, bzw. einfacher oder doppelter Zwilling. In all den Fällen, wo die Gefahr des Schleuderns besonders groß ist, erweist sich die Verbundlokomotive (ausnahmlich der Bauarten mit Dampfdrehgestell) der Zwillingslokomotive überlegen, besonders also auf Gebirgsbahnen mit außergewöhnlich scharfen Krümmungen, in denen die gekuppelten Räder infolge des Unterschiedes der Länge des inneren und äußeren Stranges teilweise auf unrichtigen Lauf- kreisen zu rollen kommen, somit schon bei jeder Umdrehung um einen geringen Betrag ihres Umfangs gleiten müssen, wodurch das Eintreten des Schleuderns erfahrungsmäßig stark begünstigt wird.

3. Die Zugkraft aus der Kesselleistung Z_{KL}, d. h. die- jenige Kraft, deren Aufrechterhaltung dem Kessel ohne Über- anstrengung dauernd möglich ist, bestimmt sich aus der Be- ziehung:

$$N\mathrm{PS} = \beta H = \frac{Z_{KL} \cdot V}{270} \quad \text{zu} \quad Z_{KL} = \beta H \cdot \frac{270}{V},$$

wobei β, die Anstrengungsziffer der Heizfläche, der Zahlen- tafel 2, Seite 13, entnommen wurde.

Dieser Wert, die Zugkraft aus der Kesselleistung, muß mindestens ebenso groß sein als die »leistungsprogrammgemäße Zugkraft Z«. Ist $Z_{KL} < Z$, so würde der Kessel erschöpft

werden, wenn der Betrieb diese Ungleichheit auf die Dauer
mit sich bringen würde. Ist $Z_{KL} > Z$, so könnte die Ge-
schwindigkeits- und Schleppleistung der Lokomotive noch stärker
gesteigert werden, soweit das Reibungsgewicht ausreicht.

4. Die Zugkraft aus dem Reibungsgewicht $Z_{aus\,L_1}$, kurz
auch »Adhäsion« genannt, ist das Produkt aus der Triebachs-
last L_1 und dem Reibungskoeffizienten f, $Z_{aus\,L_1} = L_1 \cdot f$. Da
die Werte von f, wie die Zahlentafel Nr. 3 auf Seite 17 ersehen
läßt, sehr stark veränderlich sind, schwankt auch die Zugkraft aus
dem Reibungsgewicht außerordentlich. Eine Veränderlichkeit
von L_1, welche bei Tenderlokomotiven mit Abnahme der Vorräte je nach der Achsanordnung und Verteilung der Vorräte
mehr oder minder eintritt, ist hierbei ebenfalls zu beachten.

Die Sicherheit gegen Schleudern in all den Fällen, wo
starke Zylinderzugkraft erforderlich ist, also beim Anziehen
eines Zuges und Hinauffahren starker Steigungen, kann nach

dem aus der Gleichung $f = \dfrac{(Z_z)_{max}}{L_1}$ gefundenen Wert von f

bzw. $\dfrac{Z_z}{L_1}$ beurteilt werden.

Je kleiner sich hierbei f ergibt, desto verlässiger müssen
Sandstreuer bzw. Schienenwäscher arbeiten.

> Die Hauptabmessungen der Maschine und des Kessels und das
> Reibungsgewicht einer Lokomotive sind um so zweckmäßiger, je
> weniger sich die Werte Z_z, Z_{KL} und $Z_{aus\,L_1}$ von dem leistungs-
> programmgemäßen Werte Z unterscheiden.

§ 9.   **8. Festlegung des Kupplungsverhältnisses.**

Der höchste, für die zu befahrende Strecke zulässige Achsdruck — für Hauptbahnen in Deutschland zurzeit 16 t, gemessen
bei stillstehendem Fahrzeug — wird bei Trieb- und Kuppelachsen meist voll ausgenutzt. Es kann somit entschieden werden,
wie viele gekuppelte Achsen das erforderliche, im § 7 ermittelte
Reibungsgewicht L_1 bedingt: Der Zähler des Kupplungsverhältnisses und das auszuführende Reibungsgewicht L_1 ist somit
festgelegt.

Der nach Abzug des Reibungsgewichtes verbleibende Rest
des Dienstgewichtes: $L - L_1$ ist auf Laufachsen derart zu ver-

teilen, daß die führende Achse geringer belastet ist als die folgende, vgl. T. V. § 90 Abs. 2, Fassung von 1909. So ergibt sich die Zahl der erforderlichen Laufachsen, demnach die Gesamtzahl der Lokomotivachsen, also der N e n n e r des Kupplungsverhältnisses.

Auf diese Weise wird entschieden, ob z. B. eine S-Lokomotive $^2/_4$, $^3/_4$ oder $^3/_5$ gekuppelt auszubilden ist.

Gütermaschinen, deren verlangte Höchstgeschwindigkeit 50 km/Std. nicht übersteigt, werden zweckmäßig »mit voller Adhäsion«, d. h. unter Vermeidung von Laufachsen ausgebildet. Höhere Fahrgeschwindigkeit macht jedoch die Anwendung führender Laufachsen auch bei Güterzugslokomotiven wünschenswert.

A n m e r k u n g 1. Die Vorschrift, daß die Vorderachse bei dreiachsigen Lokomotiven mit mindestens $^1/_4$ des Lokomotivgewichts belastet sei, daß das führende amerikanische Drehgestell bei $^3/_4$ gekuppelten Lokomotiven mindestens $^1/_3$, bei $^3/_5$ gekuppelten mindestens $^1/_4$ des Maschinengewichtes trage, ist seit Ende 1900 nicht mehr bindend, vgl. T. V. 1900, § 92, Abs. 2, bzw. 1909, § 90, Abs. 2.

A n m e r k u n g 2. Laufachsen, Bauart A d a m s, welche sich in Krümmungen um einen ideellen, nach der Fahrzeugmitte hin gelegenen Punkt verdrehen, sollen nicht allzu stark belastet werden, da sie sich erfahrungsgemäß in Kurven um so ruckweiser einstellen, je stärker sie belastet sind.

A n m e r k u n g 3. Weitere Gesichtspunkte für die Verteilung des Lokomotivgewichts auf die einzelnen Achsen finden sich im 4. Abschnitt, § 56, S. 190.

9. Ermittelung der Zylinderabmessungen: Kolbenhub h, § 10. Zylinderdurchmesser d, bzw. d_H, d_N, Zylinderinhalt J.

Die Zylinderabmessungen werden in grundsätzlich verschiedener Weise ermittelt, je nachdem es sich handelt:

a) um Lokomotiven, bei welchen das Reibungsgewicht voll ausgenutzt werden muß: Verschiebe-, G-, auch P und S-Lokomotiven, welche vorwiegend auf starken Steigungen zu arbeiten haben, oder

b) um Lokomotiven, bei welchen die im regelmäßigen Betrieb erreichbare Höchstleistung durch die Kesselleistung begrenzt ist. Dies ist vorzugsweise der Fall bei P- und S-Maschinen für Flachlandstrecken, wo die Geschwindigkeit so stark gesteigert werden kann, daß eine Maschinenleistung am Triebradumfang: $N_M = \dfrac{Z_z \cdot V}{270}$ durch die Leistung des Kessels: $N_K = \beta H$ nicht mehr d a u e r n d zu decken ist. Alsdann findet die Schlepp- und Geschwindigkeitsleistung durch die Kesselleistung ihre obere Begrenzung.

Im Fall **a** erfolgt die Berechnung der Zylinderabmessungen aus dem Reibungsgewicht L_1, bzw. aus $Z_{\text{aus } L_1} = f \cdot L_1$, im zweiten Fall **b** dagegen aus der Wertziffer $\dfrac{J}{H}$, worin J bedeutet:

1. bei Zwillingsanordnung den Inhalt 1 Zylinders: $\dfrac{d'^2 n}{4} \cdot h$,

2. bei Zweizylinder-Verbundanordnung den Inhalt des HD-Zylinders: $\dfrac{d_H^2 n}{4} \cdot h$,

3. bei Vierzylinder-Verbundanordnung den Inhalt der 2-HD-Zylinder: $2 \cdot \dfrac{d_H^2 n}{4} \cdot h$.

§ 11. Fall a: Ermittelung der Zylinderabmessungen aus dem Reibungsgewicht.

Übliches Verfahren ohne Aufzeichnung der Dampfdruckdiagramme.

1. **Die Wahl des Kolbenhubs h** ist in enge Grenzen eingeschlossen. Ein passender Wert kann entweder mit Hilfe des nach Seite 9 bekannten Wertes D aus dem Verhältnis $\dfrac{h}{D}$ abgeleitet oder den Zahlentafeln 5 und 7, S. 31 u. f., unmittelbar entnommen werden.

$\dfrac{h}{D}$ | bei Lokomotiven für S- und P-Dienst: 0,29 bis etwa 0,40,
     »   »   » G-Dienst: etwa 0,43 »   0,55.

Bei kleinem Triebraddurchmesser, etwa wenn $D < 1350$ mm, ist es ratsam, die Wahl des Hubes h sofort darauf hin zu prüfen, ob die Köpfe der Trieb- und Kuppelstangen noch in den unteren Stufen der »Umgrenzungslinie der festen Teile« (vgl. S. 6) untergebracht werden können, und zwar »bei abgenutzten Radreifen«, also dann, wenn diese ihre zulässige Mindeststärke erreicht haben, welche bei Lokomotiven 25 mm beträgt (vgl. T. V. Fassung 1909, § 68, 4). Bei der vielfach üblichen Radreifenstärke von 65 mm hat man demnach mit einer Radreifenabnutzung von 65 — 25 = 40 mm (somit mit einer Verkleinerung der Raddurchmesser um 80 mm) zu rechnen.

2. **Der Zylinderdurchmesser** d, bzw. d_H, d_N ergibt sich aus der Zugkraft aus dem Reibungsgewicht: $Z_{aus\,L_1}$, welche unter Zugrundelegung der auf S. 18 gegebenen Durchschnittswerte von f bestimmt wird: $Z_{aus\,L_1} = f \cdot L_1$. Dieser Wert ist gleich der mittleren Zylinderzugkraft Z_z, welche gesetzt wird:

a) bei Naßdampfbetrieb

1. bei Zwillingslokomotiven $Z_z = \alpha p \cdot \dfrac{d^2\,h}{D}$, wobei α bei S- und P-Dienst $= 0{,}5$, bei G- und Verschiebedienst $= 0{,}6$;

2. bei Zweizylinder-Verbundlokomotiven

$$Z_z = \alpha p \cdot \frac{1}{2} \cdot \frac{d_N^2 \cdot h}{D},$$

wobei α je nach dem Zylinderraumverhältnis aus der folgenden von v. Borries angegebenen Zahlentafel Nr. 4 entnommen wird.

Zahlentafel Nr. 4.

$\dfrac{J_N}{J_H}$	2,0	2,25	2,5	2,9
bei S- und P-Dienst .	0,44	0,42	0,40	0,38
bei G-Dienst	0,50	0,48	0,45	0,40

3. bei Vierzylinder-Verbundlokomotiven

$$Z_z = \alpha p \cdot \frac{d_N^2 \cdot h}{D},$$

wobei α der vorstehenden Zahlentafel Nr. 4 zu entnehmen ist.

Der Koeffizient α trägt Rechnung: 1. dem mechanischen Wirkungsgrad der Lokomotivmaschine, 2. der bei einem betriebstechnisch passenden Füllungsgrad sich ergebenden mittleren Dampfspannung.

Seine Größe wird zuweilen in etwas anderen Grenzen gewählt, als oben angegeben. Diesem Umstand ist in den Zahlentafeln Nr. 5 und 7 dadurch Rechnung getragen, daß der jeweilige Wert αp in der betreffenden Spalte angegeben ist. Die Umrechnung der Zugkraft einer bestimmten Maschine auf einen anderen Koeffizienten α kann sodann mit geringem Zeitaufwand vorgenommen werden.

Empfehlenswerte Zylinder-Raumverhältnisse:

1. bei Zweizylinder-Verbundlokomotiven für S- und P-Betrieb 2,2 ÷ 2,4, für G-Betrieb 2,0 ÷ 2,2;
2. bei Vierzylinder-Verbundlokomotiven 2,4 ÷ 3,0.

Die Wahl des Zylinder-Raumverhältnisses beeinflußt die Durchbildung der Steuerung insofern, als zur Erzielung angenähert gleicher Leistung der Hoch- und Niederdruckmaschine die Niederdruckfüllungen gegenüber den gleichzeitigen Hochdruckfüllungen um so mehr vergrößert werden müssen, je stärker man sich vom Verhältnis 1 : 3 entfernt.

b) bei Heißdampfbetrieb nach Angabe von Wilhelm Schmidt in folgender Weise: Man bestimmt den Hubraum der erforderlichen Naßdampfzylinder nach a) und vergrößert diesen bei einer Überhitzung um 50^0, 100^0, 150^0 um bzw. 10, 20, $30^0/_0$. Gleichen Kolbenhub für Naß- und Heißdampfmaschine vorausgesetzt, ist bei letzterer der Zylinderquerschnitt um die genannten Prozente zu vergrößern.

Anmerkung. Die nach a) oder b) bestimmten Hubräume können durch Aufzeichnung der Dampfdruck-Diagramme und Bestimmung des mittleren Druckes p_m mittels folgender Gleichungen geprüft werden:

1. bei Zwillingslokomotiven:

Inhalt eines Zwillingszylinders $\quad \dfrac{d^2 \pi}{4} \cdot h = Z_z \cdot \dfrac{D}{\eta\, \eta\, p_m} \cdot \dfrac{\pi}{4}$;

2. bei Zweizylinder-Verbundlokomotiven:

Inhalt eines Niederdruckzylinders $\quad \dfrac{d_N{}^2 \pi}{4} \cdot h = Z_z \cdot \dfrac{D}{\varphi\, \eta\, p_m} \cdot \dfrac{\pi}{2}$.

3. bei Vierzylinder-Verbundlokomotiven:

Inhalt eines Niederdruckzylinders $\quad \dfrac{d_N{}^2 \pi}{4} \cdot h = Z_z \cdot \dfrac{D}{\varphi\, \eta\, p_m} \cdot \dfrac{\pi}{4}$,

wobei φ der Völligkeitsgrad des Dampfdruck-Diagramms = 0,9, η der mechanische Wirkungsgrad der Lokomotivmaschine = 0,85 bis 0,93 je nach der Zahl der Triebwerke, der gekuppelten Achsen, der Bauart der inneren Steuerung (ob nicht entlasteter Flachschieber oder Kolbenschieber).

Die Wahl des Füllungsgrades kann hierbei nur aus der Erfahrung mit Lokomotiven ähnlicher Bauart und ähnlicher Betriebsweise erfolgen. Gerade hierin liegt die Schwierigkeit dieses Verfahrens.

Fall b: Ermittelung der Zylinderabmessungen aus dem $\S$ 12.

$$\text{Verhältnis } \frac{J}{H} = \frac{\text{Zylinderinhalt}}{\text{Heizfläche}}.$$

Passende Werte von $\frac{J}{H}$ sind der Zahlentafel Nr. 2, S. 13 oder 5 bzw. 7, S. 31 u. f. zu entnehmen.

Bemerkungen über die vom Zylinderinhalt abhängigen Eigenschaften der Lokomotiven: Ein großer Zylinderinhalt gestattet weitgehende Dampfdehnung, welche höchstenfalls bis 0,2 Atm. Überdruck getrieben werden kann. Hiermit wird ermöglicht: 1. eine gute Ausnutzung der Dampfkraft; 2. ein schwacher Schlag im Blasrohr; 3. gleichmäßigere Feueranfachung und damit 4. Kohlenersparnis. Naßdampflokomotiven mit großen Zylindern zeigen jedoch erfahrungsmäßig schweren Lauf bei hohen Umdrehungszahlen. Ein in dieser Beziehung gemachter Fehler ist ohne Erneuerung der Dampfzylinder nicht zu beseitigen und kann eine für hohe Fahrgeschwindigkeit bestimmte Lokomotive für diesen Dienst geradezu unbrauchbar machen. Naßdampflokomotiven für S- und P-Dienst auf Flachlandstrecken erhalten somit zweckmäßig kleinere Zylinder $\left(\frac{J}{H} = 0,52 \text{ bis höchstens } 0,85\right)$, Maschinen dagegen, welche vielfach stärkere Steigungen zu nehmen haben, größere Zylinder $\left(\frac{J}{H} \text{ mindestens} = 0,75 \text{ bis } 1,0 \text{ und darüber}\right)$. Im letzteren Fall ist jedoch die im Flachland erreichbare Höchstgeschwindigkeit geringer als im ersteren.

Die bis jetzt gefundenen Hauptabmessungen und Gesamtgewichte prüfe man an Hand bewährter Ausführungen, welche im 2. Abschnitt, S. 31 u. f. zusammengestellt sind.

Dieser kritische Vergleich der errechneten Abmessungen mit erprobten Ausführungen ist mit großer Sorgfalt vorzunehmen.

Tafeln der Hauptabmessungen, Gewichte und Wertziffern von mitteleuropäischen Lokomotiven mit Schlepptender, von Tendern und Tenderlokomotiven.

Die Zahlentafeln 5, 6 und 7 enthalten ausschließlich typische, für mitteleuropäische Verhältnisse in Betracht kommende Ausführungen, bei welchen der höchste Achsdruck 16 t nur in vereinzelten Fällen überschreitet.

1. Tafel 5, S. 32—87 enthält Lokomotiven mit Schlepptender.
2. Tafel 6, S. 88—89 enthält die Hauptabmessungen von Tendern und dient hauptsächlich

   1. zur Bestimmung des Gesamtdienstgewichts von $L + T$, welches durch die erforderlichen Wasser- und Kohlenvorräte beeinflußt wird (vgl. § 1, 4, S. 5).
   2. zur Ermittelung des Gesamtachsstandes von $L + T$, welcher der bezüglich des Drehscheibendurchmessers gestellten Bedingung genügen muß. Der Gesamtachsstand sei mindestens um 1 m kürzer als der Durchmesser der in Betracht kommenden Drehscheibe.

3. Tafel 7, S. 90—123 enthält Tenderlokomotiven, und zwar:
   a) auf S. 90—121: Maschinen für Bahnen, auf denen ein höherer Achsdruck als 10 t zulässig ist,
   b) auf S. 122—123: Leichte Tendermaschinen des Nebenbahnen- und Verschiebedienstes, bei welchen der Achsdruck 10 t nicht überschreitet.

Bemerkungen zu den Zahlentafeln 5 und 7.   § 13.

Die Angaben über Lokomotiven und Tenderlokomotiven erstrecken sich bei jeder einzelnen Maschine über vier Seiten.

Die erste Seite enthält allgemeine Angaben über die betreffende Lokomotive, und zwar

1. das Kupplungsverhältnis,

    a) in der alten Schreibweise, bei welcher die Achsanzahl im Nenner, die Zahl der gekuppelten Achsen im Zähler eines Bruches angeschrieben wird,

    b) in der neueren, immer mehr zur Annahme gelangenden eindeutigeren Übelackerschen Schreib- und Sprechweise[1]), bei welcher zuerst die Zahl der vorne befindlichen Laufachsen mit einer arabischen Ziffer, dann die Zahl der gekuppelten Achsen bei Einkupplern mit A, bei Zweikupplern mit B, . . . bei Fünfkupplern mit E gekennzeichnet und endlich die Zahl der hinteren Laufachsen mit einer arabischen Ziffer angehängt wird. So schreibt man z. B. die $^2/_5$ gek. Atlantiktype (vgl. Abb. 78—81, S. 207): 2 B 1, dagegen die $^2/_5$ gek. Krauß-Type (vgl. Abb. 119, S. 223): 1 B 2 oder die $^3/_5$ gek. ten wheelertype (vgl. Abb. 84, 85, S. 209): 2 C o, dagegen die $^3/_5$ gek. Prärietype (vgl. Abb. 61, S. 199): 1 C 1;

2. die Verteilung der Lokomotivmassen auf die Radbasis, wobei das Vorhandensein eines Überhangs über die Endachsen bzw. Räder hervorgehoben ist;

3. die Achsanordnung und die Mittel zur Erzielung der Kurvenbeweglichkeit.

Hierbei gebrauchte Abkürzungen:

seitl. versch.	für seitlich verschiebbar,
Lenk-A.	» Lenkachse,
Bi. G.	» Bissel-Gestell,
Adams-A.	» Adams-Achse,
Am. Dr.	» Amerikanisches Drehgestell,
Kr. H. Dr.	» Krauß-Helmholtz-Drehgestell,
Ku. A.	» Kuppelachse.

[1]) Vgl. Org. 1907, S. 47, 234.

Die beigesetzten Zahlen lassen die Größe einer allenfalls vorhandenen seitlichen Verschiebbarkeit oder Verdrehbarkeit erkennen. Die Kuppel- und Triebachsen sind mit den Laufachsen numeriert.

4. die Rahmenkonstruktion, ob Platten-, Barren-, Innen-, Außenrahmen, Kraußscher Kastenrahmen, Doppelrahmen, kombinierter Innen- und Außenrahmen;
5. die Lage der Zylinder, sofern sie von der vorwiegend gebräuchlichen Außenlage abweicht;
6. die Kesselbauart, insbesondere die Ausbildung der Feuerbüchse, ob diese in die Länge oder in die Breite entwickelt ist;
7. die Lokomotivbauanstalt und das Erbauungsjahr der erstmaligen Ausführung der betreffenden Lokomotivtype;
8. die Bahnverwaltung und die hier übliche Gattungsbezeichnung;
9. die Literatur, wobei die auf Seite 266 zusammengestellten Abkürzungen gebraucht werden.

§ 14.   Die zweite Seite enthält:

1. Angaben über Achsstände: den Gesamtachsstand s, die Geführte Länge GL, den festen Achsstand s_f, das Verhältnis $\dfrac{\text{Geführte Länge}}{\text{Gesamtachsstand}} = \dfrac{GL}{s}$, welches geeignet ist, die Güte der Führung eines Eisenbahnfahrzeugs in der Geraden zu kennzeichnen.
2. Gewichtsangaben: Leergewicht L_l, Dienstgewicht L (bei Tenderlokomotiven mit vollen Vorräten gerechnet), Reibungsgewicht L_1, endlich die Zahl der mit 1 t Dienstgewicht verwirklichten Quadratmeter Heizfläche, also das Verhältnis $\dfrac{H\,\text{m}^2}{L\,\text{t}}$.
3. Angaben über den zugehörigen Tender: seine Achsanzahl, Leergewicht T_l, Dienstgewicht T, seinen Gesamtachsstand s_T, den Gesamtachsstand von $L + T : s + s_T$, endlich die Größe der Vorräte: $W\,\text{m}^3$ Wasser, $K\,\text{t}$ Kohle.

§ 15.   Die dritte Seite enthält Angaben über den Kessel.

1. seine Gesamtheizfläche H_{total} (einschließlich eines etwa vorhandenen Überhitzers), die Bauart des letzteren, seine

Heizfläche $H_{\ddot{U}b}$, die Verdampfungsheizfläche H des Kessels (feuerberührt).

> **Anmerkung.** Sämtliche Heizflächen sind ›feuerberührt‹ angegeben; wo notwendig wurden die Angaben von Fabriken oder Veröffentlichungen umgerechnet.
>
> Die feuerberührte Oberfläche von Serve-Rippenrohren ist zu $70\,\%$ als ›Rohrheizfläche H_R‹ eingeführt (vgl. Z. 1904, S. 1791). Um in diesem Fall auch die feuerberührte Oberfläche der Rippenrohre ersehen zu können, ist in der Spalte H_R über der Heizfläche der Rohre H_R die wahre Rippenrohroberfläche unter Vorsetzung des Faktors 0,7 angegeben.
>
> Vgl. z. B. Lokomotive Nr. 28, Seite 42:
>
> $H_B = 15{,}2\ \text{m}^2$; $H_{\text{Serverohre}} = 193{,}3\ \text{m}^2$ fgl. $H_R = 0{,}7 \cdot H_{\text{Serverohre}}$
> $= 0{,}7 \cdot 193{,}3 = 135{,}3\ \text{m}^2$, wie in Spalte H_R angegeben.

2. die Abmessungen des Rostes: Rostfläche R, Rostlänge l_R, Rostbreite b_R, welch letztere für die Konstruktion der Lokomotive von einschneidender Bedeutung ist (vgl. § 17, Abb. 1—4, S. 125); das Verhältnis $\dfrac{\text{Verdampfungsheizfläche}}{\text{Rostfläche}}$

$$= \frac{H}{R}, \quad \left[\text{nicht etwa } \frac{H_{\text{total}}}{R}\right];$$

3. die Abmessungen der Heizfläche: die Feuerraumtiefe t (bedingt durch die Art des Brennstoffs; Begriffserklärung s. § 25, S. 137), die Heizfläche der Büchse H_B, das Verhältnis $\dfrac{\text{Feuerbüchsheizfläche}}{\text{Verdampfungsheizfläche}} = \dfrac{H_B}{H}$, die Heizfläche der Siederohre H_R (mit Einschluß etwa vorhandener Flamm- und Rauchrohre), den mittleren Durchmesser d_K des Langkessels, seine Länge l zwischen den Rohrwänden (das Vorhandensein eines Clench-Überhitzers ist besonders bemerkt); die Siederohranzahl i, ihre Durchmesser d_i/d_a, die nämlichen Angaben über etwa vorhandene Flamm- und Rauchröhren, endlich die Lage der Mittellinie des Langkessels über $S.\,O.$, deren Kenntnis aus Vergleichsgründen wertvoll ist.

Die vierte Seite enthält Angaben über das Triebwerk: § 16.

1. den höchsten Dampfdruck;
2. die Zylinderanordnung, ob außen- oder innenliegend; bei Vierzylinderlokomotiven ist die Anordnung besonders

benannt (nach de Glehn, Mallet-Rimrott, Einachsenantrieb nach Webb, v. Borries, Maffei, Plancher usw.);

3. die Zylinderabmessungen: Durchmesser d, Kolbenhub h, Inhalt des bzw. der Hochdruckzylinder: J l, Zylinderraumverhältnis $\dfrac{J_N}{J_H}$, Verhältnis $\dfrac{J_H}{H}$, d. h. den auf 1 m² Heizfläche treffenden Inhalt des Hochdruckzylinders;

4. den Triebraddurchmesser D und das Verhältnis $\dfrac{\text{Kolbenhub}}{\text{Triebraddurchmesser}} = \dfrac{h}{D}$, vgl. § 11, S. 22;

5. die Zugkraft Z_z aus der Maschinenleistung, berechnet nach den in § 11, S. 23 gegebenen Formeln. Der hierbei zugrunde gelegte Koeffizient a ist unter Beisetzung des Betriebsdruckes p (zu Umrechnungszwecken) besonders angegeben;

6. die Verhältniszahlen:

mit 1 m² Heizfläche erzeugte Zylinderzugkraft: $\dfrac{Z_z}{H}$ kg/m²,

»   1 t   Dienstgewicht   » $\dfrac{Z_z}{L}$ kg/t,

»   1 t   Reibungsgew.   »   » $\dfrac{Z_z}{L_1}$ kg/t.

Hauptabmessungen, Gewichte und Wertziffern von mitteleuropäischen Lokomotiven.

---

1. **Allgemeine Angaben.**

Nr.	Kupplungs-verhältnis		Bauart	Erbauer	Bahn-verwaltung	Literatur
1	$^2/_2$	o B o	Überh. Zyl., überh. B., feste Achsen, Kr. Kasten-R., schmale B.	Hohen-zollern 1890	Oldenb. Sts. B.	Org. X, S. 33 Taf. XVIII
2	$^2/_3$	1 B o	Überh. Zyl., überh. B., feste Achsen, Außen-R., schmale B.	Maffei 1863	Bay. Sts. B. B VI	—
3	»	»	Überh. Zyl., unterst. B., feste Achsen, Außen-R., schmale B.	Maffei 1874	Bay. Sts. B. B IX	—
4	»	»	Überh. Zyl., unterst. B., feste Achsen, Innen-R., schmale B.	Verschiedene 1894	Preuß. Sts. B.	Pr. Normalien
5	»	»	Überh. Zyl., unterst. B., vorne Bi. G., Innen-R., schmale B.	Verschiedene 1888	Preuß. Sts. B.	Pr. Normalien
6	»	»	Überh. Rauchk., unterst. B., vorne Kr. H. Dr. (Ku. A. 2×25), Innen-R., schmale B.	Krauß 1889	Bay. Sts. B. B X	—
7	$^2/_4$	2 B o	Überh. Rauchk., unterst. B., vorne am. Dr. (fest), Außen-R., schmale B.	Karlsruhe 1888	Bad. Sts. B. II a	Org. 1891, S. 198
8	»	»	Kein Überh., am. Dr. (stl. versch.), Innen-R., Innen-Zyl., schmale B.	Karlsruhe 1892	Bad. Sts. B. II c	Org. 1896, S. 41 Taf. VIII
9	»	»	Kein Überh., am. Dr. (2 × 20), Innen-R., schmale B.	Maffei 1895	Bay. Sts. B. B XI	Z. 1897, S. 98
10	»	»	wie Nr. 9	Verschiedene 1892	Preuß. Sts. B.	Pr. Normalien
11	»	»	wie Nr. 9	Hannover 1895	Preuß. Sts. B.	Pr. Normalien

Tafel Nr. 5.
Schlepptender
Schnellzugdienst.   2. Achsstände, Gewichte, Tender.

| Nr. | Achsstände | | | | Gewichte | | | | Tender | | | | | | W | K |
| | s | GL | s_f | $\dfrac{GL}{s}$ | L_l | L | L_1 | $\dfrac{H}{L}$ | Gewichte, Achsstände | | | | | | |
									Achs.	T_l	T	s_T	$s+s_T$		
1	2,680	2,680	2,680	1,00	22,3	25,5	25,5	3,7	2	9,3	22,3	3,100	9,337	9,0	4,0
2	3,200	3,200	3,200	1,00	28,0	31,0	24,0	2,9	3	1,5	24,5	3,050	9,750	9,0	4,0
3	4,270	4,270	4,270	1,00	30,4	33,6	22,0	2,6	3	1,0	26,5	3,125	10,170	10,5	5,0
4	4,500	4,500	4,500	1,00	31,4	35,7	24,1	2,9	—	—	—	—	—	—	—
5	4,400	2,600	2,600	0,59	34,5	38,0	25,0	2,5	—	—	—	—	—	—	—
6	5,400	4,570	0,000	0,85	39,3	43,0	28,8	2,3	3	3,6	30,6	3,300	11,050	12,0	5,0
7	5,500	4,780	2,460	0,87	42,0	46,0	28,0	2,58	3	3,0	27,0	3,000	11,600	10,1	4,0
8	6,850	5,850	2,550	0,85	42,1	45,6	29,6	2,3	3	4,8	33,3	3,500	—	13,5	5,0
9	6,670	5,555	2,550	0,83	43,4	50,0	28,0	2,3	4	8,5	43,0	5,000	14,090	18,0	6,5
10	7,400	6,300	2,600	0,85	40,9	45,7	28,6	2,6	—	—	—	—	—	—	—
11	7,400	6,300	2,600	0,85	44,3	49,6	30,0	2,4	—	—	—	—	—	—	—

Zahlen-
Lokomotiven mit
a) für Personen- und

3. **Kessel.**

	Heizfläche			Rost				Büchse			Langkessel				
Nr.	H_{total}	Überhitzer $H_{Üb}$	H	R	l_R	b_R	$\dfrac{H}{R}$	t	H_B	$\dfrac{H_B}{H}$	H_R	d_K	l	$\dfrac{i}{d_i/d_a}$	h_{SO}
1	93,0	—	93,0	1,0	ca. 1,15	ca. 1,05	93	0,7	6,1	$\dfrac{1}{15,2}$	86,9	1200	3750	$\dfrac{184}{40/44}$	1960
2	90,4	—	90,4	1,3	ca 1,18	ca 1,11	70	0,5	6,7	$\dfrac{1}{13,5}$	83,7	1270	3715	$\dfrac{156}{46/52}$	ca. 1650
3	87,7	—	87,7	1,76	ca. 1,55	ca. 1,11	50	0,5	6,6	$\dfrac{1}{13,3}$	81,1	1290	3302	$\dfrac{170}{46/52}$	ca. 1950
4	103,2	—	103,2	1,87	1,80	1,01	55	0,8	6,8	$\dfrac{1}{15,2}$	96,4	1309	3800	$\dfrac{197}{41/46}$	1895
5	95,3	—	95,3	1,74	1,85	0,94	55	0,8	7,0	$\dfrac{1}{13,6}$	88,3	1272	3700	$\dfrac{190}{41/46}$	ca. 1960
6	99,0	—	99,0	1,89	1,896	0,996	52	0,8	8,5	$\dfrac{1}{11,6}$	90,5	1340	3750	$\dfrac{167}{46/52}$	2155
7	118,9	—	118,9	ca. 1,8	ca. 1,82	ca. 1,0	66	0,7	8,3	$\dfrac{1}{14,2}$	110,6	1275	4400	$\dfrac{174}{46/52}$	2000
8	104,7	—	104,7	2,06	ca. 2,0	ca. 1,0	50	0,9	ca. 9,3	$\dfrac{1}{11,3}$	ca. 95,4	1270	3800	$\dfrac{174}{46/52}$	2300
9	116,8	—	116,8	2,26	2,181	$\begin{matrix}1,021\\0.991\end{matrix}$	54	0,7	9,5	$\dfrac{1}{12,3}$	107,3	1400	3780	$\dfrac{226}{40/45}$	2250
10	118,96	—	118,96	2,30	2,270	1,010	52	0,75	8,95	$\dfrac{1}{13,3}$	110,01	1400	3900	$\dfrac{219}{41/46}$	2145
11	118,0	—	118,0	2,30	2,250	1,010	51	0,76	9,0	$\dfrac{1}{13,1}$	109,0	1400	3900	$\dfrac{217}{41/46}$	2260

Tafel Nr. 5.
Schlepptender
Schnellzugdienst.   4. Triebwerk.

Nr.	p	Anordnung	d	h	J_H	$\dfrac{J_N}{J_H}$	$\dfrac{J_H}{H}$	D	$\dfrac{h}{D}$	$a \cdot p$	Z_Z	$\dfrac{Z_Z}{H}$	$\dfrac{Z_Z}{L}$	$\dfrac{Z_Z}{L_1}$
1	12	2 a	365	560	58,6	—	0,63	1540	0,36	0,5·12	2900	31,2	114	114
2	10	2 a	406	610	79,0	—	0,87	1616	0,38	0,5·10	3100	34,4	100	129,5
3	10	2 a	406	610	79,0	—	0,86	1870	0,33	0,5·10	3100	33,2	93,6	146,8
4	10	2 a	400	560	70,4	—	0,68	1750	0,32	0,5·10	2560	24,8	72	106
5	10	2 a	420	600	83,1	—	0,87	1580	0,38	0,5·10	3350	35	88	134
6	12	2 a	$\dfrac{430}{610}$	610	88,6	2,00	0,90	1870	0,33	0,44·12	3200	32	74	111
7	ca. 10	2 a	435	610	90,6	—	0,76	1860	0,33	0,5·10	3100	26,1	67,4	111
8	13	2 i	460	600	99,7	—	0,95	2100	0,29	0,5·13	3930	37	86	133
9	13	2 a	$\dfrac{455}{570}$	610	99,2	2,17	0,85	1870	0,33	0,42·13	3980	34	80	142
10	12	2 a	460	600	99,7	—	0,84	1750	0,34	0,5·12	4350	36,6	95	152
11	12	2 a	$\dfrac{460}{680}$	600	99,7	2,18	0,84	1980	0,30	0,42·12	3530	30	71	118

Z a h l e n -
Lokomotiven mit

1. Allgemeine Angaben.   a) für Personen- und

Nr.	Kupplungs-verhältnis		Bauart	Erbauer	Bahn-verwaltung	Literatur
12	$^2/_4$	2 B o	Kein Überh., am. Dr. (Pend.-Wiege), Inn.-R., Außen-Zyl., schmale B.	Chemnitz 1891	Sächs. St. B.	Org. X, S. 17 Taf. IX
13	»	»	Kein Überh., am. Dr (Zapfen fest) Innen-R., Außen-Zyl., schmale B.	Sigl 1893	Österr. St. B. Serie 6	Org. 1897, S. 202
14	»	»	wie Nr. 13	M. F. d. St. E. G. 1908	Österr. St. B. Serie 306	D. Lok. 1908, S. 161
15	»	»	Kein Überh., am. Dr. (seitl.versch.)Innen-R., Innen-Zyl., schmale B.	Winterthur 1900	Schw. N. O. B.	Z.1902,S.670. Barb. & G., S. 251
16	»	»	Kein Überh., am Dr. (2 × 20) Innen-R., Außen-Zyl , schmale B.	Henschel 1906	Preuß. St. B.	Z.1907,S.690. D. Lok. 1906, S. 196
17	»	»	wie Nr. 16	Breslau 1906	Preuß. St. B.	Z.1907,S.690. D. Lok. 1906, S 149
18	»	»	Kein Überh., am. Dr. (seitl.versch.)Innen-R., de Glehn-Triebwerk, schmale B.	Winterthur 1900	Schw. Z. B.	Barb. & Godf., S. 258 Taf. LXV
19	»	»	Kein Überh., am. Dr. (seitl.versch.)Innen-R., vorne Barren-R., Ein-achsen-Antrieb (von Borries), schmale B.	Hannover 1900	Preuß. St. B.	Z.1902,S.991. Barb. & Godf., S. 41 Taf. V
20	»	»	Kein Überh., am. Dr. (2 × 45) Innen-R., de Glehn-Triebwerk, schmale B.	Epernay 1900	Est Serie 8	Barb. & Godf., S. 145 Taf. XXVII, XXVIII
21	$^2/_4$	1 B 1	Überh.Zyl.,unterst. B., 1. und 4. Achse seitl. versch. (2 × 6), 2. u. 3. Achse fest, Innen-R., Innen-Zyl., schmale B.	Paris 1889	Paris-Orléans	Z. 1890, S. 269

Tafel Nr. 5.
Schlepptender
Schnellzugdienst.   2. **Achsstände, Gewichte, Tender.**

	Achsstände				Gewichte				Tender						
										Gewichte, Achsstände					
Nr.	s	GL	s_f	$\dfrac{GL}{s}$	L_l	L	L_1	$\dfrac{H}{L}$	Achs	T_l	T	s_T	$s+s_T$	W	K
12	6,750	5,550	2,400	0,82	44,6	49,4	28,0	2,5	—	—	—	—	—	—	—
13	7,300	5,660	2,800	0,80	49,4	55,7	28,5	2,5	3	15,3	38,0	3,200	12,935	16,5	6,0
14	7,300	5,860	2,800	0,80	51,9	56,9	29,0	2,5	—	—	—	—	—	—	—
15	7,200	6,100	2,600	0,85	45,0	50,0	31,0	2,6	3	12,0	28,7	3,200	12,800	12,0	4,0
16	7,600	6,300	2,600	0,83	49,2	54,5	31,8	1,85	4	22,0	49,0	4,600	—	20,0	7,0
17	8,000	6,900	3,000	0,86	53,6	58,9	33,0	2,36	4	22,4	48,9	4,600	—	21,5	5
18	7,000	6,000	2,600	0,86	44,1	48,3	30,1	2,4	3	13,5	30,5	3,200	12,700	18,0	4,0
19	7,500	6,400	2,700	0,85	48,6	52,8	31,3	2,3	3	15,8	33,0	3,300	13,425	12,0	5,0
20	7,250	6,100	3,050	0,84	53,2	58,2	34,0	2,3	3	18,3	44,3	4,000	—	20,0	6,0
21	6,400	2,210	2,210	0,35	—	54,7	31,4	2,3	3	ca. 16	33,7	—	—	14,5	2,8

Zahlen-
Lokomotiven mit

3. **Kessel.**

a) für Personen- und

	Heizfläche			Rost				Büchse			Langkessel				
Nr.	H_{total}	Über-hitzer $H_{Üb}$	H	R	l_R	b_R	$\dfrac{H}{R}$	t	H_B	$\dfrac{H_B}{H}$	H_R	d_K	l	$\dfrac{i}{d_i\,d_a}$	$h_{S(}$
12	123,5	—	123,5	2,33	2,260	1,010	54	0,92	10,2	$\dfrac{1}{12,1}$	113,3	1335	4025	224 40/45	225
13	138	—	138	2,9	ca. 2,5	ca. 1,1	48	0,6	ca. 8	$\dfrac{1}{16,3}$	ca. 130	1420	4400	205 46/51	285
14	ca. 142,1	Schmidt R.R. ca. 33,8	ca. 108,3	3,0	ca. 2,8	ca. 1,06	ca 36	ca. 0,9	ca. 12,9	$\dfrac{1}{8,4}$	ca. 95,4	1388	3900	123 46/51 18 119/127	280
15	128,5	—	128,5	2,2	ca. 2,11	1,040	59	ca. 0,9	10,4	$\dfrac{1}{12,4}$	118,1	1400	3800	220 41/45	243
16	131,7	Schmidt R K. 30,8	100,9	2,27	2,250	1,010	44,5	1,0	11,0	$\dfrac{1}{9,2}$	89,9	1400	3900	172 41/46 1 305 331	250
.17	177,3	Schmidt R.R. 38,6	138,7	2,30	2,290	1,010	60	ca. 0,9	11,8	$\dfrac{1}{11,8}$	126,9	1500	4500	136 41/46 21 124/133	275
18	ca. 117,9	—	ca. 117,9	2,2	2,110	1,040	54	ca. 0,9	ca. 10	ca. $\dfrac{1}{10,7}$	ca. 107	1380	3800	224 — 45	230
19	118,7	—	118,7	2,27	2,250	1,110	52	ca. 0,9	9,7	$\dfrac{1}{12,2}$	109,0	1368	3900	217 46/51	240
20	Serve ca. 133,1	—	Serve ca. 133,1	2,52	2,510	1,006	53	ca. 0,9	12,6	ca. $\dfrac{1}{10,6}$	0,7·172,1 120,5	1463	3400	140 S —/70	258
21	ca. 125,6	—	ca. 125,6	2,15	2,222	0,941	59	ca. 1,1	ca. 14	ca. $\dfrac{1}{9}$	ca. 111,6	1250	5190	160 43 48	225

Tafel Nr. 5.
Schlepptender
Schnellzugdienst.

			Zylinder					Triebräder		Zylinderzugkraft				
Nr.	p	Anordnung	d	h	J_H	$\dfrac{J_N}{J_H}$	$\dfrac{J_H}{H}$	D	$\dfrac{h}{D}$	$a \cdot p$	Z_Z	$\dfrac{Z_Z}{H}$	$\dfrac{Z_Z}{L}$	$\dfrac{Z_Z}{L_1}$
12	10	2a	440	600	91,3	—	0,74	1875	0,32	0,5 · 10	3100	25	62	111
13	13	2a	$\frac{500}{740}$	680	133,6	2,19	0,97	2120	0,32	0,42 · 13	4795	34,6	86	168
14	15	2a	$\frac{520}{760}$	680	144,4	2,13	1,33	2120	0,32	0,4 · 15	5550	51,3	97,5	191
15	13	2i	$\frac{460}{680}$	660	109,7	2,18	0,85	1830	0,36	0,42 · 13	4550	35,4	91	147
16	12	2a	540	600	137,4	—	1,36	1980	0,30	0,5 · 12	5300	52,4	97	167
17	12	2a	550	630	149,7	—	1,08	2100	0,30	0,5 · 12	5440	39	92	165
18	14	deGlehn 2a, 2i	$\frac{2 \cdot 330}{2 \cdot 510}$	$\frac{600}{600}$	102,6	2,40	0,87	1730	0,35	0,4 · 14	5050	43	105	168
19	14	Borries 2i, 2a	$\frac{2 \cdot 330}{2 \cdot 520}$	$\frac{600}{600}$	102,6	2,48	0,87	1980	0,30	0,4 · 14	4580	39	87	146
20	16	deGlehn 2a, 2i	$\frac{2 \cdot 350}{2 \cdot 550}$	$\frac{640}{660}$	123,2	2,55	ca. 0,93	2050	$\frac{0,312}{0,322}$	0,4 · 16	6220	47	107	183
21	13	2i	450	700	111,3	—	ca. 0,89	2150	0,33	0,5 · 13	4280	34	78	136

40   S $^2/_4$, $^2/_5$.

Nr.	Kupplungs-verhältnis	Bauart	Erbauer	Bahn-verwaltung	Literatur
22	$^2/_4$	1 B 1	Überh. Zyl., unterst. B., vorne Adams-A., 2., 3., 4. Achse fest, Auß.-R., Triebachse 3mal gelag, Innen-Zyl., schmale B.	Seraing 1892	Main-Neckar B.	Org. X, S. 28 Taf. XVI
23	»	»	Kein Überh., Kr. H. Dr. (Ku. A. 2×19) Innen-R., Endachse in Außen-R., Außen-Zyl., schmale B.	Krauß 1893	Pfalz B. P 2	Org. X, S. 24 Taf. XIII
24	$^2/_5$	2 B 1	Kein Überh., am. Dr. (seitl.versch.), 5.Achse Lenkachse, Außen-R., Außen-Zyl., schmale B.	Wiener-Neustadt 1894	Kais. Ferd. N. B.	Org. 1896, S. 158
25	»	»	Kein Überh., am. Dr. (2 × 25), 5. Achse Lenkachse, Komb.-R., Innen-Zyl., breite B.	Krauß 1898	Pfalz B. P 3	Org. 1899, S. 1
26	»	»	Kein Überh., am. Dr. (2×55), 3. 4. 5. Achse fest, St.-G. Barren R., Innen-Zyl., schmale B.	Trollhättan	Schwed Sts. B.	D. Lok. 1908, S 140
27	»	»	Kein Überh., am. Dr. (2 × 40), 3., 4. Achse fest, 5. Achse Ad.-A. (2×20), Innen-R., de Glehn-Triebw.,schm.B.	Chemnitz 1900	Sächs. St. B.	Barb. & Godf., S. 44 Taf. VI
28	»	»	Kein Überh., am. Dr. (2 × 40), 3., 4., 5. Achse fest, Innen-R., de Glehn-Triebwerk, schmale B.	Belfort 1900	Nord	Barb. & Godf., S. 167 Taf. XXXIII, XXXIV
29	»	»	wie Nr. 28, jedoch breite Büchse	Grafenstaden	Preuß. St. B. S. 7	Z. 1906, S. 602 Taf. 3

Tafel Nr. 5.
Schlepptender
Schnellzugdienst.

2. **Achsstände, Gewichte, Tender.**

Nr.	Achsstände				Gewichte				Tender						W	K
										Gewichte, Achsstände						
Nr.	s	$Gl.$	s_f	$\dfrac{GL}{s}$	L_l	L	L_1	$\dfrac{H}{L}$	Achs.	T_l	T	s_T	$s+s_T$	W	K
22	5,9)5	4,065	4,065	0,68	41,5	46,2	24,6	2,62	3	—	—	—	—	10,0	3,0
23	6,2)0	5,08)	1,800	0,82	43,0	47,0	27,3	2,2	3	13,8	30,5	3,0	11,600	12,0	4,5
24	8,350	7,250	2,300	0,87	53,8	59,7	27,5	2,6	3	16,1	37,1	3,200	—	15,0	7,5
25	8,7)0	7,850	2,050	0,90	53,7	58,1	29,0	2,96	3	17,25	39,7	3,800	14,800	16,0	6,0
26	8,2)0	7,050	4,200	0,86	—	60,2	30,9	2,2	3	—	32,7	—	—	14,0	4,5
27	9,150	7,975	2,150	0,87	58,3	65,0	32,0	2,5	4	19,92	42,92	4,700	—	18,0	5,0
28	8,2)0	7,300	4,550	0,89	59,1	64,0	32,5	2,35	4	20,5	45,5	5,450	—	20,0	5,0
29	8,650	7,500	4,750	0,87	—	64,8	31,8	2,55	4	—	—	4,600	15,450	—	—

3. Kessel.   a) für Personen- und

Nr.	H_{total}	Überhitzer $H_{Üb}$	H	R	l_R	b_R	$\dfrac{H}{R}$	t	H_B	$\dfrac{H_B}{H}$	H_R	d_K	l	$\dfrac{i}{d_i/d_a}$	h_{SO}
	Heizfläche			**Rost**				**Büchse**			**Langkessel**				
22	121,0	—	121,0	2,16	ca. 2,16	ca. 1,0	56	ca. 1,0	10,3	$\dfrac{1}{11,8}$	110,7	1300	3900	210 / 43/48	2250
23	102,1	—	102,1	1,8	1,816	0,996	57	ca. 0,85	10,0	$\dfrac{1}{10,2}$	92,1	1309	3750	184 / 42,5/47,5	2150
24	152,3	—	152,3	2,87	2,607	1,110	53	ca. 0,6	12,1	$\dfrac{1}{12,6}$	140,2	1500	4110	230 / 47,2/52,9	2500
25	171,7	—	171,7	2,81	1,520	1,840	61	ca. 0,8	10,9	$\dfrac{1}{15,7}$	160,8	1450/1640	4650	259 / 42,5/47,5	2475
26	165,8	Schmidt R. R 32,8	133,0	2,60	2,388	1,090	51	ca. 0,7	11,8	$\dfrac{1}{11,3}$	121,2	1500	4600	141 / 44/50 / 18 / 124/133	2750
27	165,0	—	165,0	2,40	2,440	0,990	69	ca. 0,9	13,5	$\dfrac{1}{12,2}$	151,5	1485	4700	228 / 45/50	2600
28	Serve ca. 150,5	—	Serve ca. 150,5	2,74	2,747	0,991	55	ca. 1,1	15,2	$\dfrac{1}{9,9}$	0,7.193,3 135,3	1456	4200	126 S —/70	2520
29	Serve ca. 165,1	—	Serve ca. 165,1	3,01	1,775	1,686	55	ca. 0,8	10,6	$\dfrac{1}{15,6}$	0,7.220,8 154,5	1450	4600	131 S 65/70	2700

Tafel Nr. 5.
Schlepptender
Schnellzugdienst.

4. Triebwerk.

Nr.	p	Anordnung	Zylinder					Triebräder		Zylinderzugkraft				
			d	h	J_H	$\dfrac{J_N}{J_H}$	$\dfrac{J_H}{H}$	D	$\dfrac{h}{D}$	$a \cdot p$	Z_Z	$\dfrac{Z_Z}{H}$	$\dfrac{Z_Z}{L}$	$\dfrac{Z_Z}{L_1}$
22	11	2 i	500	600	117,8	—	0,97	2100	0,29	0,5·11	3930	32,4	85	159
23	12	2 a	435	600	89,2	—	0,87	1855	0,32	0,5·12	3670	36	78	134
24	13	2 a	470	600	104,1	—	0,68	1960	0,31	0,5·13	4380	29	73	159
25	13	2 i	490	570	107,5	—	0,73	1980	0,29	0,5·13	4490	26,2	73	149
26	12	2 i	500	600	117,81	—	0,89	1880	0,32	0,5·12	4790	35,9	79,5	155
27	15	deGlehn 2 a, 2 i	$\dfrac{2 \cdot 350}{2 \cdot 555}$	$\dfrac{630}{630}$	121,2	2,51	0,74	1980	0,32	0,4·15	5850	35	90	182
28	16	deGlehn 2 a, 2 i	$\dfrac{2 \cdot 340}{2 \cdot 560}$	$\dfrac{640}{640}$	116,2	2,72	0,77	2040	0,31	0,39·16	6140	41	96	189
29	16	deGlehn 2 a, 2 i	$\dfrac{2 \cdot 340}{2 \cdot 560}$	$\dfrac{640}{640}$	116,2	2,72	0,70	1980	0,32	0,39·16	6340	38	97	198

Zahlen-
Lokomotiven mit

1. Allgemeine Angaben.   a) für Personen- und

Nr.	Kupplungs-verhältnis		Bauart	Erbauer	Bahn-verwaltung	Literatur
30	$^2/_5$	2 B 1	Kein Überh., am. Dr. (Zapf. fest) 3., 4. Achse fest, 5. Achse Adams-A. (2 × 60), Innen-R., Einachsen-Antrieb (Gölsdorf), schmale B.	Prag 1901	Österr. Sts. B. Serie 108	Z. 1903, S.117 D. Lok. 1904, S. 56
31	»	»	Kein Überh., am. Dr. (seitl.versch.), 5.Achse Adams-A., Innen-R., vorne Barren-R., Ein-achsen-Antrieb (von Borries), breite B.	Hannover 1903	Preuß. St. B. S. 7	Z.1907. S.780, Z. 1904. S.956
32	»	»	wie Nr. 31	Hannover 1906	Preuß. St. B. S. 7	D. Lok. 1908, S. 68
33	»	»	Kein Überh., am. Dr. (Pendelwiege 2 × 60) 3, 4. Achse fest, 5 Achse seitl. versch. (2 × 15), Barren-R., Vauclain - Triebwerk, breite B.	Hannover 1906	Dänische B.St. Gruppe P	Org. 1907, S I, Taf. I, II D. Lok. 1908, S 121
34	»	»	Kein Überh., am. Dr. (2×65), 5. Achse Ad - Achse (2×20), Innen-R., Einachsen-Antrieb (Courtin), breite B.	Maffei 1902	Bad. Sts. B. IId	Z.1903, S.119
35	»	»	Kein Überh., am. Dr. (2 × 70), 3., 4., 5. Achse fest, Barren-R., Einachsen-Antrieb (Maffei), schmale B	Maffei 1903	Bay. Sts. B. S. $^2/_5$	Z.1905, S.422 Taf. 4
36	»	»	Kein Überh., am. Dr. (2 × 70), 3, 4. Achse fest, 5. Achse Adams-A. (2 × 23), Barren-R., Einachsen-Antrieb (Maffei), breite B.	Maffei 1905	Pfalz B. P 4	D. Lok. 1906, S. 56, Z.1906, S 606

Tafel Nr. 5.
Schlepptender
Schnellzugdienst.   2. Achsstände, Gewichte, Tender.

	Achsstände				Gewichte				Tender						
										Gewichte, Achsstände					
Nr.	s	GL	s_f	$\frac{GL}{s}$	L_l	L	L_1	$\frac{H}{L}$	Achs.	T_l	T	s_T	$s+s_T$	W	K
30	9,000	5,830	2,800	0,65	60,6	68,3	29,0	3,0	—	—	—	—	—	—	—
31	9,000	5,050	2,100	0,56	54,2	60,2	30,4	2,3	4	19,0	44,0	—	—	19,0	6,0
32	10,700	9,600	2,300	0,896	65,3	74,7	33,1	3,17	4	25,3	63,4	—	18,380	30,7	7,2
33	8,950	5,050	2,100	0,565	61,6	67,9	33,0	2,8	4	—	46,2	4,800	—	21,0	6,0
34	10,420	5,100	2,200	0,49	67,1	74,1	31,9	2,8	4	21,3	47,3	5,350	—	20,0	6 bis 11,0
35	8,850	7,750	4,500	0,875	61,6	68,0	32,0	3,0	4	22,0	50,0	5,100	—	22,0	6,0
36	10,240	5,330	2,150	0,52	67,5	74,3	32,0	3,0	4	21,5	48,0	5,000	16,800	20,0	6,5

3. Kessel.

Nr.	Heizfläche			Rost				Büchse			Langkessel				
	H_{total}	Über hitzer $H_{Üb}$	H	R	l_R	b_R	$\frac{H}{R}$	t	H_B	$\frac{H_B}{H}$	H_R	d_K	l	$\frac{i}{d_i d}$	h_{SO}
30	202,7	--	202,7	3,5	ca. 3,32	ca. 1,06	58	ca. 0,8	16,6	$\frac{1}{12,2}$	186,1	1644	4000	329 45/51	2830
31	ca. 162	Pielock ca 26	ca 136	2,72	1,420	1,910	50	ca. 0,9	10,0	$\frac{1}{13,6}$	ca. 126	1400	4450	241 45/50	2500
32	236,21	—	236,21	4,0	1,950	2,050	59	ca. 0,9	14,04	$\frac{1}{16,8}$	222,17	1602 1714	5200	272 50/55	2675
33	ca. 191,7	—	ca 191,7	3,23	ca. 1,6	1,940	59	ca. 0,8	ca. 11,7	$\frac{1}{16,3}$	ca. 180,0	1500 1620	4800	263 45 5/51	2650
34	210,1	—	210,1	3,90	2,050	1,896	54	ca. 0,8	13,6	$\frac{1}{15,4}$	196,5	1600	4800	279 47/52	2750
35	205,5	—	205,5	3,28	ca. 3,00	ca. 1,10	62,7	ca. 0,9	14,5	$\frac{1}{14,1}$	191,0	1577	4550	283 47,5/52	2865
36	223,0	Pielock 36,0	187,0	3,80	2,030	1,880	59	ca. 0,9	13,8	$\frac{1}{13,5}$	173,2	1700	4700	285 50/55	2850

Tafel Nr. 5.
Schlepptender
Schnellzugdienst.   **4. Triebwerk.**

			Zylinder					Triebräder		Zylinderzugkraft				
Nr.	p	An-ordnung	d	h	J_H	$\dfrac{J_N}{J_H}$	$\dfrac{J_H}{H}$	D	$\dfrac{h}{D}$	$a \cdot p$	Z_Z	$\dfrac{Z_Z}{H}$	$\dfrac{Z_Z}{L}$	$\dfrac{Z_Z}{L}$
30	15	Gölsdorf 2i, 2a	$\dfrac{2\cdot350}{2\cdot600}$	$\dfrac{680}{680}$	130,8	2,93	0,65	2140	0,32	0,38·15	6500	32	95	224
31	14	Borries 2i, 2a	$\dfrac{2\cdot360}{2\cdot560}$	$\dfrac{600}{600}$	122,2	2,42	0,90	1980	0,30	0,4·14	5670	42	94	187
32	14	Borries 2a, 2i	$\dfrac{2\cdot380}{2\cdot580}$	$\dfrac{600}{600}$	136,1	2,33	0,58	1980	0,30	0,4·14	5710	24,2	76,5	173
33	15	Vauclain 2i, 2a	$\dfrac{2\cdot340}{2\cdot570}$	$\dfrac{600}{600}$	108,9	2,8	0,57	1984	0,30	0,39·15	5750	30	85	174
34	16	Maffei 2i, 2a	$\dfrac{2\cdot335}{2\cdot570}$	$\dfrac{620}{620}$	109,3	2,89	0,52	2100	0,30	0,38·16	5820	28	79	183
35	16	Maffei 2i, 2a	$\dfrac{2\cdot340}{2\cdot570}$	$\dfrac{640}{640}$	116,2	2,81	0,55	2000	0,32	0,38·16	6310	31	93	197
36	15	Maffei 2i, 2a	$\dfrac{2\cdot300}{2\cdot590}$	$\dfrac{640}{640}$	130,3	2,50	0,58	2010	0,32	0,4·15	6640	35,5	89	208

Zahlen-
Lokomotiven mit

1. **Allgemeine Angaben.**

a) für Personen- und

Nr.	Kupplungs-verhältnis		Bauart	Erbauer	Bahn-verwaltung	Literatur
37	$^2/_5$	2 B 1	Kein Überh., am. Dr. (2 × 60), 5. Achse Adams A. (2 × 25), Innen-R., Einachsen-Antrieb, breite B.	Budapest 1906	Ung. Sts. B. 1u	Z. 1907, S. 782 D Lok. 1906, S. 129
38	$^2/_6$	2 B 2	Kein Überh., am. Dr. (2 × 70), 3., 4. Achse fest, am. Dr. (2 × 70), Barren-R., Einachsen-Antrieb, breite B.	Maffei 1906	Bay. Sts. B. S $^2/_6$ Nr. 3201	D. Lok. 1906 S. 137 Rev. gén. 1907 I S. 38
39	$^2/_4$	1 C o	Kein Überh., vorne Bi. G., Innen-R. Außen-Zyl., schmale B.	Olten 1888	Schweiz. Z. B.	Barbey S. 32, Taf. 15, 16
40	»	»	wie Nr 39	Winterthur 1894	Jura Simplon	Barbey S. 108, Taf. 63
41	»	»	Kein Überh., vorne Adams-A., Innen-R., Drei-Zyl.-Anordnung, schmale B.	Winterthur 1896	Schweizer B.B. B $^3/_4$	D. Lok. 1907, S. 88
42	»	»	wie Nr. 39	Creusot 1900	Midi	Barb. & Godf., S. 162
43	»	»	Kein Überh., vorne Adams-A. (2 × 60), Innen-R., Außen-Zyl., schmale B.	Prag 1905	Böhm. Nord B.	D. Lok. 1906, S. 49
44	»	»	Kein Überh., vorne Adams-A. (2 × 50), 2., 3., 4. Achse fest, Innen-R., schmale B.	M. d. St. E. G. Wien 1906	Öst.-Ung. St. E. G., Serie 39	D. Lok. 1908, S. 90
45	»	»	Kein Überh., vorne Zara-Dr., Innen-R., Innen-Zyl., schmale B., auf dem Rahmen stehend	Schwartzkopff 1907	It. Sts. B. Gruppe 640	Z. 1908, S. 1301

Tafel Nr. 5.
Schlepptender.
Schnellzugdienst.   2. Achsstände, Gewichte, Tender.

	Achsstände				Gewichte				Tender						
Nr	s	GL	s_f	$\dfrac{GL}{s}$	L_l	L	L_1	$\dfrac{H}{L}$	Achs.	T_l	T	s_T	$s+s_T$	W	K
										Gewichte, Achsstände					
37	9,780	ca. 8,480	2,200	0,87	67,1	74,4	31,7	3,16	4	21,43	47,43	5,050	—	18,0	8,0
38	11,700	9,650	2,320	0,82	75,9	84,5	32,0	2,54	4	19,5	52,5	5,300	18,510	26,0	7,0
39	6,800	4,200	4,200	0,62	—	67	34	1,55	2	—	—	—	11,002	9,0	3,0
40	6,100	3,700	3,700	0,61	44,0	45,5	36,7	2,50	2	—	—	—	—	8,0	3,9
41	6,310	3,900	3,900	0,62	50,4	56,4	44,8	2,21	3	13,8	33,8	3,400	12,645	16,0	4,0
42	6,600	4,000	4,000	0,61	48,3	53,2	41,5	2,39	2	10,5	21,3	—	—	6,5	4,0
43	5,850	3,500	3,500	0,60	43,3	47,8	37,4	2,06	—	—	—	—	—	—	—
44	6,200	3,500	3,500	0,565	48,1	53,6	42,0	2,60	—	—	—	—	—	—	—
45	6,750	5,310	2,250	0,79	49,0	55,0	44,3	1,97	3	13,5	34,1	—	—	15,0	5,0

Lokomotiven mit

3. Kessel.   a) für Personen- und

	Heizfläche		Rost				Büchse			Langkessel				
Nr.	H_{total}	Überhitzer $H_{Üb}$	H	R	l_R	b_R	$\dfrac{H}{R}$	t	H_B	$\dfrac{H_B}{H}$	H_R	d_K	l	$\dfrac{i}{d_i/d_a}$	h_{SO}
37	235,0	—	235,0	3,9	2,054	1,900	60	ca. 0,8	12,5	$\dfrac{1}{18,8}$	222,5	1600	5250	5 28/40 286 47/52	2850
38	253,0	Schmidt R.R. 38,5	214,5	4,7	2,320	2,030	45,7	ca. 0,9	16,5	$\dfrac{1}{13}$	198,0	1707	4900	208 51,5/56 18 126/135	2950
39	ca. 104	—	ca. 104	2,3	1,500	1,530	45	ca. 0,8	ca. 8,0	$\dfrac{1}{13}$	ca. 96	1300	3896	174 —/50	2100
40	ca. 112,1	—	ca. 112,1	1,5	1,500	1,010	75	ca. 0,8	ca. 7,3	$\dfrac{1}{15,4}$	ca. 104 8	1327	4010	177 —/51	2100
41	ca. 124,4	—	ca. 124,4	2,3	ca. 2,4	1,0	54	ca. 0,9	ca. 11,9	$\dfrac{1}{10,5}$	ca. 112,5	1450	3800	230 41/45	2250
42	Serve 127,0	—	Serve 127,0	2,15	2,200	0,977	59	ca 0,9	12,11	$\dfrac{1}{10,5}$	0,7·164,13 114,89	1376	4200	101 S —/70	2350
43	—	Schmidt R.R. 25,6	98,9	2,35	ca. 2,1	ca. 1,1	42	ca. 0,6	ca. 9,0	$\dfrac{1}{11}$	—	1420	3600	146 40/44,5 18 119/127	2500
44	ca. 180,2	Schmidt R.R. ca. 40,8	ca. 139,4	2,7	ca 2,46	ca. 1,1	51,7	ca. 0,6	ca. 11,4	$\dfrac{1}{12,2}$	ca. 128,0	1450	4500	139 47/52 21 119 127	2490
45	141,8	Schmidt R.R. 33,5	108,3	2,46	2,167	1,120	44	—	9,9	$\dfrac{1}{10,9}$	98,4	1500	4000	116 45/50 21 124/133	2730

Tafel Nr. 5.
Schlepptender.
Schnellzugdienst.   **4. Triebwerk.**

Nr.	p	Anordnung	Zylinder d	h	J_H	$\dfrac{J_N}{J_H}$	$\dfrac{J_H}{H}$	Triebräder D	$\dfrac{h}{D}$	Zylinderzugkraft $a \cdot p$	Z_Z	$\dfrac{Z_Z}{H}$	$\dfrac{Z_Z}{L}$	$\dfrac{Z_Z}{L_1}$
37	16	Buda-Pest 2 i, 2 a	$\dfrac{2 \cdot 360}{2 \cdot 620}$	$\dfrac{660}{660}$	134,4	2,94	0,57	2100	0,31	0,38·16	7345	31,2	98,6	232
38	14	Maffei 2 i, 2 a	$\dfrac{2 \cdot 410}{2 \cdot 610}$	$\dfrac{640}{640}$	169,0	2,21	0,79	2200	0,28	0,42·14	6365	29,7	75,4	198
39	10	2 a	450	600	95,4	—	0,92	1620	0,37	0,5·10	3750	36,0	56	110
40	11	2 a	$\dfrac{450}{640}$	650	103,4	2,02	0,92	1520	0,43	0,44·11	4240	38	93	115,5
41	14	1 i, 2 a	$\dfrac{1 \cdot 500}{2 \cdot 540}$	$\dfrac{600}{600}$	117,8	2,33	0,94	1520	0,40	0,46·14	7415	59,6	131	165,5
42	15	2 a	$\dfrac{450}{680}$	650	103,4	2,28	0,81	1610	0,40	0,42·15	5880	33	110	142
43	12	2 a	500	600	117,8	—	1,19	1520	0,40	0,5·12	5920	59,9	124	158
44	11,5	2 a	520	650	138,0	—	1,02	1560	0,42	0,5·11,5	6480	46,5	121	154
45	12	2 i	540	700	160,3	—	1,48	1850	0,38	0,5·12	6620	61,2	120	149

4 *

1. **Allgemeine Angaben.**

Nr.	Kupplungs-verhältnis		Bauart	Erbauer	Bahn-verwaltung	Literatur
46	$^3/_4$	1 C o	Kein Überh., Zara Dr. (Pendelwiege), Innen-R , Einachsen-Antrieb (Plancher), schmale B.	Sampierdarena 1906	It. Sts. B. Gr. 630	Z. 1907, S. 869 Taf. 8.
47	$^3/_5$	2 C o	Kein Überh., am. Dr. (Pendelwiege), 3., 4., 5. Achse fest, Innen-R., Außen-Zyl., schmale B.	Sampierdarena 1900	Rete del Mediterraneo	Barb. & Godf., S. 229 Taf. XLVIII, XLIX.
48	»	»	Kein Überh., am. Dr. (seitl. versch.), 3., 4. Achse fest, 5. Achse (seitl. versch.), Außen-R., Triebachse 3 mal gelagert, Innen-Zyl., schmale B.	M.F.d.St.E.G. 1900	Österr. St. B. Serie 9	Org. 1898 S. 222
49	»	»	Kein Überh., am. Dr. (seitl. versch.), 3., 4., 5. Achse fest, Innen-R., Außen-Zyl., schmale B.	Schwartzkopff 1906	Preuß. Sts. B.	Garbe S. 447, Taf. IV.
50	»	»	Kein Überh., am. Dr. (2×40), 3., 4., 5. Achse fest, Innen-R., Außen-Zyl., schmale B. auf dem Rahmen stehend	M.F.d.St.E.G. 1908	Österr.-Ung. St. E. G. Serie 36	D. Lok. 1908 S. 94
51	»	»	Kein Überh., am. Dr. (seitl. versch.), 3., 4., 5. Achse fest, Innen-R., Innen-Zyl., schmale B.	La Croyère 1906	État belge, Serie 35	Z. 1907, S. 1377
52	»	»	Kein Überh., am. Dr. (2 × 25), 3., 4., 5. Achse fest, Innen-R., Einachs.-Antrieb, schmale B.	La Meuse 1906	État belge Serie 19	Z.1907, S.1377 D. Lok. 1908, S. 201

Tafel Nr. 5.
Schlepptender
Schnellzugdienst.　　　　　　2. Achsstände, Gewichte, Tender.

	Achsstände				Gewichte				Tender						
										Gewichte, Achsstände					
Nr.	s	GL	s_f	$\frac{GL}{s}$	L_l	L	L_1	$\frac{H}{L}$	Achs	T_l	T	s_T	$s+s_T$	W	K
46	6,750	5,310	2,250	0,79	49,9	54,5	43,8	2,13	—	—	—	—	—	—	—
47	8,315	6,995	3,920	0,84	57	65,8	45,0	1,79	3	17,0	33,0	—	—	13,0	3,5
48	8,460	5,510	1,950	0,65	63,2	69,8	43,1	3,00	3	15,7	40,0	—	—	16,0	5,7
49	8,350	7,250	4,580	0,87	—	69,6	47,7	2,16	—	—	48,9	—	15,350	21,5	5,0
50	8,300	7,070	4,200	0,85	53,7	60,5	40,0	2,39	3	13,5	31,5	—	—	12,0	6,0
51	7,860	6,910	3,800	0,88	64,3	70,2	52,6	2,06	3	21,6	48,6	—	—	21,0	6,0
52	8,745	7,620	4,320	0,87	76,0	84,8	54,8	—	—	—	—	—	—	—	—

3. Kessel.

	Heizfläche			Rost				Büchse			Langkessel				
Nr.	H_{total}	Über-hitzer $H_{Üb}$	H	R	l_R	b_R	$\frac{H}{R}$	t	H_B	$\frac{H_B}{H}$	H_R	d_K	l	$\frac{i}{d_i/d_a}$	h_{SO}
46	ca. 124,6	—	ca. 124,6	2,40	2,167	1,120	49	ca. 0,8	ca. 9,9	$\frac{1}{12,6}$	0,7·163,9 114,7	1632	4000	104 S 65/70	2715
47	ca. 119,4	—	ca. 119,4	2,6	2,750	0,900	46	ca. 0,7	ca 10	$\frac{1}{11,9}$	ca. 109,4	1434	3800	214 47/52	2462
48	211,7	—	211,7	3,1	ca. 2,8	1,110	68	ca. 0,8	15,5	$\frac{1}{13,6}$	196,2	1600	4400	273 45/51	2600
49	200,1	Schmidt R. R. 49,5	150,6	2,6	2,600	1,010	58	ca. 1,0	14,7	$\frac{1}{10,3}$	135,9	1600	4700	139 45/50 24 124/133	2750
50	ca. 191,1	Schmidt R. R. ca. 47	ca. 144,1	3,1	ca. 3,1	ca. 1,0	46,5	ca. 0,7	ca. 13,6	$\frac{1}{10,6}$	ca. 130,5	1520	4500	136 47/52 24 199/127	2925
51	178,0	Schmidt R. R. 33,1	144,9	2,84	2,750	1,032	51	ca. 0,8	14,9	$\frac{1}{9,72}$	130,0	1583	4130	168 45/50 21 118/127	2650
52	194,3	Schmidt R. R. 41,5	152,8	3,10	2,910	1,030	49	ca. 0,8	16,9	$\frac{1}{9,04}$	135,9	1632	4000	180 45/50 25 118/127	2805

Tafel Nr. 5.
Schlepptender.
Schnellzugdienst.   **4. Triebwerk.**

Nr.	p	An-ordnung	\multicolumn{5}{c}{Zylinder}	\multicolumn{2}{c}{Triebräder}	\multicolumn{4}{c}{Zylinderzugkraft}
			d	h	J_H	$\dfrac{J_N}{J_H}$	$\dfrac{J_H}{H}$	D	$\dfrac{h}{D}$	$a \cdot p$	Z_Z	$\dfrac{Z_Z}{H}$	$\dfrac{Z_Z}{L}$	$\dfrac{Z_Z}{L}$
46	16	2 i	$\dfrac{430}{680}$	700	101,6	2,50	0,86	1850	0,38	0,4 · 16	5595	47,3	103	128
47	13	2 a	$\dfrac{540}{800}$	680	155,7	2,19	1,30	1834	0,37	0,42 · 13	6480	54	98	144
48	14	2 i	$\dfrac{530}{810}$	720	158,8	2,33	0,75	1820	0,40	0,42 · 14	7620	36	109	177
49	12	2 a	590	630	172,2	—	1,14	1750	0,36	0,5 · 12	7520	50,0	108	158
50	12	2 a	550	650	154,4	—	1,07	1820	0,357	0,5 · 12	6480	45	107	162
51	14,5	2 i	520	660	140,1	—	0,91	1600	0,41	0,5 · 14,5	8085	56	115	154
52	14	Vierling 2 i, 2 a	435	610	181,3	—	1,19	1980	0,31	0,5 · 14	8160	53,5	96	149

Zahlen-
Lokomotiven mit

1. Allgemeine Angaben.   a) für Personen- und

Nr.	Kupplungs-verhältnis		Bauart	Erbauer	Bahn-verwaltung	Literatur
53	$^3/_5$	2 C o	Kein Überh., am. Dr. (seitl. versch.), 3., 4., 5. Achse fest, Innen.-R., de Glehn-Triebwerk, schmale B.	Grafenstaden 1894	Bad. St. B. IV e	Org. 1896, S. 56, Taf. IX
54	»	»	wie Nr. 53	Winterthur 1905	Schw. B. B.	Z.1907, S.872 D.L.1908 S.48.
55	»	»	wie Nr. 53	Winterthur 1906	Schw. B. B.	D. Lok. 1908 S. 49.
56	»	»	wie Nr. 53	Winterthur 1906	Gotth. B.	Z.1907, S.871 D. Lok. 1908, S. 52
57	»	»	wie Nr. 53	Maffei 1899	Bay. Sts. B. C V	Org. 1900, S. 185, Taf. XXVI
58	»	»	Kein Überh., am. Dr. (2 × 34), 3., 4. Achse fest, 5. Achse seitl. versch. (2×8). Innen-R., de Glehn-Triebwerk, schmale B.	Creusot 1904	P. L.-M. Serie 25	Z.1907, S.1344 D. Lok. 1908 S. 154
59	»	»	Kein Überh., am. Dr. (2 × 55), 3., 4., 5. Achse fest, Innen-R., de Glehn-Triebwerk, schmale B.	Epernay 1906	Est Serie 11	Z. 1907, S.1341, Taf. 13 D. Lok. 1909. S. 51
60	»	»	Kein Überh., am. Dr. (seitl. versch.), 3., 4., 5. Achse fest, Innen-R., de Glehn-Triebwerk, schmale B.	Henschel 1908	Ouest 2018—2019	D. Lok. 1908, S. 209 Rev. gén. 1908 II, S. 60.
61	»	»	Kein Überh., am. Dr. (Pendelwiege 2 × 55), 3., 4., 5. Achse fest, Innen-R., de Glehn-Triebwerk, schmale B.	Cockerill 1905	État belge Serie 19 b	Z. 1907, S. 1379

Tafel Nr. 5.
Schlepptender
Schnellzugdienst.   2. Achsstände, Gewichte, Tender.

Nr.	Achsstände				Gewichte				Tender					W	K
										Gewichte, Achsstände					
	s	GL	s_f	$\frac{GL}{s}$	L_l	L	L_1	$\frac{H}{L}$	Achs.	T_l	T	s_T	$s+s_T$		
53	7,450	6,500	3,600	0,87	50,5	55,5	40,2	2,30	3	14,8	33,3	3,500	—	13,5	5,0
54	8,350	7,350	4,150	0,88	58,6	64,4	46,0	2,40	3	15,2	38,4	4,000	15,300	17,6	5,0
55	8,450	7,450	4,150	0,88	62,7	68,9	45,7	1,82	3	15,2	38,4	4,000	15,400	17,6	5,0
56	7,940	7,040	3,830	0,89	58,5	65	46,8	2,20	3	16,0	38,0	3,500	—	17,0	5,0
57	8,290	7,360	3,960	0,89	59,4	65,3	46,5	2,4	4	—	45,0	—	—	18,0	6,0
58	8,530	4,850	2,100	0,57	64,8	70,3	50,0	2,26	3	18,95	43,2	4,120	—	20,1	3,5
59	8,890	7,840	4,950	0,88	70,3	76,8	53,2	1,91	3	20,0	48,45	4,500	—	22,0	6,0
60	8,220	7,170	4,300	0,87	—	69,7	50,0	2,2	—	—	—	—	—	—	—
61	8,200	7,075	4,100	0,86	75,5	78,0	51,5	2,26	—	—	—	—	—	—	—

3. Kessel.

Nr.	Heizfläche			Rost				Büchse			Langkessel				
	H_{total}	Überhitzer $H_{Üb}$	H	R	l_R	b_R	$\dfrac{H}{R}$	t	H_B	$\dfrac{H_B}{H}$	H_R	d_K	l	$\dfrac{i}{d_i/d_a}$	h_{SO}
53	128,42	—	128,42	2,10	2,092	0,992	61	ca. 1,04	11,15	$\dfrac{1}{11,5}$	117,27	1466	4250	191 46/52	2300
54	ca. 154	—	ca. 154	2,6	ca 2,56	0,98	59	ca. 1,0	ca 15	$\dfrac{1}{10,3}$	ʿca. 139	1500	4200	229 46/50	2660
55	ca. 170,8	Schmidt R. R. ca. 45,8	ca. 125	2,6	ca. 2,56	0,98	48	ca. 1,0	ca. 15	$\dfrac{1}{8,34}$	ca. 110	1500	4200	127 46/50 21 125/133	2660
56	143,2	—	143,2	2,4	2,360	1,020	60	ca. 1,0	12,6	$\dfrac{1}{11,4}$	ca. 130,6	1500	4000	227 46/50	2355
57	157,56	—	157,56	2,65	2,580	1,026	59	ca 0,7	11,9	$\dfrac{1}{13,1}$	145,66	1500	4300	227 47,5/52	2655
58	Serve ca. 159,4	—	Serve ca. 159,4	3,00	2,935	1,022	53,2	ca. 1,3	15,4	$\dfrac{1}{10,4}$	0,7·205,75 144	1500	4000	138 S 64,8/70	2600
59	Serve ca. 146,4	—	Serve ca. 146,4	3,16	3,145	1,005	46,4	ca. 1,2	16,22	$\dfrac{1}{9,04}$	0,7·185,8 130,2	1550	4400	140 S 64,8/70	2690
60	191,0	Schmidt R. R. 37,5	153,5	2,75	ca 2,75	ca. 1,0	55,8	ca. 0,9	—	—	—	1446	4500	—/— 21 118/127	2520
61	217,5	Cockerill 41,5	176,0	3,01	2,920	1,030	58,5	ca. 0,9	18,4	$\dfrac{1}{11,8}$	157,6	1632	4000	219 45/— 30 100/—	2800

Tafel Nr. 5.
Schlepptender
Schnellzugdienst.   **4. Triebwerk.**

Nr.	p	An-ordnung	Zylinder					Triebräder		Zylinderzugkraft				
			d	h	J_H	$\dfrac{J_N}{J_H}$	$\dfrac{J_H}{H}$	D	$\dfrac{h}{D}$	$a \cdot p$	Z_Z	$\dfrac{Z_Z}{H}$	$\dfrac{Z_Z}{L}$	$\dfrac{Z_Z}{L_1}$
53	12	de Glehn 2a, 2i	$\dfrac{2 \cdot 350}{2 \cdot 550}$	$\dfrac{640}{640}$	123,2	2,5	0,96	1600	0,40	0,4·12	5810	45	104	144
54	15	de Glehn 2a, 2i	$\dfrac{2 \cdot 360}{2 \cdot 570}$	$\dfrac{660}{660}$	134,4	2,5	0,87	1780	0,37	0,4·15	7230	47	112	157
55	13	de Glehn 2i, 2a	$\dfrac{2 \cdot 425}{2 \cdot 630}$	$\dfrac{660}{660}$	187,3	2,18	1,5	1780	0,37	0,42·13	8035	64,2	117	176
56	15	de Glehn 2i, 2a	$\dfrac{2 \cdot 370}{2 \cdot 600}$	$\dfrac{600}{600}$	129,0	2,63	0,90	1610	0,37	0,4·15	8050	56	124	172
57	14	de Glehn 2i, 2a	$\dfrac{2 \cdot 380}{2 \cdot 610}$	$\dfrac{640}{640}$	145,2	2,59	0,92	1870	0,34	0,4·14	7130	45	109	153
58	16	de Glehn 2a, 2i	$\dfrac{2 \cdot 340}{2 \cdot 540}$	$\dfrac{650}{650}$	118,0	2,52	0,74	2000	0,33	0,4·16	6065	38,1	86	121
59	15	de Glehn 2a, 2i	$\dfrac{2 \cdot 360}{2 \cdot 590}$	$\dfrac{680}{680}$	138,4	2,69	0,95	2090	0,33	0,39·15	6625	45,1	86	124
60	15	de Glehn 2a, 2i	$\dfrac{2 \cdot 380}{2 \cdot 550}$	$\dfrac{640}{640}$	145,2	2,09	0,95	1940	0,33	0,44·15	6590	42,9	94,5	132
61	16	de Glehn 2i, 2a	$\dfrac{2 \cdot 360}{2 \cdot 620}$	$\dfrac{680}{680}$	138,4	2,90	0,79	1800	0,38	0,38·16	8830	50,2	113	172

Zahlen-
Lokomotiven mit

1. Allgemeine Angaben.   a) für Personen- und

Nr.	Kupplungs-verhältnis		Bauart	Erbauer	Bahn-verwaltung	Literatur
62	$^3/_5$	2 C o	Kein Überh., am. Dr. (seitl. versch.), 3., 4., 5. Achse fest, Barren-R., Einachsen-Antrieb (Maffei), schmale B.	Maffei 1905	Bay. St. B. S $^3/_5$ Nr. 3301—28	Z. 1905. S. 422
63	»	»	wie Nr. 61	Maffei 1906	Bay. St. B. S $^3/_5$ Nr. 3329	Z 1906, S. 2052.
64	»	o C 2	Überh.-Zyl., unterst. B., 1. Achse seitl. versch. (2 $\times$ 10), 2., 3. Achse fest, am. Dr. (2$\times$50), Innen-R., Einachsen-Antrieb (Plancher), breite B.	Florenz 1900	Rete Adriatica Nr. 3701	Barb. & Godf., S. 232 Taf L—LII
65	»	»	wie Nr. 64	Breda 1906	It. Sts. B. Gruppe 690	Z.1907, S.1374 Taf.14. D.Lok. 1909 S. 7.
66	»	1 C 1	Kein Überh., 1. u. 5. Adams-A. (2 $\times$ 48), 2., 3., 4. Achse fest, Innen-R., Außen-Zyl., breite B.	Wiener Neustadt	Aussig-Teplitzer E. B. G.	Org 1906, S. 148
67	»	»	Kein Überh., 1. 5. Achse Adams-A., 2., 3, 4. Achse fest, Innen-R., breite B.	Floridsdorf 1906	Österr. Sts. B. Serie 329	D. Lok. 1907, S. 101
68	»	»	Kein Überh., 1. Achse Adams-A., (2 $\times$ 42), 2., 3., 4. Achse fest, 5. Achse Adams-A. (2 $\times$ 72), Innen-R., Einachsen-Antrieb (Gölsdorf), breite B.	Floridsdorf 1906	Österr. Sts. B. Serie 110	D. Lok. 1905, S. 177, Org 1906, S. 1, Z. 1907, S. 1346

Tafel Nr. 5.
Schlepptender
Schnellzugdienst.   2. Achsstände, Gewichte, Tender.

| Nr. | Achsstände | | | | Gewichte | | | | Tender | | | | | W | K |
| | s | GL | s_f | $\frac{GL}{s}$ | L_l | L | L_1 | $\frac{H}{L}$ | Gewichte, Achsstände | | | | | | |
									Achs.	T_l	T	s_T	$s+s_T$		
62	8,850	7,750	4,500	0,875	62,2	68,6	45,6	3,0	4	22,0	50,0	5,100	16,712	22,0	6,0
63	8,850	7,750	4,500	0,875	63,2	69,5	46,2	2,36	4	22,0	50,0	5,100	16,712	22,0	6,0
64	8,350	4,850	2,050	0,55	57,5	66,5	43,5	2,5	Wasserwagen					15,0	3,0 [1]
									3	14,0	29,0	6,000	—		
65	8,200	4,900	2,050	0,60	64,5	70,5	43,5	2,12	Wasserwagen					20,0	3,6 [1]
									3	17,0	37,0	6,500	—		
66	8,510	3,510	3,510	0,41	60	66	40,5	2,06	3	16,0	37,0	2,900	—	15,0	ca. 5,3
67	8,030	4,000	4,000	0,50	54,2	59,7	43,0	1,86	—	—	—	—	—	—	—
68	9,490	3,900	3,900	0,41	61,8	69,1	42,6	3,34	3	14,85	39,2	3,200	—	16,75	7,6

[1] Auf dem Führerstand der Lokomotive.

Zahlen-
Lokomotiven mit

3. **Kessel.**   a) für Personen- und

	Heizfläche			Rost					Büchse			Langkessel				
Nr.	H_{total}	Über-hitzer $H_{\ddot{U}b}$	H	R	l_R	b_R	$\dfrac{H}{R}$	t	H_B	$\dfrac{H_B}{H}$	H_R	d_K	l	$\dfrac{i}{d_i/d_a}$	h_{SO}
62	205,5	—	205,5	3,28	ca. 3,0	1,075	62,7	ca. 0,7	14,5	$\dfrac{1}{14,1}$	191,0	1577	4550	283 47,5/52	2800
63	198,0	Schmidt . R.R. 34,5	163,5	3,28	3,28	1,075	49,8	ca. 0,7	14,5	$\dfrac{1}{11,3}$	149,0	1577	4550	172 47,5/52 18 126/135	2800
64	166,7	—	166,7	3,00	2,000	1,500	55,6	ca. 0,7	11,7	$\dfrac{1}{14,2}$	155,0	1434	4000	273 45/50	2650
65	ca 149,2	—	ca 149,2	3,00	2,017	1,500	50	ca. 0,7	16,7	$\dfrac{1}{14,2}$	0,7·ca. 189 132,5	1350	4000	125 S 64 8/70	2665
66	ca, 182,4	Schmidt R.R. 46,8	ca. 135,6	3,67	2,140	1,715	37	ca. 0,7	11,6	$\dfrac{1}{11,7}$	ca. 124,0	1600	5000	172 46/52 24 124/133	2800
67	ca. 151,8	Clench ca. 41,0	ca 110,8	3,0	2,849	1,060	37	ca. 0,85	ca. 13,8	$\dfrac{1}{8,02}$	ca. 97	1500	3080 +20 +1300	218 46/51	2800
68	234,0	—	234,0	4,0	2,301	1,900 1,060	59	ca 0,4 ca. 0,8	13,7	$\dfrac{1}{17,1}$	220,3	1550 1720	5200	282 48/53	2870

Tafel Nr. 5.

Schlepptender
Schnellzugdienst.

4. **Triebwerk.**

Nr.	p	Anordnung	\[Zylinder\] d	h	J_H	$\dfrac{J_N}{J_H}$	$\dfrac{J_H}{H}$	\[Triebräder\] D	$\dfrac{h}{D}$	\[Zylinderzugkraft\] $a \cdot p$	Z_Z	$\dfrac{Z_Z}{H}$	$\dfrac{Z_Z}{L}$	$\dfrac{Z_Z}{L_1}$
62	16	Maffei 2i, 2a	$\dfrac{2 \cdot 340}{2 \cdot 570}$	$\dfrac{640}{640}$	116,2	2,81	0,57	1870	0,34	0,38·16	6760	33	99	148
63	16	Maffei 2i, 2a	$\dfrac{2 \cdot 360}{2\ 590}$	$\dfrac{640}{640}$	130,3	2,69	0,80	1870	0,34	0,4·16	7625	46,6	110	165
64	15	Plancher 2a, 2i	$\dfrac{2 \cdot 380}{2 \cdot 570}$	$\dfrac{650}{650}$	147,4	2,25	0,89	1940	0,34	0,42·15	6860	41,2	103	158
65	15	Plancher 2a, 2i	$\dfrac{2 \cdot 360}{2 \cdot 600}$	$\dfrac{640}{640}$	130,3	2,77	0,87	1920	0,33	0,38·15	6840	45,8	97	157
66	13	2a	540	630	144,3	—	1,07	1620	0,39	0,5·13	7370	54,4	112	182
67	15	2a	$\dfrac{450}{690}$	720	114,5	2,35	1,03	1614	0,445	0,42·15	6690	60,4	112	156
68	15	Gölsdorf 2i, 2a	$\dfrac{2 \cdot 370}{2 \cdot 630}$	$\dfrac{720}{720}$	144,4	2,93	0,63	1820	0,395	0,38·15	8950	38,8	130	210

Zahlen-
Lokomotiven mit
1. **Allgemeine Angaben.**   a) für Personen- und

Nr.	Kupplungs-verhältnis	Bauart	Erbauer	Bahn-verwaltung	Literatur
69	$^3/_6$ | 2 C 1	Kein Überh., am. Dr. (2×75), 3 ,4., 5. Achse fest, 6. Achse Adams-A. (2×61,5), Barren-R., Einachsen-Antrieb (Maffei), breite B.	Maffei 1907	Bad. Sts. B. IV f	Z. 1908, S. 567, Org. 1908, S 141, Taf. XII.
70	» | »	Kein Überh., am. Dr. (2×70), 3.,4.,5. Achse fest, 6. Achse Adams-A., (2×58), Barren-R., Einachs.-Antrieb (Maffei), breite B.	Maffei 1908	Bay. Sts. B. S $^3/_6$	D. Lok. 1908, S.181, Z.1908, S. 2058
71	» | »	Kein Überh., Am. Dr. (2×45), 3.,4., 5. Achse fest, 6. Achse Adams-A. (2×45), Innen R., de Glehn - Triebwerk, Büchse der P. O:	Belfort 1907	Paris-Orléans	D. Lok. 1907, S. 147. Rev. gén. 1907, II, S. 374.
72	» | »	Kein Überh., am. Dr. (2×50), 3.,4.,5. Achse fest, 6. Achse Bi G. (2 × 70), Innen-R., de Glehn-Triebwerk, breite B.	Bahnwerk-stätte Sotte-ville 1908	Ouest 2901	Rev. gén. 1908, II, S. 149. D. Lok. 1908, S. 211
73	$^4/_5$ | 1 D o	Feuerbüchse etwas über-hängend, sonst kein Überh., vorne Bi.G. (2 × 50), 2., 3., 4., 5. Achse fest, Innen-R., de Glehn - Triebwerk, schmale B.	Belfort 1901	Midi	Rev. gén. 1902I S. 235
74	» | »	wie Nr. 73.	Belfort 1904	Paris-Orléans	D. Lok. 1907 S. 230
75	» | »	Kein Überh., 1. Achse Adams-A. (2×42), 2., 3., 4. Achse fest, 5. Achse (2×10), Barren-R., breite B.	Maffei 1907	Gotthard B.	D. Lok. 1907 S. 133 Z. 1908 S. 1921

Tafel Nr. 5.

Schlepptender
Schnellzugdienst.   2. Achsstände, Gewichte, Tender.

	Achsstände				Gewichte				Tender						
										Gewichte, Achsstände					
Nr.	s	GL	s_f	$\dfrac{GL}{s}$	L_l	L	L_1	$\dfrac{H}{L}$	Achs.	T_l	T	s_T	$s+s_T$	W	K
69	11,210	6,660	3,880	0,59	79,8	88,0	49,6 bezw. 52,4 [1]	2,38	4	21,5	48,5	5,000	19,787	20,0	7,0
70	11,365	6,765	4,020	0,60	80,0	88,0	48,0	2,48	4	20,5	54,0	5,300	18,842	26,0	7,5
71	10,500	6,750	3,900	0,64	82,0	90,5	54,0	2,86	3	—	—	—	—	20,0	—
72	10,570	6,570	4,040	0,62	82,0	90,7	53,6	3,12	4	24,0	57,0	—	—	24,0	9,0
73	7,050	4,900	4,900	0,70	64,7	71,6	64,6	2,57	—	—	—	—	—	—	—
74	7,350	5,100	5,100	0,69	67,5	74,0	67,0	2,33	—	—	—	—	—	—	—
75	7,520	3,300	3,300	0,44	70,7	76,4	62,2	2,97	3	16,0	38,0	3,500	13,715	17,0	5,0

[1]) Bei Einschaltung des Zugkraftmehrers.

3. Kessel.

	Heizfläche		Rost					Büchse			Langkessel				
Nr.	H_{total}	Über- hitzer $H_{\ddot{U}b}$	H	R	l_R	b_R	$\dfrac{H}{R}$	t	H_B	$\dfrac{H_B}{H}$	H_R	d_K	l	$\dfrac{i}{d_i/d_a}$	h_{SO}
69	258,7	Schmidt R. R. 50,0	208,7	4,5	ca. 2,140	ca. 2,110	46,4	ca. 0,9	14,7	$\dfrac{I}{14,2}$	194,0	1700	5100	175+5 / —/— / 25 / —/—	2820
70	268,42	Schmidt R. R. 50,0	218,42	4,5	2,112	2,130	48,6	0,75	14,62	$\dfrac{I}{14,9}$	203,8	1700	—	175+5 / —/— / 25 / 129/138	—
71	257,25	—	257,25	4,27	—	—	60,2	—	15,37	$\dfrac{I}{16,7}$	241,88	1680	5900	261 / 50/55	2825
72	283,05	—	283,05	4,0	2,230	1,800	70,7	—	13,05	$\dfrac{I}{21,7}$	269,1	1600	6000	283 / 50/55	2900
73	Serve 184,07	—	Serve 184,07	2,8	2,806	1,001	65,8	ca. 0,9	15,77	$\dfrac{I}{11,7}$	0,7·240,44 168,3	1513	4355	148 S / 65/70	2600
74	Serve ca. 172,4	—	Serve ca. 172,4	3,1	ca. 3,1	ca. 1,0	55,6	ca. 0,9	16,17	$\dfrac{I}{10,7}$	0,7·223,2 156,2	1513	4400	139 S / 65/70	2700
75	ca. 254,15	Clench 41,0	ca. 213,15	4,07	2,380	1,710	52,4	ca. 0 6	13,15	$\dfrac{I}{16,2}$	ca. 200	1780	3674 +26 +750	367 / 47,5/52	2870

Tafel Nr. 5.
Schlepptender
Schnellzugdienst.

4. Triebwerk.

| Nr. | p | An-ordnung | Zylinder | | J_H | $\frac{J_N}{J_H}$ | $\frac{J_H}{H}$ | Triebräder | | Zylinderzugkraft | | | | |
			d	h				D	$\frac{h}{D}$	$a \cdot p$	Z_Z	$\frac{Z_Z}{H}$	$\frac{Z_Z}{L}$	$\frac{Z_Z}{L_1}$
69	16	Maffei 2i, 2a	$\frac{2.425}{2.650}$	$\frac{610}{670}$	173,1	2,57	0,83	1800	$\frac{0,34}{0,37}$	$0,38 \cdot 16$	9560	45,8	109	193 bzw. 177 [1]
70	15	Maffei 2i, 2a	$\frac{2.425}{2.650}$	$\frac{610}{670}$	173,1	2,57	0,79	1870	$\frac{0.33}{0,36}$	$0,38 \cdot 15$	8625	39,4	98	180
71	16	de Glehn 2a, 2i	$\frac{2 \cdot 390}{2 \cdot 640}$	$\frac{650}{650}$	155,3	2,68	0,61	1850	0,35	$0,38 \cdot 16$	8750	34	97	162
72	16	de Glehn 2i, 2a	$\frac{2 \cdot 400}{2 \cdot 660}$	$\frac{640}{640}$	160,8	2,72	0,57	1940	0,33	$0,38 \cdot 16$	8740	30,9	96	163
73	15	de Glehn 2i, 2a	$\frac{2 \cdot 390}{2 \cdot 600}$	$\frac{650}{650}$	155,3	2,36	0,84	1400	0,47	$0,48 \cdot 15$	12035	65,3	168	186
74	16	de Glehn 2i, 2a	$\frac{2 \cdot 390}{2 \cdot 600}$	$\frac{650}{650}$	155,3	2,36	0,90	1550	0,42	$0,48 \cdot 16$	13610	78,9	184	203
75	15	Maffei 2i, 2a	$\frac{2 \cdot 395}{2 \cdot 635}$	$\frac{640}{640}$	156,8	2,28	0,74	1350	0,47	$0,48 \cdot 15$	13760	64,5	180	221

[1]) Bei Einschaltung des Zugkraftmehrers.

1. Allgemeine Angaben.

. Nr.	Kupplungs verhältnis		B a u a r t	Erbauer	Bahn- verwaltung	Literatur
76	$^2/_3$ + $^2/_2$	1 B o +o Bo	Bauart Mallet - Rimrott, HD-Zyl. überh., sonst kein Überh., Laufachse seitl. versch. (2 × 20) Innen-R., breite B.	Budapest 1905	Ung. Sts. B. IV c	D. Lok. 1907, S 21
77	$^5/_6$	1 E o	Kein Überh., 1. Achse Adams-A. (2 × 49), 2., 4., 5. Achse fest, 3. Achse (2×26), 6. Achse (2 × 23), Ein- achsenantr. (Gölsdorf), Innen-R., breite B.	M. F. d. St. E. G. Wien	Österr. St. B. Serie 280	D. Lok. 1906, S. 89 Z. 1907, S. 1380

Tafel Nr. 5.

Schlepptender

Schnellzugdienst.   2. Achsstände, Gewichte, Tender.

Nr.	Achsstände				Gewichte				Tender						W	K
	s	GL	s_f	$\dfrac{GL}{s}$	L_l	L	L_1	$\dfrac{H}{L}$	Gewichte, Achsstände							
									Achs.	T_l	T	s_T	$s+s_T$			
76	8,710	—	1,850	—	68,4	75,3	65,3	2,80	3	15,3	36,8	3,160	14,590		14,5	ca. 6,1
77	8,670	5,010	5,010	0,58	70,0	72,2	67,4	2,30	3	15,0	35,7	3,200	—		14,2	6,5

3. Kessel.

Nr.	Heizfläche			Rost				Büchse			Langkessel				
	H_{total}	Über-hitzer $H_{Üb}$	H	R	l_R	b_R	$\dfrac{H}{R}$	t	H_B	$\dfrac{H_B}{H}$	H_R	d_K	l	$\dfrac{i}{d_i/d_a}$	h_{SO}
76	ca. 210	—	ca. 210	3,55	ca. 2,5	ca. 1,4	59	ca. 0,7	ca. 13,17	$\dfrac{1}{15,9}$	ca. 197	1550	5000	267+5 46/52	2850
77	234,9	Clench 57,5	177,4	4,6	2,752	1,630	38,6	ca. 0,6	15,5	$\dfrac{1}{11,4}$	161,9	1757	$\begin{array}{l}3680\\+\;\;20\\+1300\\=5000\end{array}$	291 48/53	2890

Tafel Nr. 5.
Schlepptender
Schnellzugdienst.   4. Triebwerk.

Nr	p	Anordnung	Zylinder					Triebräder		Zylinderzugkraft				
			d	h	J_H	$\dfrac{J_N}{J_H}$	$\dfrac{J_H}{H}$	D	$\dfrac{h}{D}$	$a \cdot p$	Z_Z	$\dfrac{Z_Z}{H}$	$\dfrac{Z_Z}{L}$	$\dfrac{Z_Z}{L_1}$
76	14	Mallet-Rimrott	$\dfrac{2 \cdot 390}{2 \cdot 635}$	$\dfrac{650}{650}$	155,3	2,33	0,74	$\dfrac{1440}{1440}$	$\dfrac{0,45}{0,45}$	0,48·14	12230	58,2	162	187
77	16	2i, 2a	$\dfrac{2 \cdot 370}{2 \cdot 630}$	$\dfrac{720}{720}$	154,8	2,90	0,87	1450	0,496	0,40·16	12615	71,2	163	187

1. Allgemeine Angaben.

Nr.	Kupplungs-verhältnis		Bauart	Erbauer	Bahn-verwaltung	Literatur
81	$^3/_3$	o C o	Überh. Zyl., überh. B., feste Achs., Außen-R., Hall-Kurb., schmale B.	Maffei 1868	Bay. Sts. B. C III	Schaltenbrand S. 111, Taf. XVIII
82	»	»	Überh. Zyl., überh. B., feste Achsen, Innen-R., schmale B.	1894	Preuß. Sts. B.	Preuß. Norm.
83	»	»	Überh. Zyl., überh. B., feste Achsen, Innen-R., schmale B.	Henschel 1886	Preuß. Sts. B.	Org. 1889, S. 223
84	»	»	Überh. Zyl., unterst. B., feste Achsen, Innen-R., schmale B.	Wiener-Neustadt	Kais. Ferd N. B.	Org. X, S. 38, Taf. XXII
85	»	»	Überh. Zyl, überh. B., feste Achsen, Innen-R., schmale B.	Krauß 1892	Bay. Sts. B. CIV	—
86	»	»	wie Nr. 84	Budapest 1893	Ung. Sts. B.	Org. 1894, S. 218
87	»	»	Überh. Zyl., unterst B., feste Achsen, Innen-R., schmale B.	Winterthur 1895	Gotthard B. Nr. 79—83	Z. 1908, S. 1828
88	$^3/_4$	1 C o	Kein Überh., 1. Achse Adams·A. (2 × 60), 2., 3., 4. Achse fest, Innen-R., schmale B.	Prag 1904	Böhm. N. B.	D. Lok. 1906, S. 49
89	»	»	wie Nr. 88	Vulkan 1892	Preuß. Sts. B.	Org. X, S. 37, Taf. XXI
90	»	»	Kein Überh., 1. Achse Adams·A., 2., 3., 4. Achse fest, Innen-R, schmale B., auf dem Rahmen stehend	Wiener-Neustadt 1895	Österr. Sts. B. Serie 60	Org. 1897, S. 202
91	»	»	wie Nr. 90	M.F.d St.E.G. Wien	Österr. Sts. B., Serie 60500	D. Lok. 1907 S. 225

Tafel Nr. 5.
Schlepptender
Güterzugdienst.   2. Achsstände, Gewichte, Tender.

Nr.	Achsstände				Gewichte				Tender						
	s	GL	s_f	$\frac{GL}{s}$	L_l	L	L_1	$\frac{H}{L}$	Achs.	Gewichte, Achsstände				W	K
										T_l	T	s_T	$s+s_T$		
81	3,175	3,175	3,175	1,00	32,5	36,0	36,0	3,15	2	9,5	24,5	2,590	10,100	10,0	5,0
82	3,400	3,400	3,400	1,00	33,1	38,5	38,5	3,24	—	—	—	—	—	—	—
83	3,400	3,400	3,400	1,00	33,4	38,3	38,3	3,15	—	—	—	—	—	—	—
84	3,500	3,500	3,500	1,00	38	42	42	2,84	3	14,3	32,3	3,200	10,695	12,0	6,4
85	3,200	3,200	3,200	1,00	37,0	42,0	42,0	2,66	3	12,0	27,5	3,125	10,530	10,5	5,0
86	3,500	3,500	3,500	1,00	38,8	42,5	42,5	2,55	3	—	—	3,160	—	12,5	8,0
87	3,770	3,770	3,770	1,00	42,8	47,7	47,7	2,52	2	13,4	26,4	2,700	—	8,5	4,5
88	5,850	3,500	3,500	0,60	43,3	47,8	37,4	2,07	—	—	—	—	—	—	—
89	6,300	4,000	4,000	0,635	42,7	49,0	40,0	2,89	3	—	—	—	—	—	—
90	5,500	2,900	2,900	0,53	48,3	53,5	43,1	2,47	—	—	—	—	—	—	—
91	5,500	2,900	2,900	0,53	47,8	52,0	42,3	—	—	—	—	—	—	—	—

3. Kessel.

	Heizfläche			Rost				Büchse			Langkessel				
Nr.	H_{total}	Überhitzer $H_{Üb}$	II	R	l_R	b_R	$\dfrac{H}{R}$	t	H_B	$\dfrac{H_B}{H}$	H_R	d_K	l	$\dfrac{i}{d_i/d_a}$	h_{SO}
81	113,5	—	113,5	1,74	ca. 1,67	ca. 0,96	65	ca. 0,6	8,8	$\dfrac{1}{12,9}$	104,7	1385	3900	186 / 46/52	ca. 1880
82	124,79	—	124,79	1,53	ca. 1,53	1,000	82	ca. 0,7	7,78	$\dfrac{1}{16,0}$	117,01	1400	4450	186 / 45/50	1985
83	121,0	—	121,0	1,53	1,530	1,000	79	ca. 0,7	7,7	$\dfrac{1}{15,7}$	113,3	1350	4450	180 / 45/50	1980
84	119,45	—	119,45	2,2	ca. 2,14	1,028	54	ca. 0,6	9,25	$\dfrac{1}{12,9}$	110,2	1370	3500	257 / 39/44	2135
85	111,8	—	111,8	1,67	1,636	1,016	67	ca. 0,5	7,2	$\dfrac{1}{15,5}$	104,6	1400	4000	181 / 46/52	ca. 2000
86	ca. 108,2	—	ca. 108,2	2,1	ca. 1,90	1,04	52	ca. 0,6	ca. 8,2	$\dfrac{1}{13,2}$	ca. 100	1302	3700	188 / —/52	2250
87	ca. 119,9	—	ca. 119,9	2,08	2,06	ca. 1,01	58	—	ca. 9,9	$\dfrac{1}{12,1}$	ca. 110	—	3600	215 / —/—	2140
88	124,48	Schmidt R.R. 25,58	98,9	2,35	ca. 2,10	1,1	42	ca. 0,6	ca. 8,7	$\dfrac{1}{11,4}$	—	1420	3600	146 40/44,5 18 119/127	2500
89	141,44	—	141,44	2,29	ca. 2,25	1,020	62	ca. 0,8	10,85	$\dfrac{1}{13}$	130,59	1498	4124	224 / 45/50	2170
90	ca. 131	—	ca. 131	2,65	ca. 2,40	1,1	50	ca. 0,7	ca. 9,5	$\dfrac{1}{13,8}$	ca. 121,5	1350	4165	202 / 46/51	2500
91	ca. 131	Clench ca. 22,3	ca. 108,7	2,7	2,329	1,158	40	ca. 0,7	ca. 9,7	$\dfrac{1}{11,2}$	ca. 99	1350	3400 +20 +745	202 / 46/51	2500

Tafel Nr. 5.
Schlepptender
Güterzugdienst.　　4. Triebwerk.

			Zylinder					Triebräder		Zylinderzugkraft				
Nr.	p	An-ordnung	d	h	J_H	$\dfrac{J_N}{J_H}$	$\dfrac{J_H}{H}$	D	$\dfrac{h}{D}$	$a \cdot p$	Z_Z	$\dfrac{Z_Z}{H}$	$\dfrac{Z_Z}{L}$	$\dfrac{Z_Z}{L}$
81	10	2 a	508	660	133,8	—	1,18	1272	0,52	0,6·10	8030	71	224	224
82	10	2 a	450	630	100,2	—	0,81	1340	0,47	0,6·10	5710	45,8	148	148
83	12	2 a	$\dfrac{460}{650}$	630	104,7	2,0	0,86	1330	0,47	0,5·12	6005	49,7	157	157
84	12	2 a	$\dfrac{480}{740}$	660	119,4	2,38	1,00	1440	0,46	0,47·12	7080	59,2	169	169
85	13	2 a	$\dfrac{500}{705}$	630	123,7	1,99	1,11	1340	0,47	0,5·13	7595	64,4	181	181
86	13	2 a	$\dfrac{485}{700}$	650	120	2,09	1,11	1440	0,45	0,5·13	7190	66,4	169	169
87	12	2 a	480	640	115,8	—	ca. 0,96	1330	0,48	0,5·12	6650	ca. 55	139	139
88	12	2 a	500	600	117,8	—	1,19	1520	0,395	0,6·12	7105	71,95	149	190
89	12	2 a	450	630	100,2	—	0,72	1350	0,47	0,6 12	6800	48	139	170
90	13	2 a	$\dfrac{520}{740}$	632	134,2	2,03	1,02	1290	0,49	0,5·13	8720	66	163	202
91	13	2 a	$\dfrac{520}{740}$	632	134,2	2,03	1,24	1300	0,49	0,5·13	8650	79,6	166	204

Zahlen-
Lokomotiven mit
1. Allgemeine Angaben.   b) für

Nr.	Kupplungs-verhältnis		Bauart	Erbauer	Bahn-verwaltung	Literatur
92	$^3/_4$	1 C o	Kein Überh., vorne Kr. H. Dr. (Ku. A. 2✕30), 3., 4. Achse fest, Innen-R., schmale B.	Krauß 1899	Bay. Sts. B. CVI	—
93	»	»	Kein Überh., vorne Kr. H. Dr., 3., 4. Achse fest, Innen-R., schmale B.	Hohenzollern 1902	Preuß. Sts. B.	Z.1903, S.297. Taf. II
94	$^4/_4$	o D o	Überh. Zyl., überh. B., 1., 2., 3. Achse fest, 4. Achse 2✕23, Innen-R , schmale B.	Sigl 1873	Österr. Süd B.	Z.1875, S.571. Schaltenbrand S. 209, Taf. XXVII
95	»	»	Überh. Zyl., unterst. B., alle Achsen fest, Innen-R., schmale B.	Sharp, Stewart Manchester 1887	Pfalz B.	—
96	»	»	Überh. Zyl., unterst. B., 1., 3., 4. Achse fest, 2. Achse 2✕8, Innen-R., schmale B.	Vulkan 1900	Preuß. Sts. B.	Barb. & Godf., S. 52, Taf. VIII
97	»	»	Überh. Zyl., überh. B., 1., 2., 3. Achse fest, 4. Achse 2✕12, Innen-R., schmale B.	Floridsdorf 1885	Österr. Sts. B.	Org. X., S. 36 Taf. XX
98	»	»	Überh. Zyl., unterst. B., 1., 3. Achse fest, 2., 4. Achse seitl. versch. (2 ✕ 25), Innen-R., breite B.	Krauß 1905	Pfalz B.	D. Lok. 1906, S. 219
99	»	»	wie Nr. 96	Vulkan 1906	Preuß. Sts. B.	Z. 1907, S. 1573
100	»	»	Überh. Zyl., unterst. B., 1., 4. Achse 2 ✕ 25, 2., 3. Achse fest, Innen-R., de Glehn-Triebwerk, schmale B.	Ouillins 1888	P. L. M.	Z.1890, S. 706

Tafel Nr. 5.
Schlepptender
Güterzugdienst.　　　　　　　2. Achsstände, Gewichte, Tender.

	Achsstände				Gewichte				Tender						
										Gewichte, Achsstände					
Nr.	s	GL	s_f	$\dfrac{GL}{s}$	L_l	L	L_1	$\dfrac{H}{L}$	Achs.	T_l	T	s_T	$s+s_T$	W	K
92	6,500	5,100	1,580	0,785	48,5	55,0	42,2	2,47	4	19,9	43,0	5,000	14,570	18,0	6,5
93	6,400	5,350	2,000	0,84	53,3	58,6	45,0	2,94	3	—	32,8	—	—	12,0	5,0
94	3,560	2,380	2,380	0,67	44,4	50,5	50,5	3,06	3	12,0	27,0	3,000	—	8,5	ca. 5,5
95	4,699	4,699	4,699	1.00	45,4	51,0	51,0	2,32	2	12,0	25,0	2,896	11,555	8,1	5,0
96	4,500	4,500	1,600	1,00	46	52	52	2,70	3	15,8	33,5	3,300	—	12,0	4,0
97	3,900	2,550	2,550	0,65	48,5	55	73	3,00	—	—	—	—	11,655	—	—
98	4,500	3,000	3,000	0,67	50,4	56,7	56,7	2,75	3	17,0	39,4	3,800	12,505	16,0	6,0
99	4,500	4,500	1,560	1,00	50	56	56	2,36	3	15,1	32,1	3,300	—	12,0	5,0
100	4,050	1,350	1,350	0,33	51,6	57,1	57,1	2,76	—	—	--	—	—	--	—

3. Kessel.　　　　　　　　　　　　　　　　　　b) für

Nr.	Heizfläche			Rost				Büchse			Langkessel				
	H_{total}	Überhitzer $H_{Üb}$	H	R	l_R	b_R	$\frac{H}{R}$	t	H_B	$\frac{H_B}{H}$	H_R	d_K	l	$\frac{i}{d_i/d_a}$	h_{SO}
92	135,9	—	135,9	2,25	2,248	0,984	60	0,79	10,59	$\frac{1}{12,8}$	125,31	1530	4100	207 47/52	2350
93	172,26	Schmidt R. R. 33,0	139,26	2,25	2,250	1,000	62	0,92	11,75	$\frac{1}{11,9}$	127,51	1500	4100	234 41/46 1 305/331	2525
94	ca. 154,4	—	ca. 154,4	2,16	2,120	1,020	71	0,8	ca. 10,4	$\frac{1}{14,8}$	ca. 144,0	1470	4760	205 47/52	2020
95	ca. 118,2	—	ca. 118,2	2,09	2,050	1,010	57	ca. 0,9	ca. 10,4	$\frac{1}{11,4}$	ca. 107,8	1396	3935	192 45,5/51	2177
96	140,0	—	140,0	2,25	2,250	1,000	62	ca. 0,7	10,5	$\frac{1}{13,3}$	129,5	1530	4100	224 45/50	2200
97	165,0	—	165,0	2,25	ca. 2,2	ca. 1,0	73	ca. 0,7	11,0	$\frac{1}{15}$	154,0	1438	5100	209 46/51	2105
98	156,08	—	156,08	2,5	2,090	1,200	62	0,69	11,56	$\frac{1}{13,5}$	144,52	1470	4350	235 45/50	2780
99	163,95	Schmidt R. K. 31,7	132,25	2,25	2,250	1,000	59	ca. 1,0	12,13	$\frac{1}{10,9}$	120,12	1500	4100	220 41/46 1 305/331	2500
100	157,68	—	157,68	2,18	2,169	1,007	72	ca. 0,75	10,96	$\frac{1}{14,4}$	146,72	1500	4150	247 45,6/50	2260

Tafel Nr. 5.
Schlepptender
Güterzugdienst. 4. Triebwerk.

Nr.	p	An- ordnung	d	h	J_H	$\dfrac{J_N}{J_H}$	$\dfrac{J_H}{H}$	D	$\dfrac{h}{D}$	$a \cdot p$	Z_Z	$\dfrac{Z_Z}{H}$	$\dfrac{Z_Z}{L}$	$\dfrac{Z_Z}{L_1}$
			Zylinder					Triebräder		Zylinderzugkraft				
92	13	2 a	$\dfrac{500}{740}$	630	123,7	2,19	0,91	1340	0,47	0,48·13	8035	59,2	146	191
93	12	2 a	520	630	133,8	—	0,96	1550	0,41	0,6·12	7915	56,8	135	176
94	9	2 a	500	600	117,8	—	0,76	1106	0,54	0,6·9	7325	47,4	145	145
95	10	2 a	508	660	133,8	—	1,13	1295	0,51	0,6·10	7890	66,7	155	155
96	12	2 a	$\dfrac{530}{750}$	630	139,0	2,0	0,99	1250	0,50	0,5·12	8505	60,8	164	164
97	11	2 a	500	570	111,9	—	0,68	1130	0,50	0,6·11	8320	50,4	151	151
98	13	2 a	$\dfrac{540}{810}$	660	151,2	2,25	0,97	1250	0,53	0,48·13	10810	69,3	191	191
99	12	2 a	600	660	186,6	—	1,41	1350	0,49	0,6·12	12670	95,6	226	226
100	15	de Glehn 2 i, 2 a	$\dfrac{2 \cdot 360}{2 \cdot 540}$	$\dfrac{650}{650}$	132,3	2,25	0,84	1260	0,52	0,48·15	10830	68,7	190	190

1. **Allgemeine Angaben.**

Nr.	Kupplungs-verhältnis		Bauart	Erbauer	Bahn-verwaltung	Literatur
101	$^2/_2$ + $^2/_2$	o B o + o B o	Bauart Mallet-Rimrott, überh. Zyl., sonst kein Überhang, Innen-R., schmale B.	Grafenstaden 1895	Preuß. St. B.	Pr. Normalien
102	»	»	wie Nr. 101	Maffei 1896	Pfalz B.	—
103	»	»	wie Nr. 101	Mühlhausen 1892	Bad. Sts. B. VIIIc	Org. 1896, S. 56, Taf. X.
104	$^4/_5$	I D o	Kein Überh., 1. Achse Ad.-A., 2., 4., 5. Achse fest, 3. Achse 2 × 8, Innen-R., schmale B.	— 1894	Preuß. Sts. B.	Org.1895, S. 3
105	»	»	Kein Überh., vorne Kr. H Dr. (Ku. A 2×27), 3., 4., 5. Achse fest, Innen-R., schmale B.	Krauß 1899	Bay. Sts. B. E I	vgl. Z. 1897, S. 187
106	»	»	Kein Überh., 1. Achse Bi. G. (2×70), 2., 4. Achse fest, 3. Achse 2×28, 5.Achse 2×22, Innen-R, breite B.	Krauß 1905	Bay. Sts. B. G $^4/_5$	D. Lok. 1906, S. 1
107	»	»	Kein Überh, 1.Achse Adams-A. (2 × 63), 2., 4.Achse fest, 3., 5, Achse 2 × 23, Innen-R., breite B.	Wiener Neustadt 1899	Österr. Sts. B. Serie 170	Barb. & Godf., S. 112
108	»	»	Kein Überh., 1. Achse Adams-A. (2 × 35), 2., 3., 4. Achse fest, 5. Achse seitl. versch. (2 × 25) Innen-R., de Glehn Triebwerk, schmale B.	Winterthur 1905	Schw. B. B.	D. Lok. 1905, S. 108

Tafel Nr. 5.
Schlepptender
Güterzugdienst.   **2. Achsstände, Gewichte, Tender.**

Nr.		Achsstände				Gewichte				Tender						
	s	GL	s_f	$\dfrac{GL}{s}$	L_l	L	L_1	$\dfrac{H}{L}$	Achs.	T_l	T	s_T	$s+s_T$	W	K
101	5,800	—	1,750	—	49,2	54,9	54,9	2,65	—	—	—	—	—	—	—
102	5,905	—	1,730	—	50,6	56,0	56,0	2,20	3	13,75	30,5	3,000	12,100	12,0	5,0
103	5,800	—	1,750	—	50,2	56,2	56,2	2,46	—	—	—	—	—	—	—
104	6,300	4,100	1,350	0,65	49,7	56,7	50,6	2,54	—	—	—	—	—	—	—
105	7,000	5,800	2,800	0,83	57,3	64,5	54,5	2,48	3	15,3	32,0	3,300	13,850	13,8	5,0
106	7,100	2,870	2,870	0,40	59	65	56	2,76	4	21,0	45,0	5,100	15,494	18,0	6,0
107	6,800	2,800	2,800	0,41	60,5	68,5	57,0	3,3	3	15,3	36,0	—	—	14,2	5,7
108	7,500	3,250	3,250	0,43	59,7	66,3	57,6	2,4	4	17,2	39,6	46,50	—	17,0	5,0

3. Kessel.

Nr.	Heizfläche			Rost				Büchse			Langkessel				
	H_{total}	Über-hitzer $H_{\text{Üb}}$	H	R	l_R	b_R	$\dfrac{H}{R}$	t	H_B	$\dfrac{H_B}{H}$	H_R	d_K	l	$\dfrac{i}{d_i/d_a}$	h_{SO}
101	145,4	—	145,4	1,94	1,942	1,012	75	0,82	10,1	$\dfrac{1}{14,4}$	135,3	1500	4300	$\dfrac{218}{45/50}$	2260
102	123,0	—	123,0	2,07	2,050	1,035	59	ca. 0,7	9,0	$\dfrac{1}{13,7}$	114,0	1390	4085	$\dfrac{192}{46/51,5}$	2385
103	137,91	—	137,91	1,96	1,900	0,980	70	—	10,36	$\dfrac{1}{13,3}$	127,55	1500	4300	—	2250
104	144,0	—	144,0	2,28	ca. 2,3	1,000	63	ca. 0,7	10,8	$\dfrac{1}{13,3}$	133,2	1600	4100	$\dfrac{235}{44/50}$	2310
105	159,8	—	159,8	2,43	2,350	1,020	66	0,684	10,9	$\dfrac{1}{14,6}$	148,9	1600	4500	$\dfrac{229}{46/52}$	2237
106	179,7	—	179,7	2,85	1,950	1,466	63	0,693	10,7	$\dfrac{1}{16,8}$	169,0	1640	4500	$\dfrac{260}{46/52}$	2640
107	226,8	—	226,8	3,37	2,717	1,240	67,4	0,7	13,8	$\dfrac{1}{16,4}$	213,9	1600	5000	$\dfrac{295}{46/51}$	2615
108	ca. 161	—	ca. 161	2,44	2,508	0,974	66	ca. 0,9	ca. 13,8	$\dfrac{1}{11,7}$	ca. 147,2	1550	4200	$\dfrac{242}{46/50}$	2600

Tafel Nr. 5.
Schlepptender
Güterzugdienst.   4. Triebwerk.

Nr.	p	An-ordnung	Zylinder d	h	J_H	$\frac{J_N}{J_H}$	$\frac{J_H}{H}$	D	$\frac{h}{D}$	$a\,p$	Z_Z	$\frac{Z_Z}{H}$	$\frac{Z_Z}{L}$	$\frac{Z_Z}{L_1}$
101	12	Mallet-Rimrott	$\frac{2\cdot420}{2\cdot630}$	$\frac{600}{600}$	166,3	2,24	1,14	$\frac{1270}{1270}$	$\frac{0,47}{0,47}$	0,48·12	10800	74,3	197	197
102	14	,,	$\frac{2\cdot415}{2\cdot635}$	$\frac{630}{630}$	170,5	2,34	1,39	$\frac{1330}{1330}$	$\frac{0,47}{0,47}$	0,48·14	12835	105	230	230
103	13	,,	$\frac{2\cdot390}{2\cdot600}$	$\frac{600}{600}$	143,2	2,36	1,04	$\frac{1260}{1260}$	$\frac{0,48}{0,48}$	0,48·13	10700	77,7	191	191
104	12	2 a	$\frac{530}{750}$	630	139	2,0	0,96	1250	0,50	0,5·12	8500	59,0	150	168
105	12	2 a	540	560	128,2	—	0,80	1170	0,48	0,6·12	10050	62,8	156	184
106	12	2 a	540	610	139,7	—	0,78	1270	0,48	0,6·12	10085	56,2	155	180
107	13	2 a	$\frac{540}{800}$	632	144,7	2,19	0,64	1300	0,49	0,48·13	9705	42,8	142	170
108	14	de Glehn 2i, 2a	$\frac{2\cdot370}{2\cdot600}$	$\frac{600}{640}$	129,0	2,81	0,80	1330	$\frac{0,45}{0,48}$	0,4·14	9700	60,3	146	169

6 *

1. Allgemeine Angaben.

Nr.	Kupplungs-verhältnis		Bauart	Erbauer	Bahn-verwaltung	Literatur
109	$^4/_5$	1 D o	Feuerbüchse etwas über-hängend, sonst kein Überh., vorne Bi. G., 2., 3., 4., 5. Achse fest, Barren-R, Vauclain-Zylinder, schmale B.	Baldwin 1898	Bay. Sts. B. E I Nr. 2085-2086	—
110	$^2/_2$ + $^2/_2$	1 B o + o B o	Bauart Mallet-Rimrott-, überh. H.-D.-Zyl., sonst kein Überh., Innen-R, schmale B.	Maffei 1900	Bulg. Sts. B.	Barb. & Godf., S. 54
111	$^4/_6$	2 D o	Kein Überh., vorne am. Dr. (Pendelwiege), 3., 4., 5. Achse fest, 6. seitl. versch., Innen-R., breite B.	Breda 1903	Rete del Mediterraneo	Z. 1907, S. 1576
112	$^5/_5$	o E o	Überh. Zyl., etwas überh. B., 1., 3., 5. Achse seitl. versch. (2×26), 2., 4. Achse fest, Innen-R., breite B.	Wiener Neustadt 1900	Österr. Sts. B. Serie 180	D. Lok. 1904, S. 176
113	»	»	wie Nr. 112	—	Österr. Sts. B. Serie 180. 500	D. Lok. 1908, S. 224
114	»	»	Überh. Zyl., etwas überh. B., 1. Achse (2×26), 3. Achse (2×20), 5. Achse (2×26), 2., 4. Achse fest, Innen-R., breite B.	Eßlingen 1905	Württ. Sts. B. Kl. H	D. Lok. 1906, S. 17
115	$^5/_6$	1 E o	Kein Überh., 1. Achse Bi. G. (2×40), 2., 3., 4., 5. Achse fest, 6. Achse seitl. versch. (2×15), de Glehn-Triebwerk, Innen-R, schmale B.	Grafenstaden 1906	R.E.Els.Lothr.	D. Lok. 1905, S. 49

Tafel Nr. 5.
Schlepptender
Güterzugdienst.

2. Achsstände, Gewichte, Tender.

Nr.		Achsstände				Gewichte				Tender						
											Gewichte, Achsstände					
	s	$Gl.$	s_f	$\frac{GL}{s}$	L_l	L	L_1	$\frac{H}{L}$	Achs.	T_l	T	s_T	$s + s_T$	W	K
109	6,604	4,089	4,089	0,62	58,0	62,6	54,4	2,84	4	19,5	44,0	5,207	15,695	18,1	6,5
110	8,203	—	1,730	—	60,5	67,0	57,2	2,35	4	—	41,2	5,000	—	18,0	6,0
111	7,963	5,440	3,040	0,68	68,4	76,0	60,0	2,29	3	17,3	33,8	3,100	—	13,0	4,0
112	5,603	2,800	2,800	0,50	59,0	65,7	65,7	2,96	—	—	—	—	—	—	—
113	5,600	2,800	2,800	0,50	60,0	66,5	66,5	1,47	—	—	—	—	—	—	—
114	5,603	2,800	2,800	0,50	66,6	73,3	73,3	2,83	—	—	—	—	—	15,0	7,5
115	8,183	4,620	4,620	0,56	67,5	75,8	66,9	2,37	4	—	—	4,600	15,450	—	—

3. Kessel.

	Heizfläche			Rost				Büchse			Langkessel				
Nr.	H_{total}	Über-hitzer $H_{Üb}$	H	R	l_R	b_R	$\dfrac{H}{R}$	t	H_B	$\dfrac{H_B}{H}$	H_R	d_K	l	$\dfrac{i}{d_i/d_a}$	h_{SO}
109	177,5	—	177,5	3,08	ca. 2,85	ca. 1,08	59	ca. 0,6	15,5	$\dfrac{1}{11,5}$	162,0	1676	3759	270 50,8/56	ca. 2360
110	157,4	—	157,4	2,65	ca. 2,5	ca. 1,06	59	ca. 0,7	11,9	$\dfrac{1}{13,2}$	145,5	1560	4300	227 47,5/52	2650
111	174,4	—	174,4	4,40	2,800 −0,580	2,044	39,6	ca. 0,6	13,7	$\dfrac{1}{12,7}$	161,0	1464	3900	280 44/50	2450
112	ca. 194,4	—·	ca. 194,4	3,0	2,397	1,240	65	ca. 0,5	12,6	$\dfrac{1}{15,4}$	ca. 171,8	1556	4500	264 46/51	2615
113	ca. 132,6	Clench ca. 35,0	ca. 97,6	3,42	2,397	1,430	28,5	ca. 0,6	ca. 11,6	$\dfrac{1}{8,4}$	ca. 86	1600	{3150 +20+ 1300}	46/51	2615
114	Serve 213,5	—	Serve 213,5	2,90	ca. 2,1	ca. 1,4	71,4	ca. 0,6	10,2	$\dfrac{1}{20}$	0,7·261,9 203,3	1630	4700	{153 S 65/70}	2600
115	Serve 179,9	—	Serve 179,9	2,77	ca. 2,8	ca. 1,0	64,8	ca. 0,9	15,06	$\dfrac{1}{11,9}$	0,7·235,46 164,8	1550	4300	{148 S 65/70}	2650

Tafel Nr. 5.
Schlepptender
Güterzugdienst.   4. **Triebwerk.**

Nr.	p	An-ordnung	Zylinder					Triebräder		Zylinderzugkraft				
			d	h	J_H	$\dfrac{J_N}{J_H}$	$\dfrac{J_H}{H}$	D	$\dfrac{h}{D}$	$\alpha \cdot p$	Z_Z	$\dfrac{Z_Z}{H}$	$\dfrac{Z_Z}{L}$	$\dfrac{Z_Z}{L_1}$
109	1.4	Vauclain 2a, 2a	$\dfrac{2\cdot390}{2\cdot610}$	660	131,4	2,94	0,74	1270	0,52	0,4·14	10830	61,1	173	199
110	I 5	Mallet-Rimrott	$\dfrac{2\cdot400}{2\cdot635}$	$\dfrac{630}{630}$	158,3	2,52	1,01	$\dfrac{1340}{1340}$	$\dfrac{0,47}{0,47}$	0,45·15	12795	81,3	191	224
111	1.4	2a	$\dfrac{540}{800}$	680	155,7	2,2	0,89	1400	0,49	0,48·14	10445	59,8	138	174
112	I.4	2a	$\dfrac{560}{850}$	632	155,7	2,31	0,80	1300	0,49	0,48·14	11535	59,3	176	176
113	II 4	2a	$\dfrac{560}{850}$	632	155,7	2,31	1,29	1300	0,49	0,48·14	11535	118	173	173
114	II 5	2a	$\dfrac{565}{860}$	612	153,4	2,34	0,72	1250	0,49	0,48·15	13035	61,0	178	178
115	II 5	de Glehn 2i, 2a	$\dfrac{2\cdot390}{2\cdot600}$	$\dfrac{650}{650}$	155,3	2,37	0,86	1350	0,48	0,48·15	12480	69,5	165	187

Zahlentafel Nr. 6.

Hauptabmessungen und Gewichte von Schlepptendern.

Nr.	Bahn	Gattung	Erbauer	Vorräte an Wasser	Vorräte an Kohlen	Achsstände gesamt	Achsstände fest	Von Vorderachsmittel bis Plattform-Vorderkante	Größte Breite des Wasserkastens	Leergewicht	Dienstgewicht	Leergewicht für 1 m³ Wasser
				m³	t	m	m	m	mm	t	t	tm³
	I. Zweiachsige Tender.											
1	Oldenb. Sts. B	zu P²/₂(Krauß)	Schwarzkopff 1893	9,0	4,0	3,100	3,100	1,100	2310	9,3	22,5	1,03
2	P. L. M.	Gruppe 21	Bordeaux 1899	10,25	4,0	2,500	2,500	1,335	2858	13,31	27,86	1,30
3	Est	zu Serie 10	Maffei 1901	13,0	5,0	3,000	3,000	1,673	2850	14,6	32,6	1,12
	II. Dreiachsige Tender.											
4	Bay. Sts. B.	Kl. B IX	Maffei	10,5	5,0	3,125	3,125	1,250	ca. 2500	11,0	26,5	1,05
5	Bay. Sts. B.	Kl. B X	Krauß	12,0	5,0	3,300	3,300	1,180	3050	13,6	30,6	1,13
6	Rete Adriatica	zu S³/₄	Breda 1899	12	3,5	4,000	4,000	1,275	2600	14,0	29,5	1,07
7	Bay. Sts. B.	Kl. B XI 1222 — 1229	Maffei	14,0	5,0	3,800	3,800	1,220	ca. 3100	15,3	34,3	1,09
8	Kais. Ferd. B.	zu Serie IId	Wiener Neust.	15,0	5,6	3,200	3,200	1,520	3000	16,1	37,1	1,07
9	Pfalz-B.	zu Kl. P 3	Krauß	16,0	6,0	3,800	3,800	1,365	3050	17,25	39,7	1,078
10	Österr. Sts. B.	zu Serie 106	Floridsdorf 1899	16,5	6,0	3,200	3,200	1,252	3200	15,3	38,0	0,93
11	Paris—Orléans	zu S²/₄	Cail in Denain	17	4,5	3,200	3,200	—	—	16,9	38,4	0,99

Nr.	Bahn	Gattung	Erbauer	Vorräte an Wasser m³	Kohlen t	Achsstände gesamt m	fest m	Von Vorderachsmittel bis Plattform-Vorderkante m	Größte Breite des Wasserkastens mm	Leergewicht t	Dienstgewicht t	Leergewicht für 1 m³ Wasser tm³
	III. Vierachsige Tender.											
12	Bay. Sts. B.	Kl. B XI 1201 — 1221, 1230 — 1317	Maffei	18,0	7,0	5,000	1,750	0,975	3062	18,2	43,2	1,01
13	Nord	zu S²/₅ 2,641	Belfort	20	5,0	5,450	1,700	1,990	2900	20,5	45,5	1,02
14	Bad. Sts. B.	Gattung II d	Maffei	20,0	6,5	5,350	1,800	ca. 1,3	3020	21,3	47,3	1,065
15	Bay. Sts. B.	Kl. S²/₅	Baldwin	20,8	6,0	4,852	1,702	0,984	ca. 3000	20,6	46,0	0,99
16	DänischeSts.B.	zu Gruppe P	Hannover	21,0	6,0	4,800	3,200	0,980	ca. 3014	19	46,2	ca. 0,91
17	Bay. Sts. B.	Kl. CV	Maffei	21,0	6,0	5,100	1,750	0,975	3062	21	48	1,00
18	Österr. Sts. B.	Serie 86	—	21,0	7,2	5,300	1,900	1,202	3010	22,2	50,0	1,058
19	Bay. Sts. B.	Kl. S²/₅	Maffei	22,0	6,0	5,100	1,750	1,097	ca. 3000	22,0	50,0	1,00
20	Bay. Sts. B.	Kl. S²/₆	Maffei	26,0	8,0	5,300	1,750	ca. 0,8	—	19,5	52,5	0,75
21	Preuß· Sts. B.	zu S 7	Hannover	31,2	7,2	5,400	—	—	—	—	64,0	—
	IV. Fünfachsiger Tender.											
22	Paris 1900 S²/₇ Bauart Thuile		Creusot	27,5	7,0	7,800	2,600	ca. 1,34	—	23,7	58,2	0,862

1. Allgemeine Angaben.

Nr.	Kupplungs-verhältnis		Bauart	Erbauer	Bahn-verwaltung	Literatur
1	$^1/_2$	I A o	Kein Überh , feste Achsen, Kr. Kasten-rahmen, schmale B.	Hohenzollern 1885	Oldenb.Sts.B.	Org. X, S. 48, Taf XXVII
2	»	»	wie Nr. 1	Henschel 1883	Preuß. Sts. B.	Z. 1884, S. 364
3	»	»	wie Nr. 1	Krauß 1906	Lok. A. G. München	D. Lok. 1908, S. 148
4	$^1/_3$	I A I	Kein Überh., 1., 2. Achse fest, 3. Achse Ad.-Achse, Innen-R., Außen-Zyl., schmale B.	Krauß 1907	Österr. Sts. B. Serie 112	D. Lok. 1907, S 153, Z. 1907, S. 1080
5	$^2/_2$	o B o	Überh. Zyl., unterst. B., feste Achse, Innen-R., Außen-Zyl., schmale B.	Krauß	Österr. Sts. B. Serie 86	D. Lok. 1905, S. 179.
6	»	»	Überh.-Zyl., unterst. B., feste Achsen, Kr. Kasten-R., schmale B.	Königsberg 1885	Preuß. Sts. B.	Pr. Normalien
7	»	»	Kein Überh., feste Achsen, Innen-R., Maf-feis gegenläufige Kol-ben, Außen-Zyl., innen liegende Kuppelstan-gen, schmale B.	Maffei 1906	Bay. Sts. B. P t L $^2/_2$ 4004	Z. 1906, S. 2056.
8	»	» mit Blind-achse	Kein Überh., feste Achsen, Innen-R., Innen-Zyl., Blindwelle, außen liegende Kup-pelstangen, schmale B.	Krauß 1906	Bay. Sts. B. P t L $^2/_2$ Nr. 4504	D. Lok. 1906, S.159, Z.1906, S. 2054, Taf. 20
9	»	wie Nr. 8	Etwas überh. Zyl., feste Achsen, Kr. Kasten-R., Außen-Zylinder, schmale B.	Krauß 1907	Bay Sts. B. P t L $^2/_2$ Nr. 4507 ÷ 4535	—
10	»	o B o	wie Nr. 6	1883	Preuß. Sts. B.	Pr. Normalien

Tafel Nr. 7.
als 10 t höchstem Achsdruck.

2. Achsstände, Gewichte, Vorräte.

	Achsstände				Gewichte				Vorräte		
Nr.	s	GL	s_f	$\dfrac{GL}{s}$	L_l	L	L_1	$\dfrac{H}{L}$	Speisewasser ist untergebracht:	W	K
1	3,700	3,700	3,700	1,00	12,0	16,3	9,2	1,72	im Kr. Kasten-R.	2,3	0,85
2	3,500	3,500	3,500	1,00	15,2	20,0	10,6	1,67	»	2,4	0,8
3	3,200	3,200	3,200	1,00	15,3	18,9	11,8	1,53	»	2,0	0,25
4	5,050	3,500	3,500	0,69	24,1	31,8	14,5	1,51	in seitlichen Kasten	3,0	1,3
5	2,500	2,500	2,500	1,00	16,5	21,1	21,1	1,30	... »	2,1	0,4 / 0,5m² Öl
6	2,500	2,500	2,500	1,00	15,6	20,5	20,5	2,04	im Kr. Kasten-R	2,4	0,6
7	2,900	2,900	2,900	1,00	17,5	21,0	21,0	1,69	in seitlichen Kasten	2,0	0,4
8	3,200	3,200	3,200	1,00	18,0	22,0	22,0	1,30	»	2,0	0,55
9	3,200	3,200	3,200	1,00	18,1	22,4	22,4	1,33	im Kr. Kasten-R.	2,2	0,55
10	2,500	2,500	2,500	1,00	20,7	27,5	27,5	2,09	»	3,5	0,85

3. Kessel.

	Heizfläche			Rost				Büchse			Langkessel				
Nr.	H_{total}	Über-hitzer $H_{Üb}$	H	R	l_R	b_R	$\frac{H}{R}$	t	H_B	$\frac{H_B}{H}$	H_R	d_K	l	$\frac{i}{d_i/d_a}$	h_{SO}
I	ca. 28,04	—	ca. 28,04	0,54	0,711	ca. 0,93	52	ca. 0,68	ca. 2,84	$\frac{1}{9,9}$	ca. 25,2	875	2400	83 40/44	1700
2	34,5	—	34,5	0,8	ca. 0,72	ca. 1,0	43	0,5	ca. 4,1	$\frac{1}{8,4}$	ca. 30,4	1024	2067	114 41/46	1860
3	36,7	Schmidt R. R. 7,8	28,9	0,6	0,66 + 0,19	0,906	48	ca. 0,7	3,0	$\frac{1}{9,6}$	25,9	1000	2200	76 33,5/38 12 100,5/108	2050
4	51,29	Klien 3,29	48,0	1,027	ca. 0,96	1,070	47	0,8	5,2	$\frac{1}{9,2}$	42,8	1200	2500	130 41/46	2430
5	ca. 27,4	—	ca. 27,4	0,65	1,14	0,826	42	ca. 0,7	ca. 3,2	$\frac{1}{8,6}$	ca. 24,2	936	2000	92 —/44	2000
6	41,8	—	41,8	0,8	ca. 0,93	ca. 0,88	52,4	0,5	3,5	$\frac{1}{12}$	38,3	1002	2900	101 41,4/46	1800
7	42	Schmidt R. R. 6,5	35,5	0,83	0,860	0,970	42,8	—	2,9	$\frac{1}{12,2}$	32,6	1080	2000	124 33,5/38 10 106/114	2200
8	36,4	Schmidt R. R. 7,9	28,5	0,6	0,66 + 0,19	0,862	47,5	0,66	2,6	$\frac{1}{11}$	25,9	1000	2200	76 33,5/38 12 100,5/108	2050
9	36,99	Schmidt R. R. 8,09	28,9	0,6	ca. 1,14	0,906	48,2	0,8	3,05	$\frac{1}{9,5}$	25,85	1000	2200	76 33,5/38 12 100,5/108	2150
10	57,5	—	57,5	1,0	1,82	0,852	57,5	0,6	4,5	$\frac{1}{12,8}$	53,0	1094	3240	127 41/46	1860

Tafel Nr. 7
als 10 t höchstem Achsdruck.

4. Triebwerk.

			Zylinder					Triebräder			Zylinderzugkraft			
Nr.	p	An-ordnung	d	h	J_H	$\frac{J_N}{J_{II}}$	$\frac{J_H}{H}$	D	$\frac{h}{D}$	$\alpha \cdot p$	Z_Z	$\frac{Z_Z}{H}$	$\frac{Z_Z}{L}$	$\frac{Z_Z}{L}$
1	12	2 a	220	440	16,73	—	0,60	1200	0,366	0,5 . 12	1065	37,9	65	116
2	12	2 a	$\frac{270}{410}$	420	24,1	2,3	0,70	1130	0,372	0,5 . 12	1875	54 4	93,8	177
3	12	2 a	250	400	19,6	—	0,68	930	0,43	0,5 . 12	1610	55,8	85	137
4	15	2 a	$\frac{260}{400}$	550	29,2.	2,37	0,61	1450	0,38	0,41 . 15	1865	38,8	58,6	128,5
5	15	2 a	$\frac{230}{360}$	430	17,9	2,46	0,65	950	0,453	0,45 . 15	1980	72,2	94	94
6	12	2 a	270	550	31,5	—	0,75	1080	0,509	0,5 . 12	2230	53.4	109	109
7	12	Maffei (2+2)a	265	2×280	30,9	—	0,87	990	0,283	0,5 . 12	2385	67,3	114	114
8	12	2 i	305	400	29,2	—	1,03	1006	0,40	0,5 . 12	2220	78.0	101	101
9	12	2 a	320	400	32,17	—	1,11	1006	0,40	0 5 . 12	2440	84,5	109	109
10	12	2 a	330	550	47,0	—	0.82	1080	0,509	0 5 . 12	3330	58	121	121

Zahlen-

a) Tenderlokomotiven mit mehr

1. Allgemeine Angaben.

Nr.	Kupplungs-verhältnis		Bauart	Erbauer	Bahn-verwaltung	Literatnr
11	$^2/_3$	I B o	Überh Zyl., unterst. B., festeAchsen, Innen-R., Außen-Zyl., schmale B.	Maffei 1892	Bay. Sts. B. D IX	—
12	»	»	Überh. Zyl., überh. Kohlenk., feste Achsen, Innen-R., Außen-Zyl., schmale B.	1881—94	Preuß. Sts. B.	Z. 1904, S. 1477
13	»	»	Überh. Kohlenk., sonst kein Überhang, feste Achsen, Kr.Kasten-R., schmale B.	— 1885—88	Preuß. Sts. B.	Z. 1904, S. 1477
14	»		Überh. Rauchk., überh. Kohlenk., 1. Achse Adams-A., 2., 3. Achse fest, Außen-R., Innen-Zyl, schmale B.	Zimmermann 1900	État belge Type 5	Barb. & Godf. S. 135, Taf. XXVI
15	»	»	Überh. Kohlenkasten, vorn Kr. H. Dr (Ku. A. 2 × 25), 3. Achse fest, Kr. Kastenrah men, schmale B	Krauß	Militär-E.	—
16	»	»	wie Nr. 15	— 1900	Preuß. Sts. B.	Pr. Norm.
17	$^3/_4$	I B I	Überh. Kohlenk., sonst keinÜberhang,1.Achse Adams-A., 2., 3., 4. Achse fest, Innen-R., Außen-Zyl.,schmale B.	Maffei 1891	Bad. Sts. B. IV d	Org. 1891, S. 200
18	»	»	Vorn überh. Rahmen-Wasserkasten, hinten überh. Kohlenk., 1., 4. Achse Adams-A. (2 × 45), 2., 3. Achse fest, Kr. Kasten-R., schmale B.	Henschel 1895	Preuß Sts. B. T 5	Barb. & Godf. S. 60, Taf. XI Z. 1904, S. 1478

Tafel Nr. 7.
als 10 t höchstem Achsdruck.

2. Achsstände, Gewichte, Vorräte.

	Achsstände				Gewichte				Vorräte		
Nr.	s	GL	s_f	$\dfrac{GL}{s}$	L_l	L	L_1	$\dfrac{H}{L}$	Speisewasser ist unter-gebracht:	W	K
11	4,000	4,000	4,000	1,00	26,5	35,6	24,8	1,16	in seitlichen Kasten	5,2	1,5
12	4,200	4,200	4,200	1,00	31,9	41,9	28,0	2,14		5,0	1,6
13	4,300	4,300	4,300	1,00	28,1	36,9	24.9	2,26	im Kr. Kasten-R.	5,0	1,5
14	4,270	2,320	2,320	0,54	26,0	32,0	22,3	1,84	in seitlichen Kasten	3,6	1,2
15	4.300	3,620	0	0,84	26,5	35,0	26,3	1,84	im Kr. Kasten-R. u. in seitlichen Kasten	4,4	1,15
16	4,800	4,000	0	0,835	35,3	45,0	30,1	1,91	»	5,0	1,5
17	7,350	4,850	4,850	0,66	42,6	54,6	27,9	2,19	in seitlichen Kasten	6,0	3,1
18	6,800	2,000	2,000	0,29	41,5	53,1	31,4	1,78	im Kr. Kasten-R.	5,5	1,6

3. Kessel.

Nr.	Heizfläche			Rost				Büchse			Langkessel				
	H_{total}	Überhitzer $H_{Üb}$	H	R	l_R	b_R	$\dfrac{H}{R}$	t	H_B	$\dfrac{H_B}{H}$	H_R	d_K	l	i d_i/d_a	h_{SO}
11	62,2	—	62,2	1,2	ca. 1,2	ca. 1,0	51,8	0,4	4,5	$\dfrac{1}{13,9}$	57,7	1134	3280	140 40/45	ca. 1900
12	89,7	—	89,7	1,6	ca. 1,47	1,010	56,2	0,6	5,8	$\dfrac{1}{15,3}$	83,9	1222	3600	181 41/46	1900
13	83,0	—	83,0	1,4	ca. 1,4	ca 1,0	59	—	ca. 5,8	$\dfrac{1}{14,3}$	ca. 77,2	1250	3120	192 41/46	—
14	58,68	—	58,68	1,5	ca. 1,45	ca. 1,11	39	ca. 0,7	6,58	$\dfrac{1}{8,9}$	52,10	1100	2707	136 40/45	1785
15	ca. 64,4	—	ca. 64,4	1,42	ca. 1,4	1,046	45,3	0,68	ca 5,4	$\dfrac{1}{11,9}$	ca. 59,0	1144	3200	146 40/44	ca. 1800
16	86,7	—	86,7	1,5	1,492	1,022	57	ca. 0,8	6,7	$\dfrac{1}{12,9}$	80,0	1252	3250	191 41/46	2160
17	119,3	—	119,3	ca. 1,8	ca. 1,8	ca. 1,0	66	—	7,3	$\dfrac{1}{16,4}$	112,0	1350	4400	—	2070
18	94,75	—	94,75	1,57	ca. 1,5	1,110	60,3	ca. 0,7	6,65	$\dfrac{1}{14,2}$	88,10	1242	4000	171 41/46	2200

Tafel Nr. 7.
als 10 t höchstem Achsdruck.

4. Triebwerk.

Nr.	p	Anordnung	d	h	J_H	$\dfrac{J_N}{J_H}$	$\dfrac{J_H}{H}$	D	$\dfrac{h}{D}$	$\alpha \cdot p$	Z_Z	$\dfrac{Z_Z}{H}$	$\dfrac{Z_Z}{L}$	$\dfrac{Z_Z}{L_1}$
								Zylinder				Triebräder	Zylinderzugkraft	
11	12	2 a	330	500	42,8	—	0,69	1340	0,373	0,5·12	2440	39,2	68,6	98,5
12	12	2 a	420	600	83,1	—	0,93	1580	0,38	0,5·12	4020	44,8	96	143
13	12	2 a	400	600	75,4	—	0,91	1530	0,392	0,5·12	3765	45,4	102	151
14	8	2 i	350	460	44,3	—	0,75	1450	0,32	0,5·8	1555	26,5	48,6	69,8
15	12	2 a	380	540	61,2	—	0,95	1520	0,355	0,5·12	3080	47,8	88	117
16	12	2 a	420	600	83,1	—	0,97	1600	0,375	0,5·12	3970	46,2	88,3	132
17	10	2 a	457	610	100,1	—	0,84	1716	0,356	0,5·10	3710	31,1	68	133
18	12	2 a	430	600	87,1	—	0,92	1600	0,375	0,5·12	4160	43,9	78	133

Z a h l e n -

a) Tenderlokomotiven mit mehr

1. Allgemeine Angaben.

Nr.	Kupplungs-verhältnis		Bauart	Erbauer	Bahn-verwaltung	Literatur
19	$^2/_4$	2 B o	Überh. Kohlenk., sonst kein Überhang, vorn am. Dr. (seitl versch.), 3., 4. Achse fest, Innen-R., Außen-Zyl., schmale B.	Henschel 1899	Preuß. Sts. B.	Z 1904, S. 1479
20	»	»	wie Nr 19	Winterthur 1891	Schweizer C.B	Barbey S. 99, Taf. 57—58
21	$^2/_4$	1 B 1	Außer dem Kohlenkasten kein Überhang, vorn Kr. H. Dr. (Ku. A. 2 × 25), 3. Achse fest, 4. Achse freie Lenkachse, Kr. Kastenrahmen	Krauß 1906	Bay. Sts. B. Pt $^2/_4$ 5001	D. Lok. 1906, S. 155. Z. 1906, S. 2054, Taf. 19
22	»		Kein Überhang, vorn Kr. H. Dr. (Ku. A. 2 × 25), 3. Achse fest, 4. Achse freie Lenkachse, Kr. Kastenrahmen, schmale B., halbselbsttätige Rostbeschickung	Krauß 1908	Bay. Sts. B. Pt $^2/_4$ 5010	D. Lok. 1908, S. 183
23	$^2/_4$	o B 2	Kein Überhang, 1., 2. Achse fest, hinten am. Dr. (seitl. versch.), Innen-R., Innen-Zyl., schmale B.	— 1901	South Eastern & Chatham Ry	Z. 1904, S. 1566
24	$^2/_5$	1 B 2	Etwas überh. Kohlenkasten, sonst kein Überhang, Kr. H. Dr. (Ku. A. 2 × 25), 3. Achse fest, hinten am. Dr. (2 × 25), Kr. Kasten-R., schmale B.	Krauß 1900	Pfalz B.	D. Lok. 1906, S. 100

Tafel Nr. 7.

als 10 t höchstem Achsdruck.

2. Achsstände, Gewichte, Vorräte.

	Achsstände				Gewichte				Vorräte		
Nr.	s	GL	s_f	$\dfrac{GL}{s}$	L_l	L	L_t	$\dfrac{H}{L}$	Speisewasser ist untergebracht:	W	K
19	6,950	5,900	2,600	0,85	43,9	56,2	31,9	2,16	in seitlichen Kasten	6,0	2,0
20	7,100	6,050	2,600	0,85	43,0	54	30	1,82	»	5,0	2,0
21	7,300	6,330	0	0,866	46,8	57,0	32,0	1,35	in Kr. Kasten-R. u. seitlichen Kasten	8,0	1,8
22	7,300	6,330	0	0,866	46,1	58,5	31,4	1,16		7,0	1,8[1]
23	6,654	5,816	2,285	0,875	41,3	51,8	31,8	1,68	in seitlichen Kasten und hinter dem Führerstand	5,0	2,5
24	8,800	6,900	0	0,78	53 0	69 6	32,0	1,50	im Kr. Kasten-R. u. seitlichen Kasten	9,1	2,7

[1]) Hiervon 1,5 t im Bunker über der Feuerbüchse.

7 *

3. Kessel.

Nr.	Heizfläche			Rost				Büchse			Langkessel				
	H_{total}	Überhitzer $H_{\text{Üb}}$	H	R	l_R	b_R	$\dfrac{H}{R}$	t	H_B	$\dfrac{H_B}{H}$	H_R	d_K	l	$\dfrac{i}{d_i/d_a}$	k_{SO}
19	121,1	—	121,1	1,66	1,653	0,960	71	0,82	8,77	$\dfrac{1}{13,8}$	112,33	1350	4000	218 41/46	2200
20	ca. 98	—	ca. 98	1,62	ca. 1,64	ca. 1,0	60,5	ca. 0,7	ca. 8	$\dfrac{1}{12,2}$	ca. 90	1300	3700	172 —/50	2000
21	96,2	Schmidt R. R. 19,2	77,0	10 bis 1,69	1,130	1,276	77 bis 45,6	0,61	5,7	$\dfrac{1}{13,5}$	71,3	1320	3700	112 40/45 14 118/127	2600
22	87,59	Schmidt R. R. 19,59	68,0	1,23	ca. 1,67	1,000	55	0,82	5,6	$\dfrac{1}{12,1}$	62,4	1286	3700	96 40/45 12 127/136	2300
23	86,8	—	86,8	1,54	1,473	1,028	56	0,9	9,3	$\dfrac{1}{9,3}$	77,5	1270	3169	205 37,3/38,8 /44,5	2134
24	104,63	—	104,63	1,96	1,880	1,040	53	0,76	8,37	$\dfrac{1}{12,4}$	96,26	1320	3830	200 40/45	2350

Tafel Nr. 7.
als 10 t höchstem Achsdruck.

4. Triebwerk.

Nr.	p	An-ordnung	Zylinder					Triebräder		Zylinderzugkraft				
			d	h	J_H	$\frac{J_N}{J_H}$	$\frac{J_H}{H}$	D	$\frac{h}{D}$	$\alpha\,p$	Z_Z	$\frac{Z_Z}{H}$	$\frac{Z_Z}{L}$	$\frac{Z_Z}{L_1}$
19	12	2 a	440	600	91,2	—	0,75	1600	0,375	0,5 · 12	4355	36	77	137
20	12	2 a	$\frac{420}{620}$	620	85,9	2,18	0,88	1530	0,405	0,42 · 12	3925	40	72,7	131
21	12	2 a	440	540	82,1	—	1,07	1546	0,349	0,5 · 12	4055	52,7	71	127
22	12	2 a	490	540	101,7	—	1,50	1546	0,349	0,5 · 12	5020	73,8	86	160
23	11,3	2 i	444	610	94,4	—	1,09	1676	0,364	0,5 · 11,3	4055	46,7	78	128
24	12	2 a	450	560	89,1	—	0,85	1640	0,342	0,5 · 12	4150	39,7	60	130

Z a h l e n -

a) Tenderlokomotiven mit mehr

1. Allgemeine Angaben.

Nr.	Kupplungs-verhältnis		Bauart	Erbauer	Bahn-verwaltung	Literatur
25	$^2/_5$	1 B 2	wie Nr. 24	Krauß 1906	Bay. Sts. B. Pt $^2/_5$ 5201	D. Lok. 1906, S. 154. Z. 1906, S. 2053
26	»	»	Etwas überh. Kohlen-kasten, sonst kein Über-hang, am. Dr. (seitl. versch.) 3., 4. Achse fest, 5. Achse Adams-A., Innen-R., Innen-Zyl., schmale B.	La Meuse 1900	État belge Type 15	Barb. & Godf. S. 124, Taf. XXIII
27	$^2/_6$	2 B 2	Kein Überhang, vorn und hinten am Dr. (Zapfen fest), 3., 4 Achse fest, Innen-R., Außen-Zyl., schmale B.	Paris 1901	Nord	Z. 1904, S. 1562
28	$^3/_2$	0 C 0	Überh. Zyl., überh. Koh-lenk., feste Achsen, Innen-R., Außen-Zyl., schmale B.	Verschiedene 1883	Preuß. Sts. B.	Pr. Norm.
29	»	»	Überh. Zyl., unterst. B., feste Achsen, Kr. Ka-sten-R., schmale B.	Verschiedene 1901	Preuß. Sts. B.	Pr. Norm.
30	»	»	wie Nr. 29	Krauß 1898	Bay. Sts. B. D II	—
31	»	»	Überh. Zyl., unterst. B., 1., 3. Achse fest, 2. A. seitl. versch. (2 × 25), Innen-R., schmale B.	Krauß 1904	Carrara B.	—
32	»	»	wie Nr. 29	Breslau	Preuß. Sts. B.	Garbe S. 451
33	»	»	Überh. Zyl., sonst kein Überhang, feste Ach-sen, Kr. Kastenrahmen, schmale B.	Breda 1906	It. Sts. B. Gruppe 885	Z. 1907, S. 1607

Tafel Nr. 7.

als 10 t höchstem Achsdruck.

2. Achsstände, Gewichte, Vorräte.

Nr.	Achsständе				Gewichte				Vorräte		
	s	GL	s_f	$\dfrac{GL}{s}$	L_l	L	L_1	$\dfrac{H}{L}$	Speisewasser ist untergebracht:	W	K
25	8,800	6,900	0	0,78	54,0	70,3	32,0	1,27	im Kr. Kasten-R. u. seitl. Kasten	9,1	2,8
26	8,434	ca. 5,65	2,650	ca. 0,68	52,0	60,3	28,0	1,59	in seitl. Kasten u. hinter dem Führerstand	5,0	2,5
27	8,750	6,950	1,780	0,79	49,0	63,0	32,0	—	in seitl. Kasten	7,0	3,5
28	3,700	3,700	3,700	1,00	31,0	41,9	41,9	2,3		5,0	1,5
29	3,000	3,000	3,000	1,00	24,7	32,3	32,3	1,86	im Kr. Kasten-R. u. seitl. Kasten	4,0	1,75
30	3,700	3,700	3,700	1,00	35,5	45,3	45,3	2,0	"	5,0	1,6
31	2,500	2,500	0	1,00	33,7	43,5	43,5	2,35	in seitl. Kasten	5,1	2,0
32	3,400	3,400	3,400	1,00	—	42,0	42,0	1,63	im Kr. Kasten-R. u. seitl. Kasten	5,0	1,4
33	3,600	3,600	3,600	1,00	30,3	39,1	39,1	1,53	"	3,9	2,6

Z a h l e n -
a) Tenderlokomotiven mit .mehr

3. **Kessel.**

Nr.	Heizfläche			Rost				Büchse			Langkessel				
	H_{total}	Über-hitzer $H_{\text{Üb}}$	H	R	l_R	b_R	$\dfrac{H}{R}$	t	H_B	$\dfrac{H_B}{H}$	H_R	d_K	l	$\dfrac{i}{d_i/d_a}$	h_{SO}
25	109,3	Schmidt R. R. 20,2	89,1	1,96	1,880	1,040	45,5	0,87	9,0	$\dfrac{1}{9,9}$	80,1	1320	3830	125 40/45 14 118/127	2550
26	95,78	—	95,78	1,8	ca. 1,8	ca. 1,0	53	ca. 1,0	10,26	$\dfrac{1}{9,3}$	85,52	1324	3122	218 40/45	2340
27	—	—	—	1,7	ca. 1,8	1,073	—	0,73	—	—	—	1306	—	93 S —/70	2600
28	96,18	—	96,18	1,32	1,295	1,020	73	0,62	6,12	$\dfrac{1}{15,7}$	90,06	1326	3378	.207 41/46	1980
29	59,97	—	59,97	1,3	1,300	1,040	46	0,55	4,8	$\dfrac{1}{12,5}$	55,17	1108	3240	132 41/46	1870
30	90,48	—	90,48	1,62	1,628	0,980	56	0,6	6,41	$\dfrac{1}{14,1}$	84,07	1320	3600	186 40/45	2280
31	102,1	—	102,1	1,71	1,600	1,070	59,8	0,6	8,59	$\dfrac{1}{11,9}$	93,51	1400	3100	240 40/45	2250
32	84,8	Schmidt R. R. 16,4	68,4	1,48	1,422	1,046	46,2	0,9	7,5	$\dfrac{1}{9,1}$	60,9	1201	3700	93 40/46 12 118/127	2500
33	Serve 59,9	—	Serve 59,9	1,30	1,224	ca. 1,1	46,1	0,83	6,0	$\dfrac{1}{10}$	0,7·77 53,9	1126	2800	79 S —/60	2380

Tafel Nr. 7.
als 10 t höchstem Achsdruck.

4. Triebwerk.

Nr.	p	An-ordnung	d	h	J_H	$\dfrac{J_N}{J_H}$	$\dfrac{J_H}{H}$	D	$\dfrac{h}{D}$	$\alpha \cdot p$	Z_Z	$\dfrac{Z_Z}{H}$	$\dfrac{Z_Z}{L}$	$\dfrac{Z_Z}{L_1}$
25	12	2 a	500	560	110,0	—	1,24	1640	0,342	0,5 · 12	5120	57,4	73	160
26	11	2 i	430	610	88,6	—	0,93	1800	0,339	0,5 · 11	3445	35,9	57	123
27	12	2 a	430	600	87,1	—	—	1664	0,360	0,5 · 12	4000	—	63,5	125
28	12	2 a	430	630	91,5	—	0,95	1330	0,474	0,5 · 12	5255	54,6	125	125
29	12	2 a	350	550	52,9	—	0,88	1100	0,500	0,5 · 12	3675	61,3	114	114
30	12	2 a	420	610	84,5	—	0,93	1206	0,51	0,5 · 12	5355	59,2	118	118
31	12	2 a	440	550	83,6	—	0,82	1080	0,51	0,5 · 12	5915	57,9	136	136
32	12	2 a	500	600	117,8	—	1,72	1350	0,45	0,5 · 12	6670	97,6	159	159
33	15	2 a	$\dfrac{370}{580}$	550	59,1	2,45	0,99	1520	0,36	0,45 · 15	4110	68,6	105	105

Z a h l e n -

a) Tenderlokomotiven mit mehr

1. Allgemeine Angaben.

Nr.	Kupplungs-verhältnis		Bauart	Erbauer	Bahn-verwaltung	Literatur
34	³/₄	1 C o	Außer dem Kohlen-kasten kein Überhang, Kr. H. Dr. (Ku. A. 2 × 27), 3., 4. Achse fest, Kr. Kasten - R., schmale B.	Jung 1902	Preuß. Sts. B.	Z. 1903, S. 88, Taf. II
35	»	»	wie Nr. 34	Union 1903	Preuß. Sts. B.	Z. 1904, S. 1478
36	»		wie Nr. 34	Borsig	Preuß. Sts. B.	Garbe S. 454
37	³/₄	o C 1	Überh. Zylinder, überh. Führerstand, 1., 2., 3. Achse fest, 4. seitl. versch. (2 × 10), Außen-R., Innen-Zyl., schmale B	Belfort 1885	Est Serie 8	Z. 1904, S 1562
38	»	»	Außer dem Kohlen-kasten kein Überhang, 1., 2., 3. Achse fest, 4. Achse Adams-A., Innen-R., Innen-Zyl., schmale B.	Soc. Franco-belge	Barry Ry	Barb. & Godf. S 131, Taf. XXV
39	»	»	Überh. Zyl., überh. Kohlenk., 1., 2., 3 Achse fest, 4. Achse Adams-A., Innen-R., Außen-Zyl., schmale B.	Eßlingen 1891	Preuß. Sts. B.	Org. X, S. 46, Taf. XXVI
40	»		wie Nr. 39	Verschiedene 1893	Preuß. Sts. B.	Pr. Normalien
41	»	»	Überh. Zyl., überh. Kohlenk., 1., 2. Achse fest, hinten Kr. H. Dr. (Ku. A. 2 × 25), Kr. Kasten-R., schmale B.	Krauß 1885	Bay. Sts. B. D XI	Z.1897, S.215, Taf. VI
42	»	»	wie Nr. 41	Krauß 1907	Lok. A G. München	—

Tafel Nr. 7.
als 10 t höchstem Achsdruck.

2. Achsstände, Gewichte, Vorräte.

	Achsstände				Gewichte				Vorräte		
Nr.	s	GL	s_f	$\dfrac{GL}{s}$	L_l	L	L_1	$\dfrac{H}{L}$	Speisewasser ist untergebracht:	W	K
34	6,000	4,950	1,650	0,825	—	60,0	44,8	1,85	im Kr. Kasten-R. und seitlichen Kasten	7,0	2,0
35	6,350	5,300	2,000	0,835	47,7	58,8	45,3	2,05	»	7,4	2,5
36	6,350	5,300	2,000	0,835	47,7	62,3	47,3	1,66	»	7,0	2,5
37	5,050	3,415	3,415	0,676	44,9	55,6	42,4	1,98	in seitlichen Kasten	5,2	2,0
38	6,300	4,395	4,395	0,70	45,0	56,6	48,0	1,84	»	5,8	2,0
39	5,200	2,870	2,870	0,55	40,9	52,8	40,4	2,56		5,0	2,0
40	6,100	3,700	3,700	0,606	42,0	53,2	41,2	2,03	»	5,8	1,5
41	4,900	4,300	1,730	0,88	30,4	39,5	31,0	1,70	im Kr. Kasten-R. und seitlichen Kasten	4,3	1,6
42	5,150	4,280	1,830	0,83	34,3	42,8	33,6	1,68	»	4,3	1,6

a) Tenderlokomotiven mit mehr

3. Kessel.

Nr.	Heizfläche			Rost				Büchse			Langkessel				
	H_{total}	Über- hitzer $H_{\ddot{U}b}$	H	R	l_R	b_R	$\dfrac{H}{R}$	t	H_B	$\dfrac{H_B}{H}$	H_R	d_K	l	$\dfrac{i}{d_i/d_a}$	h_{SO}
34	111	—	111	1,53	1,550	0,980	72,5	0,7	ca. 9	$\dfrac{1}{12,3}$	ca. 102	1400	3700	$\dfrac{207}{41/46}$	2500
35	ca. 120,5	—	ca. 120,5	1,73	1,750	0,99	70,9	0,7	ca 8,9	$\dfrac{1}{13,5}$	ca 111,6	1400	4000	$\dfrac{217}{41/46}$	2500
36	132,9	Schmidt R. K. 29,5	103,4	1,73	1,750	0 990	59,8	ca. 0,8	9,2	$\dfrac{1}{11,3}$	94,2	1374	3900	$\dfrac{180}{41/46}$ $\dfrac{1}{304/326}$	2500
37	110	—	110	1,8	ca. 1,8	ca. 1,0	61 2	ca. 0 9	8,9	$\dfrac{1}{12,4}$	ca. 101,1	1270	4100	$\dfrac{170}{44/48}$	2145
38	104,2	—	104,2	1,88	1,851	1,019	55,4	ca. 0,9	10,13	$\dfrac{1}{10\ 3}$	94,07	1346	3289	$\dfrac{182}{50/50,8}$	2134
39	135,3	—	135,3	1,74	1,696	1,024	77,8	0,7	8,57	$\dfrac{1}{15\ 8}$	126,73	1390	4050	$\dfrac{249}{40/45}$	2160
40	107,8	—	107,8	1,53	1,530	1,000	70,4	0,82	7,26	$\dfrac{1}{14,8}$	100,54	1291	4400	$\dfrac{162}{45/50}$	1990
41	67,35	—	67,35	1,3	1,300	1,016	51,8	0,6	4,95	$\dfrac{1}{13,6}$	62,4	1148	3600	$\dfrac{138}{40/45}$	2028
42	71,74	—	71,74	1,46	ca. 1,47	0,922	49	0,64	5,81	$\dfrac{1}{12,3}$	65,93	1250	3300	$\dfrac{159}{40/45}$	2065

Tafel Nr. 7.
als 10 t höchstem Achsdruck.

4. Triebwerk.

Nr.	p	An-ordnung	Zylinder					Triebräder		Zylinderzugkraft				
			d	h	J_H	$\dfrac{J_N}{J_H}$	$\dfrac{J_H}{H}$	D	$\dfrac{h}{D}$	$\alpha \cdot p$	Z_Z	$\dfrac{Z_Z}{H}$	$\dfrac{Z_Z}{L}$	$\dfrac{Z_Z}{L_1}$
34	12	2 a	450	630	100,2	—	0,90	1350	0,467	0,5 · 12	5670	51,1	94,5	126
35	12	2 a	480	630	114,0	—	0,94	1500	0,42	0,5 · 12	5805	48,3	98,7	128
36	12	2 a	540	630	144,3	—	1,40	1500	0,42	0 5 · 12	7350	71,2	118	155
37	10	2 i	400	600	75,4	—	0,69	1550	0,39	0,5 · 10	3100	28,1	55,8	73
38	10,5	2 i	457	660	108,3	—	1,04	1295	0,51	0,6 · 10,5	6705	64,4	119	140
39	12	2 a	450	630	100,2	—	0,74	1250	0,50	0,6 · 12	7350	54,2	139	182
40	12	2 a	430	630	91,5	—	0,85	1380	0,46	0,6 · 12	6075	56,4	114	148
41	12	2 a	375	508	56,1	—	0,83	996	0,51	0,6 · 12	5165	76,7	131	167
42	14	2 a	$\dfrac{400}{620}$	500	62,83	2,40	0,87	996	0,50	0,46 · 14	5325	74,2	124	158

Zahlen-

a) Tenderlokomotiven mit mehr

1. Allgemeine Angaben.

Nr.	Kupplungs-verhältnis		Bauart	Erbauer	Bahn-verwaltung	Literatur
43	$^{3}/_{4}$	0 C 1	wie Nr. 41	Krauß 1888	Bay. Sts. B. D VIII	Org 1889, S. 16, Taf. IV—VI.
44	$^{3}/_{5}$	1 C 1	Außer dem Kohlen-kasten kein Überhang, 1., 5. Achse Adams A (2 × 60), 2, 3., 4. Achse fest, Innen R., Außen-Zyl., schmale B.	Maffei 1899	Bad. Sts. B. VI b	Z. 1904, S. 1481, Taf. XV
45	»	»	Überh. Wasser- und Koh-lenkasten, 1., 5. Achse Adams-A., 2., 3., 4. Achse fest, Innen-R., schmale B.	Sampier-darena 1905	It. Sts. B. Gruppe 910	Z. 1907, S. 1609, D. Lok. 1909, S. 49
46	»	»	Überh. Kohlenkasten, sonst kein Überh., 1. u 5. Achse Adams-A., 2., 3., 4. Achse fest, Innen-R, schmale B., auf dem Rahmen stehend.	M. d. St. E. G. 1895	Österr. St. B. Serie 30	Barb. & G. S. 104
47	$^{3}/_{5}$	2 C o	Überh. Kohlenkasten, sonst kein Überh., am Dr. (2 × 40) 3., 4., 5. Achse fest, Innen-R., außen liegende Tan-dem Zyl, schmale B	Paris 1902	Ceinture	Rev. gén 1904/I S. 334. Org. 1905, S. 107.
48	$^{3}/_{6}$	1 C 2	Kein Überh., 1. und 3. Achse in Kr. H. Dr. (2 × 15) Ku.A. (2 × 25), 2. und 4. Achse fest, hinten am Dr. (2 × 30), Kr. Kasten-R., schmale B., auf dem Rahmen stehend.	Krauß 1908	Pfalz B.	—

Tafel Nr. 7.

als 10 t höchstem Achsdruck.

2. Achsstände, Gewichte, Vorräte.

	Achsstände				Gewichte				Vorräte		
Nr.	s	GL	s_f	$\dfrac{GL}{s}$	L_l	L	L_1	$\dfrac{H}{L}$	Speisewasser ist untergebracht:	W	K
43	5,300	4,100	1,650	0,77	33,7	43,3	36,3	2,09	im Kr. Kasten-R. und seitlichen Kasten	4,5	1,2
44	8,400	3,400	3,400	0,40	48,2	62,7	40,3	1,89	in seitlichen Kasten	7,0	1,8
45	8,400	3,800	3,800	0,45	47,0	64,0	42,0	2,16	in einem auf dem Rahmen liegenden, unter Kessel und Führerstand durchlaufenden Kasten	8,0	3,0
46	7,700	2,960	2,900	0,38	54,5	69,8	43,0	1,88	in seitlichen Kasten	8,3	3,0
47	7,900	6,950	4,000	0,88	51,6	63,2	47,2	1,60		5,0	3,0
48	9,150	7,150	3,600	0,78	66,2	92,0	48,0	1,52	im Kr. Kasten-R., in seitlichem und einem auf dem Rahmen liegenden Kasten	16,0	4,5

Zahlen-
a) Tenderlokomotiven mit mehr

3. Kessel.

Nr.	Heizfläche			Rost				Büchse			Langkessel				
	H_{total}	Über-hitzer $H_{Üb}$	H	R	l_R	b_R	$\dfrac{H}{R}$	t	H_B	$\dfrac{H_B}{H}$	H_R	d_K	l	$\dfrac{i}{d_i/d_a}$	h_{SO}
43	90,5	—	90,5	1,6	1,628	0,980	56,5	0,6	6,4	$\dfrac{1}{14,1}$	84,1	1320	3600	186 40/45	2100
44 s	118,6	—	118,6	1,83	1,810	1,010	64,8	0,7	8,0	$\dfrac{1}{14,8}$	110,6	1380	4050	ca.189 46/52	2350
45	138,6	—	138,6	2,38	2,220	1,072	58,2	—	12,0	$\dfrac{1}{11,5}$	126,6	1400	3860	222 47/52	—
46	144,0	—	144,0	2,33	ca. 2,1	ca. 1,1	56,3	0,6	10,5	$\dfrac{1}{13,7}$	133,5	1319	4164	200 46/51	2500
47	Serve 100,9	—	Serve 100,9	2,35	ca. 2,3	0,986	43	0,8	10,1	$\dfrac{1}{10}$	$0,7 \cdot 129,7$ 90,8	1332	3500	90 S —/70	2500
48	139,34	—	139,34	2,34	2,204	1,066	59,6	0,6	10,65	$\dfrac{1}{13,1}$	128,69	1420	4000	256 40/45	2850

Tafel Nr. 7.
als 10 t höchstem Achsdruck.

4. Triebwerk.

Nr.	p	An-ordnung	Zylinder					Triebräder		Zylinderzugkraft				
			d	h	J_H	$\dfrac{J_N}{J_H}$	$\dfrac{J_H}{H}$	D	$\dfrac{h}{D}$	$\alpha \cdot p$	Z_Z	$\dfrac{Z_Z}{H}$	$\dfrac{Z_Z}{L}$	$\dfrac{Z_Z}{L_1}$
43	12	2 a	390	508	60,7	—	0,67	985	0,52	0,6 · 12	5650	62,5	130	156
44	13	2 a	435	630	93,6	—	0,79	1480	0,425	0,5 · 13	5235	44,2	83,5	130
45	13	2 a	$\dfrac{460}{700}$	600	99,7	2,38	0,73	1500	0,40	0,41 · 13	5225	37,7	81,5	124
46	13	2 a	$\dfrac{520}{740}$	632	134,2	2,03	0,93	1290	0,49	0,44 · 13	7675	53,2	110	179
47	16	Tandem (2+2)a	$\dfrac{2\cdot330}{2\cdot540}$	600	102,6	2,68	1,02	1600	0,375	0,44 · 16	7700	76,2	122	164
48	13	2 a	500	560	110,0	—	0,79	1500	0,374	0,50 · 13	6070	43,5	66	126

T $^3/_7$, $^4/_4$.

a) Tenderlokomotiven mit mehr

1. Allgemeine Angaben.

Nr.	Kupplungs-verhältnis		Bauart	Erbauer	Bahn-verwaltung	Literatur
49	$^3/_7$	2 C 2	Außer dem Kohlenk. kein Überh., vorne u. hinten am. Dr. (seitl. versch) 3., 4., 5. Achse fest, 3 Zyl.-Anordnung, 3., 4. Achse Triebachsen, Innen R., schmale B.	Chemnitz 1904	Rete del Mediterraneo	Z. 1904, S. 1978
50	»	»	Kein Überh., vorne u. hinten am. Dr. (seitl. versch.) 3., 4., 5. Achse fest, de Glehn-Triebw., Innen-R , schmale B.	Grafenstaden 1906	R. E. Elsaß Lothr.	D. Lok 1907, S. 112. Z. 1907, S. 1610
51	»	»	wie Nr. 50	Belfort 1905	Est Serie 8	Z. 1907 S 1611, D. Lok 1909, S. 53
52	$^4/_4$	o D o	Überh. Zyl., überh. Kohlenk., 1., 3. Achse fest, 2., 4. Achse seitl. versch. (2 × 23), Innen-R., schmale B.	Krauß 1900	Österr. St. B. Serie 178	D. Lok. 1906, S. 121
53	»	»	Überh. Zyl., überh. Führerstand mit Kohlenk., 1, 3 Achse fest, 2., 4. Achse seitl. versch. (2 × 23), Innen-R., schmale B., auf dem Rahmen stehend.	Krauß 1904	L. A. G. München	D. Lok. 1905, S. 129
54	»	»	Überh. Zyl., überh. Führerstand mit Kohlenk , 1., 3. Achse fest, 2. Achse (2 × 20), 4. Achse (2 × 26), Innen R., schmale B.	Eßlingen 1908	Württ. St. B. T 4	D. Lok. 1909, S. 17
55	$^1/_2$ + $^1/_2$	o Bo + o Bo	Bauart Mallet · Rimrott, überh. N - D - Zyl., überh. Kohlenk., Innen-R., schmale B.	Maffei 1899	Bayer. St. B. BB II	—

Tafel Nr. 7.
als 10 t höchstem Achsdruck.

2. Achsstände, Gewichte, Vorräte.

	Achsstände				Gewichte				Vorräte		
Nr.	s	GL	s_f	$\dfrac{GL}{s}$	L_l	L	L_1	$\dfrac{H}{L}$	Speisewasser ist untergebracht:	W	K
49	9,500	7,800	3,240	0,82	57,0	70,0	37,0	1,40	in seitlichen Kasten	6,2	3,24
50	10,400	8,500	3,500	0,82	65,6	85,5	42,0	1,46	in seitlichen Kasten und einem Behälter unter dem Kohlenkasten	9,7	4,0
51	10,800	9,000	3,900	0,83	72,0	90,2	46,2	1,65	»	8,0	3,0
52	3,700	2,470	2,470	0,67	36,6	46 8	46,8	1,91	in seitlichen Kasten	5,2	ca. 1,5
53	4,200	3,000	3,000	0,71	45,2	57,2	57,2	1,93	in eingehängtem Behälter unter dem Kessel	6,0	1,6
54	4,650	3,100	3,100	0,67	49,6	63,6	63,6	2,26	in seitlichen Kasten	6,0	1,5
55	5,200	—	1,600	—	33,2	41,6	41,6	1,63		4,3	1,5

8*

a) Tenderlokomotiven mit mehr

3. Kessel.

Nr.	Heizfläche			Rost				Büchse			Langkessel				
	H_{total}	Überhitzer $H_{Üb}$	H	R	l_R	b_R	$\frac{H}{R}$	t	H_B	$\frac{H_B}{H}$	H_R	d_K	l	$\frac{i}{d_i/d_a}$	h_{SO}
49	98	—	98	1,8	ca. 1,9	ca. 0,95	54,4	ca. 0,9	—	—	—	$\frac{1266}{\text{ca.}\ 1440}$	3800	—	2280
50	123,4	—	123,4	1,96	ca. 2,08	ca. 0,94	63,0	ca. 1,0	10,6	$\frac{1}{11,6}$	112,8	1400	4200	190 45/50	2570
51	148,66	—	148,66	2,56	2,570	1,000	58,1	ca. 1,2	13,97	$\frac{1}{10,6}$	134,69	1516	4200	229 44/48,75	2600
52	ca. 89,4	—	ca. 89,4	1,65	1,462	1,104	54,2	ca. 0,7	ca. 6,4	$\frac{1}{14}$	ca. 83,0	1220	3750	172 41/46	2550
53	110,29	—	110,29	2,0	1,700	1,180	55,2	ca. 0,7	8,5	$\frac{1}{13}$	101,79	1500	3600	225 40/45	2700
54	ca. 143,2	—	ca. 143,2	ca. 2,1	ca. 2,1	ca. 1,0	68	ca. 0,7	ca. 9,4	$\frac{1}{15,3}$	ca. 133,8	1600	4000	266 40/45	2450
55	68,0	—	68,0	1,4	1,372	1,022	48,5	ca. 0,6	5,7	$\frac{1}{11,9}$	62,3	1148	3590	138 40/45	2050

Tafel Nr. 7.
als 10 t höchstem Achsdruck.

4. Triebwerk.

Nr.	p	Anordnung	Zylinder					Triebräder		Zylinderzugkraft				
			d	h	$J_{\bullet H}$	$\dfrac{J_N}{J_H}$	$\dfrac{J_H}{H}$	D	$\dfrac{h}{D}$	$a \cdot p$	Z_Z	$\dfrac{Z_Z}{H}$	$\dfrac{Z_Z}{L}$	$\dfrac{Z_Z}{L_1}$
49	15	1i 2a	$\dfrac{430}{2 \cdot 460}$	$\dfrac{640}{640}$	92,9	2,3	0.95	1500	0,426	0,42·15	5690	58,1	81	154
50	14	de Glehn 2a 2i	$\dfrac{2 \cdot 340}{2 \cdot 530}$	$\dfrac{640}{640}$	116,2	2,43	0,94	1650	0.388	0,40·14	6100	49,4	71	145
51	16	de Glehn 2a 2i	$\dfrac{2 \cdot 350}{2 \cdot 550}$	$\dfrac{640}{640}$	123,2	2,47	0,82	1580	0,388	0,40·16	7840	52,8	87	170
52	13	2a	$\dfrac{420}{650}$	570	79,0	2,4	0,88	1140	0,50	0,46·13	6315	70,6	135	135
53	12	2a	540	560	128,3	—	1,16	1110	0,505	0,6·12	10585	96,2	185	185
54	14	2a	530	612	135,0	—	0,94	1380	0,443	0,6·14	10465	73	165	165
55	12	Mallet 2a 2a	$\dfrac{2 \cdot 310}{2 \cdot 490}$	$\dfrac{530}{530}$	80,0	2,5	1,18	1000	$\dfrac{0,53}{0,53}$	0,45·12	6870	101	165	165

Zahlen-
a) Tenderlokomotiven mit mehr

1. Allgemeine Angaben.

Nr.	Kupplungs-verhältnis		Bauart	Erbauer	Bahn-verwaltung	Literatur
56	$^2/_2+$ $^2/_2$	oBo+ oBo	wie Nr. 55	Maffei 1894	Schweizer C.B.	Barbey S. 123, Taf. 71—73
57	$^4/_6$	2Do	Außer dem Kohlenk. kein Überh., am. Dr. (2 × 60), 3., 4., 5., 6. Achse fest,'de Glehn-Triebwerk, Innen-R., schmale B.	Belfort 1904	Ouest	Rev. gén. 1905/I S. 312, D. Lok. 1908, S. 216
58	$^5/_5$	oEo	Überh. Zyl., überh. Kohlenk., 1., 5. Achse seitl. versch. (2 × 26), 2., 3., 4. Achse fest, Innen-R., schmale B.	Hannover 1904	Westph. L. E.	Z. 1906 S. 1219
59	»	»	Überh. Zyl., überh. Kohlenk., 1., 3., 5. Achse seitl. versch (2 × 26), 2., 4. Achse fest, Kr. Kasten-R., schmale B.	Schwartzkopff 1906	Preuß. St. B.	D. Lok. 1907 S. 205. Z 1907, S. 1783
60	»	»	wie Nr. 59	Schwartzkopff 1907	Preuß. St. B.	D. Lok. 1907, S. 211
61	»	»	Überh. Zyl., überh. Kohlenk., 1., 5. Achse (2 × 26), 3. Achse (2 × 20), 2., 4. Achse fest, Innen-R., breite B.	Krauß 1907	Pfalz B.	—
62	»	»	wie Nr. 59	Schwartzkopff 1908	Paris-Orléans B.	D. Lok. 1908, S. 232
63	$^3/_2$ + $^3/_2$	oCo+ oCo	Bauart Mallet-Rimrott; überh. N.-D.-Zyl., überh. Kohlenk., Innen R, schmale B.	Maffei 1891	Gotthard B.	Barbey S. 126 Taf. 74. Z. 1891, S. 1078
64	$^3/_4$ + $^3/_4$	oC1+ 1Co	Bauart Meyer-du Bousquet, kein Überh., Kuppelachsen fest, Laufachsen seitl. versch., Innen-R., schmale B., a. d. Rahm. stehnd.	— 1905	Nord	Z 1906, S. 153

Tafel Nr. 7.

als 10 t höchstem Achsdruck.

2. Achsstände, Gewichte, Vorräte.

	Achsstände				Gewichte				Vorräte		
Nr.	s	GL	s_f	$\dfrac{GL}{s}$	L_l	L	L_1	$\dfrac{H}{L}$	Speisewasser ist unter-gebracht:	W	K
56	5,580	—	1,680	—	43,5	58,5	58,5	1,65	in seitlichen Kasten	7,2	3,3
57	8,450	7,350	4,750	0,87	65,7	81,2	61,1	1,80	»	6,0	3,0
58	5,600	2,820	2,820	0,504	—	63,9	63,9	1,80	»	6,2	2,5
59	5,800	2,900	2,900	0,50	59,1	73,9	73,9	1,81	im Kr. Kasten-R und seitlichen Kasten	7,0	2,0
60	5,800	2,900	2,900	0,50	59	74	74	1 67	»	7,0	2,0
61	5,600	2,920	2,920	0,52	56,8	71,5	71,5	2,34	in einem eingehängten Behälter, unter dem Kessel	6,0	2,5
62	6,200	3,100	3,100	0,50	64,5	85,0	85,0	1,66	im Kr. Kasten R. und seitlichen Kasten	10,0	3,5
63	8,130	—	2,700	—	ca.67	85	85	1,82	in seitlichen Kasten	7,0	4,3
64	12,590	8,180	3,470	0,65	78	102	72 bis 78	1,71	in vier seitlichen Kasten, welche vorne auf dem Drehgestell, hinten auf dem Hauptträger ruhen.	12,8	5,0

3. Kessel.

	Heizfläche			Rost				Büchse			Langkessel				
Nr.	H_{total}	Über-hitzer $H_{Üb}$	H	R	l_R	b_R	$\dfrac{H}{R}$	t	H_B	$\dfrac{H_B}{H}$	H_R	d_K	l	$\dfrac{i}{d_i/d_a}$	h_{SO}
56	ca. 96,7	—	ca. 96,7	1,65	1,596	ca. 1,03	58,6	ca. 0,6	ca. 7,3	$\dfrac{1}{13,2}$	ca. 89,4	1250	3850	165 45/50	ca. 2150
57	Serve 146,1	—	Serve 146,1	2,27	ca. 2,3	ca. 1,0	64,5	ca. 1,0	12,4	$\dfrac{1}{11,8}$	0,7 × 191 133,7	1446	4100	126 S —/70	2620
58	115,0	—	115,0	2,0	2,030	1,000	57,5	0,7	8,4	$\dfrac{1}{13,7}$	106,6	1320	4500	184 41/46	2380
59	163,34	Schmidt R. K. 31,70	131,64	2,25	2,250	ca. 1,0	58,5	1,0	11,53	$\dfrac{1}{11,4}$	120,11	1500	4100	220 41/46 1 305/331	2550
60	177,42	Schmidt R. R. 42,51	134,91	2,25	2,250	1,000	55	1,0	11,15	$\dfrac{1}{11,1}$	123,76	1500	4500	150 41/46 21 124/133	2550
61	167,06	—	167,06	2,73	2,200	1,240	61,2	0,6	11,48	$\dfrac{1}{14,6}$	155,58	1574	4350	253 45/50	2710
62	185,5	Schmidt R. R. 44,2	141,3	2,7	ca. 2,7	ca. 1,0	52,3	—	13,3	$\dfrac{1}{10,6}$	128,0	—	—	—	—
63	155,0	—	155,0	2,2	ca. 2,1	ca. 1,0	70,4	0,5	9,3	$\dfrac{1}{16,7}$	145,7	1470	4500	191 ca. 54/60	ca. 2300
64	Serve 174,8	—	Serve 174,8	3,0	ca. 2,7	ca. 1,1	58,2	0,8	11,99	$\dfrac{1}{14,6}$	0,7 × 232,56 162,79	1456	4750	130 S —/70	2800

Tafel Nr. 7.
als 10 t höchstem Achsdruck.

4. Triebwerk.

Nr.	p	An-ordnung	Zylinder					Triebräder		Zylinderzugkraft				
			d	h	J_H	$\dfrac{J_N}{J_H}$	$\dfrac{J_H}{H}$	D	$\dfrac{h}{D}$	$\alpha \cdot p$	Z_Z	$\dfrac{Z_Z}{H}$	$\dfrac{Z_Z}{I}$	$\dfrac{Z_Z}{L_1}$
56	14	Mallet 2a 2a	$\dfrac{2 \cdot 350}{2 \cdot 540}$	$\dfrac{610}{610}$	117,4	2,38	1,21	1200	$\dfrac{0,51}{0,51}$	0,46 14	9545	99	163	163
57	15	deGlehn 2a 2i	$\dfrac{2\ 370}{2 \cdot 570}$	$\dfrac{650}{650}$	139,8	2 37	0,96	1440	0,45	0,46 15	10120	69	125	166
58	12	2 a	520	600	127,4	—	1,10	1300	0,46	0,6 12	8985	78,1	141	141
59	12	2 a	610	660	192,9	—	1,46	1350	0,49	0,6 12	13100	99,5	180	180
60	12	2 a	610	660	192 9	—	1,55	1350	0,49	0,6 12	13100	105,8	177	177
61	13	2 a	560	560	137 9	—	0,83	1180	0,475	0,6 13	11610	69,6	162	162
62	ca. 13	2 a	630	660	205,7	—	1,45	1350	0 49	0,6 13	15135	107	178	178
63	12	Mallet 2a 2a	$\dfrac{2 \cdot 400}{2 \cdot 580}$	$\dfrac{640}{640}$	160,9	2,102	1,03	1230	0,52	0,49 12	10290	66,4	121	121
64	16	Meyer 2a 2a	$\dfrac{2 \cdot 400}{2 \cdot 630}$	$\dfrac{680}{680}$	179 0	2,48	1,03	1455	0,467	0,45, 16	10800	61,7	105,8	150 bi 138

b) Tenderlokomotiven mit weniger

Nr.	Bauart	Achsstände			Gewichte			Vorräte		Kessel			
		s	GL	s_f	L_l	L	L_1	W	K	R	H	$H_{\text{Üb}}$	p
1	$^2/_2$	1,400	1,400	1,400	8,4	10,4	10,4	1,0	0,36	0,42	18,2	—	12
2	$^2/_2$	1,500	1,500	1,500	9.34	12,6	12,6	1,9	0,4	0,50	23,8	—	12
3	Öst. St. B. S. 185	2,300	2,300	2,300	—	16,0	16,0	—	—	0,37	ca. 19	—	12
4	$^2/_2$	2,100	2,100	2,100	12,9	16,7	16,7	2,0	0,65	0,60	27,8	—	11
5	$^2/_2$	2,400	2,400	2,400	14,84	18,8	18,8	2,3	0,65	0,52	24,2	—	12
6	$^2/_2$	2,100	2,100	2,100	14,5	19,5	19,5	2,3	0,65	0,73	38.6	—	12
7	$^2/_3$ Jütland	3,150	3.150	3,150	14,1	18,7	12,6	2,4	1,0	0,675	41,2	—	12
8	$^3/_3$	2,100	2,100	2,100	11,35	15,0	15,0	1,9	0,35	0,57	22,0	—	12
9	$^3/_3$	2,200	2 700	2,200	16,5	22,0	22,0	2,4	0,6	0.73	38,5	—	12
10	$^3/_3$	2,500	2,500	2,500	18,5	24,5	24,5	3,2	0,8	0,95	47,6	—	12
11	Bay. St. B. Kl. D. VII	2,900	2,900	2,900	19,9	26,8	26,8	3,7	1,2	0,83	51,3	—	12
12	$^3/_3$	2,800	2,800	2,800	21,4	27,7	27,7	3,0	0,9	1,3	67,4	—	12
13	L. A. G. München	4,800	4,000	1,500	25,7	33.9	26,5	4,0	1,7	1,3	66,2	—	12
14	$^2/_4$	4,800	4,000	1,500	26,7	34,9	27,0	4,0	1,7	1,3	57,73	Schmidt R. R. 11,95	·12

Tafel Nr. 7.
als 10 t höchsten Achsdruck.

Nr.	Triebwerk						Wertziffern								Bemerkungen
	d	h	J	$\dfrac{J_N}{J_H}$	D	$\dfrac{h}{D}$	$\dfrac{J}{H}$	$\dfrac{H}{R}$	$\dfrac{H}{L}$	$a \cdot p$	Z_Z	$\dfrac{Z_Z}{H}$	$\dfrac{Z_Z}{L}$	$\dfrac{Z_Z}{L_1}$	
1	220	300	11,4	—	630	0,476	0,63	43,3	1,75	0,6·12	1660	91,3	160	160	
2	240	300	13,6	—	700	0,429	0,57	47,6	1,89	0,6·12	1780	74,8	141	141	
3	$\dfrac{180}{280}$	380	9,7	2,42	780	0,487	0,51	51,4	1,19	0,4·12	915	48,2	57,2	57,2	Z. 1906 S. 2055
4	240	400	18,1	—	1020	0,392	0,65	46,4	1,67	0,6·11	1490	53,6	89	89	
5	280	400	24.6	—	980	0,408	1,015	46,5	1,29	0,6·12	2300	95,2	122	122	
6	275	450	26,7	—	1020	0,441	0,69	52,9	1,98	0,6·12	2400	62,2	123	123	
7	270	450	25,7	—	1150	0,39	0,63	61,1	2,2	0,5·12	1710	41,5	91,5	136	Org.1884 S. 117
8	230	400	16,6	—	900	0,445	0,76	38,6	1,47	0,6·12	1690	76,8	113	113	
9	275	450	26,7	—	1020	0,441	0,69	52,8	1,75	0,6·12	2400	62,4	109	109	
10	300	500	35,4	—	950	0,527	0,74	50,2	1,94	0,6·12	3410	71,6	139	139	
11	330	508	43,5	—	1006	0,480	0,85	61,8	1,92	0,6 12	3960	77,2	148	148	
12	330	500	42,8	—	950	0,526	0,64	51,8	2,43	0,6·12	4125	61,3	149	149	
13	$\dfrac{360}{560}$	500	50,9	2,41	1090	0,458	0,77	50,9	1,95	0,46·12	3970	60	117	150	
14	$\dfrac{370}{560}$	500	53,8	2,29	1090	0,458	0,93	44,5	1,65	0,48·12	4145	71,8	119	153	D. Lok. 1905 S. 2

Dritter Abschnitt.

Die konstruktive Verwirklichung der Rost- und Heizfläche.

I. Die Rostfläche.

§ 17. **1. Die Größe der Rostfläche** ist nach § 5, S. 14 bereits ermittelt; sie wird gemessen als wahre Oberfläche des Rostes, gleichviel ob dieser wagrecht oder geneigt angeordnet ist.

2. Wahl der Rostbreite b_R. Diese ist konstruktiv gegeben, je nachdem.

a) der Feuerkasten zwischen die Rahmentragwände heruntergezogen wird; oder

b) ob er auf dem Rahmen z w i s c h e n den Rädern, oder

c) ob er auf dem Rahmen ü b e r den Rädern steht; oder

d) ob der Rost über die Spurweite hinaus verbreitert ist; vgl. Abb. 1 + 4.

Zu den vier genannten vorwiegend ausgeführten Anordnungen des Feuerkastens, welche für die Rostbreite maßgebend sind, kommt

e) die Rostform der Paris-Orléans-Bahn[1]), in Anwendung bei 2C1-Lokomotiven (mit hinterer Laufachse), dadurch gekennzeichnet, daß der Rost vorne (in Höhe der hinteren Kuppelachse) zwischen die Rahmenbleche heruntergezogen, hinten (über der hinteren Laufachse) über den Rahmen herausgezogen und stark verbreitert ist.

---

[1]) Vgl. hierzu D. Lok. 1908, S. 58.

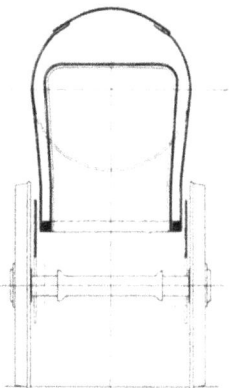

Abb. 1.

Bay. Sts B. T$^2/_5$ 1 B 2

Rostbreite $b_R = 1{,}040$ m

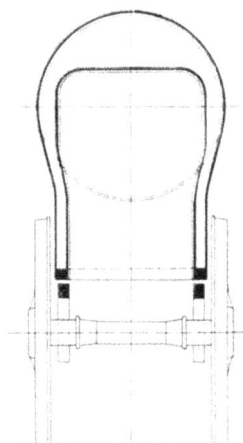

Abb. 2.

Bay. Sts B. S$^3/_5$ 2 C o

Rostbreite $b_R = 1{,}075$ m

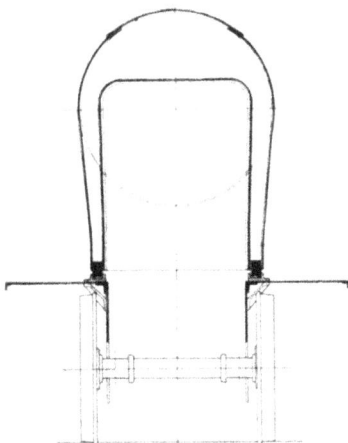

Abb. 3.

Pfalz B. G$^4/_4$ o D o

Rostbreite $b_R = 1{,}200$ m

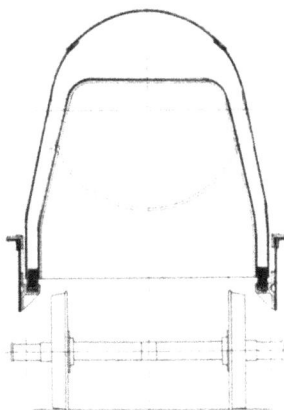

Abb. 4.

Pfalz B. S$^2/_5$ 2 B 1

Rostbreite $b_R = 1{,}840$ m

Paris-Orléans-Bahn $S^3/_6$: 2 C 1 D. Lok. 1907, S. 147; 1909, S. 2.

3. **Die Rostlänge** l_R ergibt sich nach Festlegung der Breite aus der gerechneten Rostfläche. Um eine bequeme Beschickung des Rostes zu ermöglichen, sei sie im allgemeinen möglichst klein, immer aber kleiner als 3 m.

> Anmerkung. Bei den Lokomotiven der Österreichischen Staatsbahnen, Serie 108 ($S^2/_5$, 2 B 1, Atlantic-Bauform) mußte eine Rostlänge von 3,320 m ausgeführt werden, da die Rostbreite bei dem durch die Lastverteilung bedingten Achsstand und der gewählten Rahmenbauart (einfacher Innen[platten]rahmen) wegen der 2140 mm hohen Kuppelräder auf 1,06 m beschränkt war.

4. **Die Neigung der Rostfläche gegen die Wagerechte**, ob nach Abb. 5, 6 oder 7, kann erst nach Feststellung der

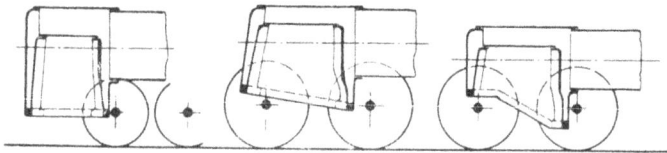

Abb. 5.   Abb 6.   Abb. 7.

Achsanordnung im Zusammenhang mit der Durchbildung des Aschkastens endgültig entschieden werden.

II. Die Heizfläche.

§ 18. 1. Die Größe der »gesamten feuerberührten, verdampfenden Heizfläche H« ist nach § 4, S. 8 u. f. bereits ermittelt. Sie setzt sich zusammen:

1. aus der unmittelbaren Heizfläche der Feuerbüchse H_B, bestehend aus der Oberfläche sämtlicher wasserbespülter Büchswände, auf der Feuerseite gemessen, abzüglich des Schürlochs und der Summe der freien Siederohr- usw. Querschnitte.

> Anmerkung. Sind irgendwelche Wände der Büchse mit feuerfesten Steinen ausgemauert, so zählen diese n i c h t als

Heizfläche z. B. Bauart S t o r c k e n f e l d t, oder die Büchse der halbselbsttätigen Feuerung Bauart K r a u ß (vgl. D. Lok. 1906, S. 159. Z. 1906, S. 2054, Taf. 20).

2. aus der mittelbaren Heizfläche der Siederohre, ev. vorhandener Flamm- oder Rauchrohre.

Die Oberfläche der Rauchkammerrohrwand, welche an sich eine, wenn auch weniger wirksame Heizfläche ist, wird bei der Verteilung bzw. der Ermittelung einer Heizfläche n i c h t in Anrechnung gebracht.

3. Überhitzeroberflächen zählen nicht zur »verdampfenden« Heizfläche. Ihre Größe richtet sich 1. nach dem Ort, an welchem der Überhitzer eingebaut ist, und der hier zu erwartenden Temperatur der Heizgase, 2. nach der beabsichtigten Dampftemperatur, 3. nach der Führung des Dampfes im Überhitzer. Zurzeit werden die Abmessungen derartiger Überhitzerheizflächen von den betreffenden Patentinhabern von Fall zu Fall angegeben.

Für den Rauchröhrenüberhitzer von Wilhelm S c h m i d t, die bis heute am besten bewährte und am meisten zur Ausführung kommende Überhitzerbauart, gilt nach neueren Ausführungen:

1.) $\dfrac{\text{Überhitzerheizfläche}}{\text{Verdampfungsheizfläche}} = \dfrac{H_{\ddot{U}b}}{H} = \dfrac{1}{3,7} \text{ bis } \dfrac{1}{4,7}.$

2.) $\dfrac{\text{Freier Querschnitt der Rauchrohre (unter Abzug der durch die Überhitzerrohre weggenommenen Querschnittsfläche)}}{\text{Freier Querschnitt der Siederohre}}$

$$= \frac{45}{55}.$$

B e m e r k u n g. Die f e u e r b e r ü h r t e Heizfläche ist aus wärmetechnischen Gründen in die Rechnung eingeführt. Allerdings wird vielfach als Heizfläche eines Lokomotivkessels die w a s s e r b e r ü h r t e angegeben, insbesondere in Süddeutschland, Österreich, England und Amerika. Norddeutschland und Frankreich dagegen rechnen mit der feuerberührten Heizfläche.

In vorliegender Anleitung ist stets die f e u e r b e r ü h r t e verstanden, sofern das Gegenteil nicht ausdrücklich angegeben ist. Die wasserberührte Heizfläche der Feuerbüchse ist ziemlich genau:

$$(H_B)_w = 1,03 \cdot H_B.$$

Die wasserberührte Heizfläche der Siederohre:

$$(H_R)_w = d_a \pi \cdot l \cdot i = H_R \cdot \frac{d_a}{d_i}.$$

§ 19. **2.** Die konstruktive Verwirklichung der Heizfläche erfordert die Aufzeichnung einer »Kesselskizze«, enthaltend

    1. einen senkrechten Querschnitt durch Feuerbüchse und Feuerbüchsmantel, zweckmäßig in der Ebene der hinteren Rohrwand, nach vorne, gegen den Schornstein gesehen, Maßstab 1 : 10 oder 1 : 5;

    2. einen senkrechten Längsschnitt durch den Kessel, Maßstab 1 : 50 oder 1 : 20 oder 1 : 10.

    Diese Kesselskizze legt fast alle Hauptabmessungen des Kessels fest.

3. Die Kesselskizze.

    1. Die Größe der Feuerbüchsheizfläche ergibt sich k o n - s t r u k t i v aus der nach § 17, S. 124 bereits festgelegten Länge und Breite des Rostes, aus der noch zu bestimmenden Tiefe des Feuerraums und aus der gleichfalls noch festzustellenden Höhe des Siederohrbündels. Indes ist es zur Aufzeichnung der Kesselskizze wünschenswert, die ungefähre Größe von H_B vorerst a b z u s c h ä t z e n, um über den Durchmesser des Langkessels, die wesentlichste, unbedingt erforderliche Kesselabmessung, ein Urteil zu gewinnen.

    2. Angaben über $\dfrac{H_B}{H}$.

    $\dfrac{H_B}{H}$ ist bei Lokomotiven mit verhältnismäßig leichten Kesseln, also vorwiegend bei S- und P-Maschinen $-\dfrac{1}{8}$ bis $\dfrac{1}{18}$, dagegen bei Lokomotiven mit schwereren Kesseln, somit besonders bei G- und Verschiebe-Maschinen $= \dfrac{1}{13}$ bis $\dfrac{1}{25}$.

    3. Die zu verwirklichende Rohrheizfläche ist somit unter Voraussetzung eines Naßdampfkessels $H_R = H - H_B = d_i \pi \cdot l \cdot i$, wobei d_i, l und i noch unbekannt sind.

    Über d_i und l, d. h. über die Siederohrabmessungen, ist Entscheidung zu treffen, die Rohranzahl i kann alsdann bestimmt werden. Unter Zugrundelegung einer bestimmten

Rohrteilung t_R kann sodann mit Hilfe der Zahlentafel 8, S. 131 auf den erforderlichen mittleren Kesseldurchmesser d_K geschlossen und von diesem Ausgangspunkt aus die zeichnerische Verwirklichung der Heizfläche begonnen werden. Die weiteren, hierbei zu beachtenden Gesichtspunkte sind in den § 22 + 28, S. 130 u. f. gegeben.

4. Die Siederohrabmessungen d_i, d_a, l.   §. 20.

    1. Die Rohrdurchmesser d_i, d_a. Gebräuchlich sind:

      a) dünn- und glattwandige Rohre: 39/44, 40/44, 40/45, 41/45, 41/46, 43/48, 45/50, 46/50, 47/52;

      b) Serve-Rippenrohre: 45/50, 50/55, 55/60, 60/65, **65/70**, 70/75;

      c) dickwandige Ankerrohre, von welchen (bei größeren Kesseln) 4 bis 6 in das Siederohrbündel eingezogen werden, um Ausbeulungen der Rohrwände zu vermeiden: meist 34/50.

      Anmerkung. Die Anwendung von Serve-Rippenrohren ist an bestimmte Voraussetzungen geknüpft, vgl. § 28, 4, S. 142.

    2. Die freie Länge der Siederohre l zwischen den Wänden. Diese muß gewählt werden in erster Linie mit Rücksicht auf die bei der beabsichtigten Achsanordnung zulässige Gesamtkessellänge — geeignete Werte von l sind aus den Zahlentafeln 5 und 7 zu ersehen — und zweitens mit Rücksicht auf eine vorteilhafte Ausnutzung der Heizgase.

5. Die erforderliche Rohranzahl ergibt sich somit zu $i = \dfrac{H - H_B}{d_i \, \pi \cdot l}$. Dieser gefundene Wert im Verein mit der jetzt zu wählenden Rohrteilung t_K ergibt aus Zahlentafel 8, S. 131 einen geeigneten mittleren Durchmesser d_K des Langkessels.

6. Die Siederohrteilung t_R wird heute allgemein als gleichseitige §. 21. Dreieckteilung mit senkrecht angeordneten Rohrreihen ausgeführt, vgl. Abb. 8, wohl kaum mehr in gleichseitiger Dreieckteilung mit wagerecht angeordneten Rohrreihen nach Abb. 9, oder in quadratischer Teilung nach Abb. 10 oder 11.

    Die Anordnung nach Abb. 8 gestattet die Unterbringung der größten Rohranzahl auf gegebenem Raum und erleichtert das Aufsteigen der Dampfblasen gegenüber der Anordnung nach Abb. 9.

Unter der Voraussetzung eines zwischen den Siederohren verbleibenden lichten Wasserraumes von normal 17 mm erfordert ein äußerer Siederohrdurchmesser d_a von

$$44 \quad 45 \quad 46 \quad 48 \quad 50 \quad 52 \quad 55 \quad 60 \quad 65 \quad 70 \quad 75 \text{ mm}$$

eine Rohrteilung t_R von

$$58 + 60, \ 62, \ 63, \ 65, \ 67, \ 69, \ 72, \ 77, \ 82, \ 87, \ 92 \text{ mm}.$$

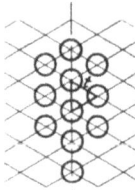 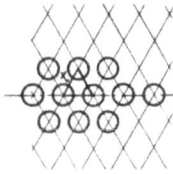 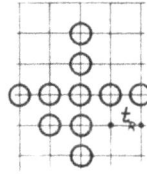 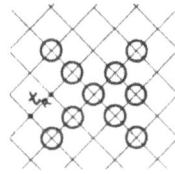

Abb. 8.   Abb. 9.   Abb. 10.   Abb. 11.

In neuerer Zeit werden vereinzelt auch um 2 bis 3 mm größere Rohrteilungen ausgeführt, entsprechend einem Wasserraum von 19 bis 20 mm. Hiermit wird bezweckt:

1. eine größere Stegstärke in den beiden Rohrwänden, wodurch deren Lebensdauer verlängert wird;

2. eine reichlichere Dampfbildung, da die Dampfblasen wegen der freieren Wege zwischen den Rohren mit geringerem Widerstand aufsteigen können als bei der sonst üblichen, möglichst engen, aber möglichst große Heizflächen ergebenden Rohrteilung.

Gleichen Kesseldurchmesser und gleiche Rohrlänge vorausgesetzt, gestattet die weitere Teilung die Unterbringung einer geringeren, zuweilen wirksameren Heizfläche als die enge.

§ 22.   7. Der Querschnitt durch die Feuerbüchse und den Feuer- büchsmantel.

Zu der erforderlichen, unter 5. bestimmten Rohranzahl i und zur gewählten Rohrteilung t_R wird aus Zahlentafel 8, S. 131, ein passender mittlerer Kesseldurchmesser d_K entnommen und der obere Teil des Feuerbüchsmantels zunächst unter Voraus- setzung einer halbzylindrischen, sich unmittelbar an den hintersten Langkesselschuß anschließenden Decke eingezeichnet. Es liegt im Interesse der Einfachheit und Billigkeit, wenn die Form der äußeren Feuerkastendecke konzentrisch zum Langkessel- mittel und der letzte Langkesselschuß zylindrisch, nicht konisch, ausgebildet wird. Es kann allerdings das Bedürfnis eintreten, von dieser einfachsten Form abzuweichen, vgl. hierzu § 28, 3, S. 141.

Zahlentafel Nr. 8

zur Ermittelung eines mittleren lichten Kesseldurchmessers d_K bei gegebener Rohranzahl i und angenommener Rohrteilung t_R.

i	d_K	$d_{K\min}$	i	d_k	$d_{K\min}$	i	d_K	$d_{K\min}$	i	d_K	$d_{K\min}$
$t_R = 60$			$t_R = 62$			$t_R = 66$			$t_R = 69$		
94	950	926	101	978	954	119	1078	1056	150	1360	1327
96	950	926	111	1050	1024	186	1400	1372	184	1400	1371
106	1000	979	118	1048	1024	218	1500	1464	238	1574	1542
110	1000	978	132	1100	1074	283	1577	1542			
114	1062	1040	132	1108	1084						
116	1072	1050	134	1100	1074						
122	1072	1050	138	1126	1100						
134	1100	1076	138	1140	1114						
136	1140	1113	146	1144	1116	$t_R = 67$					
148	1177	1150	159	1250	1220						
150	1098	1078	165	1222	1194	103	1100	1074			
158	1140	1096	167	1250	1222	112	1100	1074			
170	1210	1185	171	1242	1216	124	1136	1112			
174	1148	1122	171	1250	1222	133	1180	1156			
176	1200	1175	180	1260	1234	134	1180	1156			
176	1250	1224	184	1320	1292	136	1180	1156			
			185	1280	1250	150	1200	1172			
			186	1320	1290	161	1290	1257			
			190	1300	1244	217	1530	1498			
			195	1290	1263	218	1500	1464			
$t_R = 61$			198	1292	1265	221	1532	1500			
			200	1320	1291	222	1530	1498			
181	1222	1194	207	1326	1274	224	1530	1498			
197	1280	1251	217	1372	1344	235	1600	1568			
198	1290	1260	218	1350	1322	253	1574	1540			
203	1328	1297	219	1400	1372						
240	1400	1370	225	1500	1470						
			226	1400	1369						
			240	1400	1370						
			256	1420	1388						

Anmerkung. Die Werte i, d_K und $d_{K\min}$ sind durchweg Ausführungen entnommen. Hieraus erklärt sich auch das zuweilen nicht stetige Anwachsen der Werte d_K. Auch ist — wie auf Seite 143 bemerkt — die Anordnung der Siederohre in einem oder zwei (zum senkrechten Kesselmittel symmetrischen) Bündeln von Einfluß.

9*

Blechstärken 1. des Langkessels nach den Hamburger
           Normen, vgl. Hütte, 20. Aufl. II, S. 92 u. f.,
        2. des Feuerbüchsmantels und der Feuer-
           büchse, vgl. Hütte II, S. 759.

Abgrenzung des Dampfraums im Langkessel-Querschnitt,
vgl. Abb. 12. Seine Höhe h_{DR} betrage

bei domlosen Kesseln $\dfrac{d_K}{5}$ bis $\dfrac{d_K}{6}$,

bei Kesseln mit Dampfdom je nach deren Inhalt $\dfrac{d_K}{6}$ bis $\dfrac{d_K}{7}$.

Ist der Feuerbüchsmantel überhöht, etwa durch Anwendung

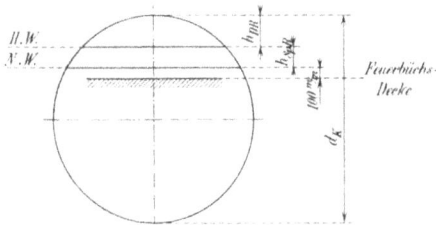

Abb. 12.

einer Belpairedecke oder eines konischen Schusses, so kann
der Dampfraum im Langkessel noch etwas niedriger genommen
werden.

Abgrenzung des Speiseraums h_{SpR}, d. h. des Raumes zwischen
höchstem und niedrigstem Wasserstand, durch Einzeichnen
des niedrigsten Wasserstandes N. W., welcher gemäß T. V.
§ 93, 2 »mindestens 100 mm über der höchsten wasserbenetzten
Stelle der Feuerbüchse« liegen muß. Höhe des Speiseraums
$h_{SpR} = 120 + 150 + 180$ mm. Der Speiseraum ist um so höher
anzunehmen, je größer der Wärmespeicher nach Maßgabe des
Betriebs erforderlich ist, je länger also anhaltende Steigungen
zu überwinden sind.

Typische Beispiele: 1) Preußische Staatsbahnen T $^5/_5$:
o E o mit Hagans-Triebwerk, bei welcher der Speiseraum so
groß bemessen ist, daß über den normalen Wasserstand ohne
unzulässige Einschränkung des Dampfraums noch 3 m^3 Wasser
eingespeist werden können, vgl. Z. 1899, S. 523. 2) Württ.
Staatsbahn T $^4/_4$: o D o; vgl. D. Lok. 1909, S. 17.

Die Vergrößerung der Höhe des Speiseraums h_{SpR} bietet gelegentlich, insbesondere bei sehr schweren Gütermaschinen, ein einfaches, ohne erhebliche Materialkosten erreichbares Mittel zur Herbeiführung des erforderlichen Reibungsgewichtes L_1.

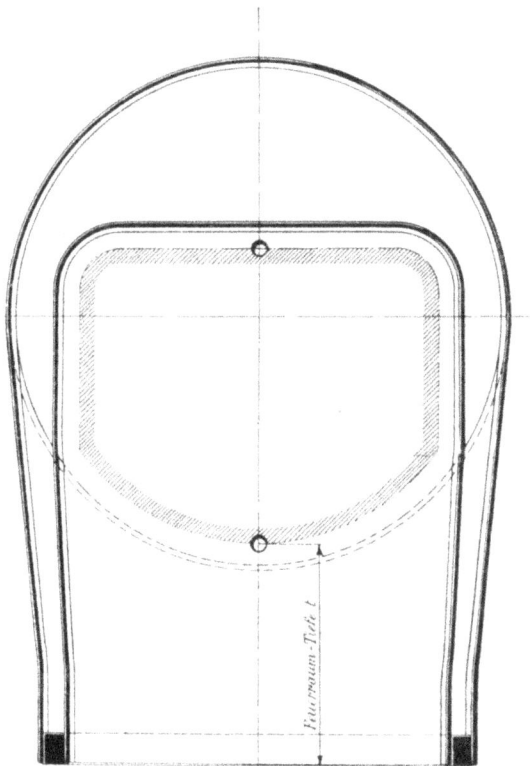

Abb. 13.

Festlegung der Feuerbüchsdecke, deren höchster, vom Wasser bespülter Teil, wie oben bemerkt, gesetzlich mindestens 100 mm unter N. W. liegen muß.

Bei Einhaltung der oben genannten Werte von h_{DK} und h_{SpR} ergibt sich ein lichter Abstand der Feuerbüchsdecke vom Scheitel des Feuerbüchsmantels von 380÷400 mm bei Kesseln von 1000÷1200 mm mittlerem Durchmesser, von 450÷500 mm bei Kesseln von $1300 + 1600$ mm mittlerem Durchmesser, von $500 + 550$ mm bei $1600 + 1800$ mm Durchmesser.

Einzeichnen des Bördels der hinteren Rohrwand. Bördelstärke in der Regel = Blechstärke der Feuerbüchsdecke (= $12 + 16$ mm).

Abgrenzung jenes Teiles der Feuerbüchsrohrwand, welcher zur Unterbringung von Siederohren zur Verfügung steht, vgl. Abb. 13, S. 133.

Zu berücksichtigen ist hierbei:

1. Die Gestaltung des die Siederohre tragenden Teiles der Rohrwand. Die Feuerbüchsen sind bei gleichem Durchmesser am hinteren Ende des letzten Langkesselschusses verschieden in ihrer oberen und unteren Breite, vgl. Abb. $1 + 4$, S. 49. Die Feuerbüchsrohrwand gestattet die Unterbringung einer um so größeren Rohranzahl, je breiter sie oben und unten ist.

Die obere Breite der Feuerbüchse ist bedingt durch die beabsichtigte Art des Einbringens der Büchse in den Feuerbüchsmantel. Dieses kann erfolgen:

a) von unten, wie dies normal und im Interesse der Einfachheit der Herstellung anzustreben ist;

b) von vorne, wie dies bei stark nach unten eingezogenen Büchsen vor Aufnieten des Stiefelknechtes in der Regel geschieht;

c) von hinten, was eine außergewöhnliche Formgebung des Bodenrings und der Feuerkastenrückwand erfordert, welch letztere mit dem Flansch nach außen gekehrt einzusetzen ist. Vgl. Z. 1893, Taf. XXII, $S^3/_5$ 2Co der Gotthardbahn, ebenso alle neueren Heißdampflokomotiven der Preußischen Staatsbahn.

Wegen der unvermeidlichen Ungenauigkeit der Kesselschmiedarbeit ist an der engsten Stelle zwischen den Nietköpfen der Feuerbüchse und der Innenwand des Feuerbüchsmantelblechs ein Spielraum von mindestens 5 mm vorzusehen, vgl. Abb. 14, welche das Einbringen der Feuerbüchse von unten (mit angehefteten Boden- und Schürlochring) in den Feuerbüchsmantel veranschaulicht. Es ist hierbei zu beachten, daß die Nietköpfe an den breitesten Stellen der Feuerbüchse in der Regel halb versenkt werden. Ein gegen die Möglichkeit des Einbringens gemachter, nicht rechtzeitig entdeckter Fehler ist in seinen Folgen nicht mehr zu beseitigen und führt zum Verwerfen bereits ausgeführter Kesselteile.

Die untere Breite der Feuerbüchse ist durch die nach § 17, S. 124 bereits festgelegte Rostbreite b_R bestimmt.

2. Die Lage und Form der Kurzanker. Abstand derselben: 120 + 140 + 170 mm. Da die Dampfbildung in der Gegend der hinteren Rohrwand außerordentlich intensiv vor sich geht, müssen gerade hier reichliche, einen lebhaften Wasserumlauf ermöglichende Querschnitte vorgesehen werden, um so mehr, als die Kurzanker den unteren Teil des Langkessels nächst der Feuerbüchsrohrwand stark verbauen, vgl. Abb. 15. Lichter Abstand der Siede-

Abb. 14.

rohre von der inneren Wandung des engsten Langkesselschusses größer als 40 mm.

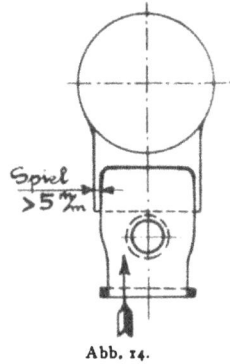

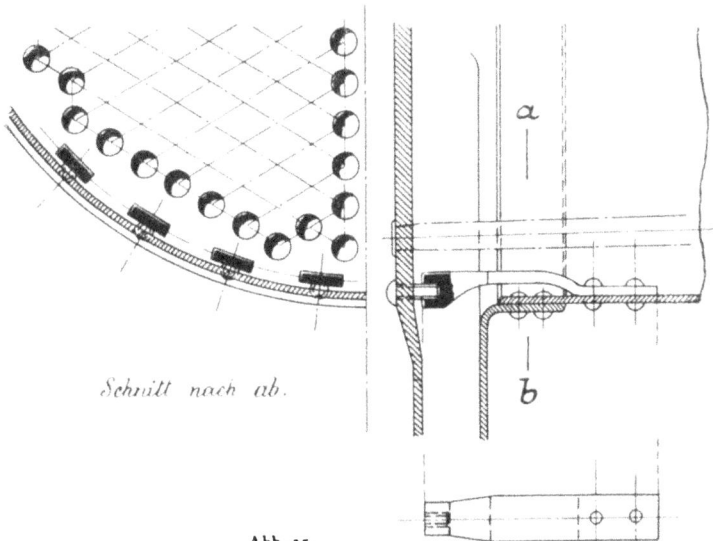

Schnitt nach ab.

Abb. 15.

Draufsicht auf einen
Schlepp-Anker.

3. Der engste Abstand der Siederohre von dem oberen und den seitlichen Flanschen der hinteren Rohrwand. Der äußere Siederohrumfang kann bis auf 25, höchstens 20 mm an den Rohrwandflansch herangerückt werden.

§ 23.   Feststellung der Siederohranzahl i.

Es empfiehlt sich, die unter 6, S. 129, gewählte Siederohrteilung t_R auf Pauspapier aufzuzeichnen, wie dies in Abb. 16 für $t_R = 62$ mm angegeben ist. Die Anzahl der Rohre, welche

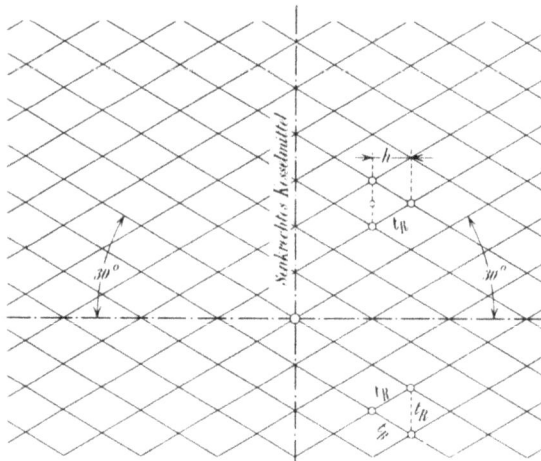

Abb. 16.

Gleichseitige Dreieckteilung mit senkrecht angeordneten Rohrreihen.

$$t_R = 62 \text{ mm}, \quad h = \frac{62}{2} \sqrt{3} = 53{,}692 \text{ mm}$$

in dem abgegrenzten Teil der Rohrwand untergebracht werden kann, vgl. Abb. 13, S. 133, wird sodann abgezählt und festgestellt, ob sie größer oder kleiner ist als die nach Seite 129 rechnungs- mäßig ermittelte Rohranzahl i.

a) Ist i k l e i n e r als gewünscht, so kann man sich u. a. mit einer Verlängerung der Rohre helfen, sofern dies sonst zulässig ist; andernfalls muß der nach Zahlentafel 8 gewählte mittlere Kesseldurchmesser d_K genügend vergrößert oder auch ein kleinerer äußerer Rohrdurchmesser d_a und eine entsprechend kleinere Teilung t_R zur Anwendung gebracht werden.

b) Ist i g r ö ß e r als gewünscht, so kann entweder der Kesseldurchmesser d_K verkleinert oder unter Beibehaltung des äußeren Rohrdurchmessers d_a die Teilung t_R vergrößert werden, womit die auf Seite 130 angegebenen Vorteile verknüpft sind.

Festlegung der »Tiefe t des Feuerraums«, gemessen in der Ebene der hinteren Rohrwand von der untersten Siederohrreihe bis zur Unterkante des Büchsrings, s. Abb. 13 S. 133. §24.

> A n m e r k u n g. Der ›Feuerraum‹ reicht streng genommen bis zur Rost o b e r kante. Als ›Feuerraumtiefe t‹ werde jedoch der Einfachheit halber das Maß von der untersten Siederohrreihe bis zur Bodenringunterkante eingeführt.

Mittlere Werte der »Feuerraumtiefe t«:

a) bei langflammiger Kohle, welche für Mitteleuropa vorwiegend in Betracht kommt: $> 0,5$ m, meist $0,7 \div 1,0$ m:

b) bei kurzflammiger Kohle, welche in Belgien und Amerika vielfach verfeuert wird: $0,2$ m und weniger;

c) bei Koks: $> 0,7$ m.

Die Rostfläche kann hierbei wegen der Porosität des Brennstoffs sehr klein gemacht werden: $\dfrac{H}{R} = 100$.

d) bei Holz: $> 0,5$ m.

Anzustreben ist hierbei ein möglichst großes Volumen der Feuerbüchse. Die Holzfeuerung erfordert jedoch nur geringe Rostfläche, es wird deshalb vielfach der in Abb. 17 durch Schraffur bezeichnete Teil der unteren Feuerbüchsöffnung durch gußeiserne Platten abgedeckt. Hierdurch wird erreicht:

Abb. 17.

1. Die gewünschte geringe Rostfläche bei großem Feuerbüchsvolumen, 2. Schonung der Feuerbüchswände, da sie von kalter Außenluft nie unmittelbar getroffen werden können.

Hiermit ist gleichzeitig die »Tiefe der Feuerbüchse«, gemessen in der Ebene der Feuerbüchsrohrwand, von Feuerbüchsdecke bis Unterkante des Bodenrings festgelegt.

Einzeichnen des Feuerbüchsmantels. §25.

Die Rostbreite b_R steht nach § 17, S. 124 bereits fest; es kann somit unter Annahme eines Büchsringquerschnittes die Form des Feuerbüchsmantels bestimmt werden.

Gebräuchliche Büchsringabmessungen:

Höhe: 65 mm bei einreihiger, 90 mm bei zweireihiger Vernietung.

Breite: je nach zulässigem Gewicht 50÷65÷92 mm.

> **Anmerkung.** Bezüglich der einreihigen Büchsringvernietung vgl. Org. 1906, S. 147. Busse: Über das Dichthalten der Feuerbüchsbodenringe.

Man achte auf reichlichen Wasserraum, verwirkliche also tunlichst große Büchsringbreite, welche 60 mm nur in Ausnahmefällen unterschreiten soll, und lasse die Weite des Wasserraums zwischen Büchse und Mantel auf mindestens 100 mm zunehmen. Großer lichter Abstand zwischen diesen beiden Blechen bringt gleichzeitig den weiteren, im Interesse der Stehbolzenerhaltung wesentlichen Vorteil der Verkleinerung des Biegungswinkels der geometrischen Achse der Stehbolzen mit sich, wodurch die Gefahr von Stehbolzenbrüchen verringert wird.

Damit ist der senkrechte Querschnitt durch den Kessel in der Ebene der Feuerbüchsrohrwand festgelegt.

§ 26. **8. Der senkrechte Längsschnitt durch den Kessel.**

Die Aufzeichnung beginnt zweckmäßig mit der Feuerbüchse, deren lichte Länge nach der bereits ermittelten Rostlänge l_R, deren lichte Tiefe nach § 24, S. 137, bereits festgelegt ist. Die Feuerbüchsdecke ist im allgemeinen wagrecht, bei Lokomotiven

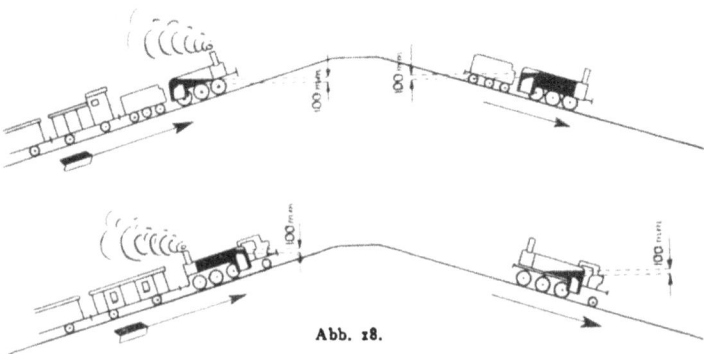

Abb. 18.

dagegen, welche regelmäßig sehr starke Gefällswechsel erfahren, in der Neigung der stärksten Bahnsteigung nach rückwärts geneigt. Die Notwendigkeit dieser Neigung der Feuerbüchsdecke kann aus Abb. 18 ersehen werden, welche die Lokomotive mit Schlepptender und die rückwärts-, also mit der Feuerbüchse vorausfahrende Tenderlokomotive in der Steigung und im Gefälle zeigt. Wie die der Deutlichkeit halber übertrieben gezeichneten Figuren erkennen lassen, muß der $N \cdot W \cdot$Spiegel 100 mm über den höchsten Punkt der nach r ü c k wärts geneigten Decke gelegt werden, um ein Bloßlegen der Feuerbüchse zu vermeiden.

Typisches Beispiel: Bayerische Staatsbahn D VIII (T ^{3}/$_4$, o C 1), Bergtendermaschine der Strecke Reichenhall — Berchtesgaden, vgl. Org. 1889, S. 16.

Die bereits angenommene freie Länge der Siederohre l zwischen den Rohrwänden (vgl. § 20, 2, S. 129) bestimmt die Langkessellänge. Man achte auf zweckmäßige Schußeinteilung.

Blechstärken: 1. der hinteren Rohrwand
im oberen Teil, in welchem die Siederohre
liegen: 23 + 27 + 30 mm,
im unteren Teil 12 + 18 mm;
2. der vorderen Rohrwand 20 + 23 + 26 mm.

Übersteigt die Rohrlänge l 5 m, so empfiehlt sich der Einbau einer senkrechten Stützwand in der Langkesselmitte.

Ausbildung der Rauchkammer. Für deren Länge und Durchmesser sind maßgebend: Einströmrohre, ev. Aufnehmer, Ausströmrohre, Blasrohr, Funkenfänger, ev. Überhitzereinrich- § 27.

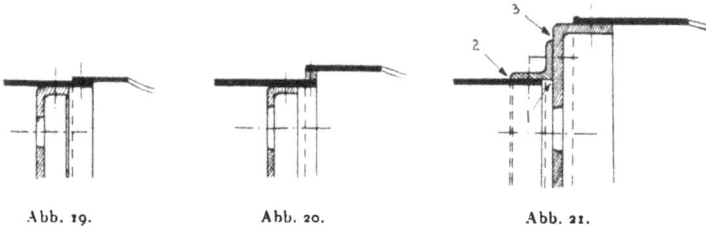

Abb. 19.   Abb. 20.   Abb. 21.

tungen, welche sämtlich das Rohrbündel möglichst wenig verdecken dürfen, um ein bequemes Reinigen und Nachwalzen der Rohre zu gestatten. Der Anschluß der Rauchkammer an den Kessel wird je nach dem erforderlichen Durchmesser gebildet:

a) durch Überlappung (vgl. Abb. 19, S. 139); geringes Gewicht;

b) unter Zwischenlage eines Ringes von rechteckigem Querschnitt zwischen Kessel- und Rauchkammerblech (vgl. Abb. 20);

c) unter Vermittelung eines Winkelrings (vgl. Abb. 21), der bei 1, 2 und 3 zu verstemmen ist.

Blechstärke der Rauchkammer: mit Rücksicht auf das Abrosten mindestens 10 mm.

Der Durchmesser der Rauchkammertüre ist so groß zu machen, daß alle Siederohre, auch die seitlichen, bequem eingebracht werden können. Pauspapierprobe.

Bestimmung der Lage und Größe des Dampfdoms. Hierbei maßgebende Gesichtspunkte: Rücksicht auf Lastverteilung, Einteilung der Schüsse, Kesselgewicht, Anordnung des Reglers, Einströmrohr, auf Entnahme möglichst wasserfreien Dampfes. Lokomotiven, welche regelmäßig in beiden Fahrtrichtungen verkehren, ohne gedreht zu werden, erhalten zweckmäßig den Dampfdom ungefähr über der Mitte des Wasserspiegels, da der mittlere Wasserstand in der Kesselmitte bei Gefällswechseln am wenigsten schwankt. Die beabsichtigten Domabmessungen sind einschließlich der Verkleidung und allenfalls anzubringender Sicherheitsventile bezüglich Einhaltung des Profil im Längs- und Querschnitt zu prüfen.

Damit sind im wesentlichen die Grundlagen zur Anfertigung der Kesselskizze gegeben.

Es empfiehlt sich, sofort nach Fertigstellung dieser Kesselskizze das Gewicht und die Schwerpunktslage des Kessels samt Wasserfüllung bei mittlerem Wasserstand zu bestimmen. Das Leergewicht des Kessels (ohne Wasserfüllung, ohne Rostbeschickung) kann hierbei nach dem von Kramář angegebenen Verfahren angenähert berechnet werden (vgl. hiezu S. 254).

Die Kramářschen Formeln setzen einen Kessel normaler Bauart, »mit glattem Feuerbüchsmantel« voraus. Es sei jedoch darauf aufmerksam gemacht, daß folgende Kesselbauarten eine Verringerung des Kesselgewichts bewirken.

Konstruktive Mittel zur Verringerung des Kesselgewichtes. § 28.

1. Neigung der Feuerkastenrückwand gegen die Senkrechte, wodurch eine geringere Belastung der Achse unter oder nächst der Feuerbüchse erzielt wird, allerdings mit einer wenig belang-

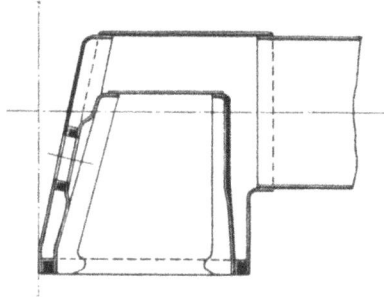

Abb. 22.

reichen Verkleinerung der unmittelbaren Heizfläche H_B, jedoch ohne Beeinträchtigung der Rostfläche.

Diese geneigte Feuerkastenrückwand, vgl. Abb. 22, findet bei schwereren Personenzugmaschinen sehr häufig Anwendung.

2. Verkleinerung des Dampfraumes im Rundkessel, Ersatz des Langkessel-Dampfraumes durch einen oder zwei Dome großen Inhalts oder durch einen Dampfsammler, der durch zwei Stutzen mit dem Langkessel verbunden ist.

Typische Beispiele: Zwei große Dome: Württemb. Staats-

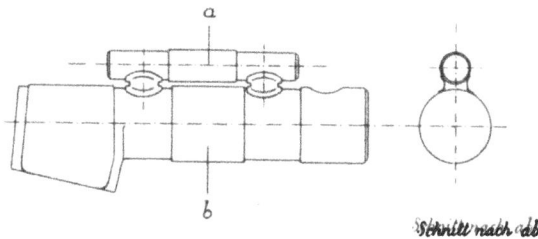

Abb. 23.

bahn, Klasse A D ($S^2/_4$ 2 Bo), Klasse H ($G^5/_5$ o E o), wagerechter Dampfsammler: Österr. Staatsbahn Serie 9, ($S^3/_5$ 2Co), vgl. Abb. 23.

3. Anwendung der Wagon-top-Bauform, dadurch gekennzeichnet, daß der obere zylindrische Teil des Feuerbüchsmantels

einen größeren Durchmesser hat als der Langkessel, der durch
einen kegelförmigen Schuß an den Stehkessel angeschlossen ist.

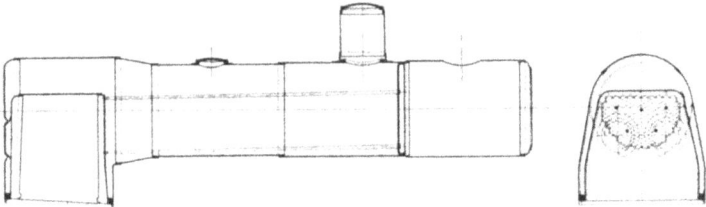

Abb. 24.

Wagontop-Kessel mit breiter und tiefer Feuerbüchse.

Diese auch hinsichtlich der Dampfbildung günstige Bauart gestattet die Ausfüllung des Langkessels mit Siederohren in seinem
ganzen unteren Teile, so daß eine große Heizfläche bei mäßigem
Kesseldurchmesser untergebracht werden kann, vgl. Abb. 24.

Anmerkung. Die gleichen für die Dampferzeugung
günstigen Eigenschaften einer großen verdampfenden Oberfläche
an der Stelle stärkster Dampfbildung und eines großen Dampfraumes über der Feuerbüchsdecke hat auch die Belpaire-Büchse,
deren Anwendung allerdings keine Verringerung des Kesselgewichts mit sich bringt.

Typisches Beispiel für die Wagon-top-Bauform: Pfalzbahn
Klasse P3 (S^2/$_5$ 2B1), Innenzylindermaschine (vgl. Org. 1899, S. 1).

4. Anwendung von Serve-Rippenrohren an Stelle gewöhnlicher, glattwandiger Rohre. Serve-Rohre nehmen die Ver-
brennungswärme rascher auf, können also kürzer ausgeführt
werden als glattwandige, so daß an Wasser- und Langkesselgewicht gespart wird.

Voraussetzungen für die Anwendung von Serve-
Rohren: 1. Möglichkeit des Einbaus derjenigen kürzesten
Rohrlänge, welche für einen der im Handel befindlichen Rohr-
querschnitte die größte Kesselleistung ergibt (vgl. Z. 1901, S. 1273);
2. Verfeuerung einer geeigneten, die Rohre nicht verschmutzen-
den Kohle.

Die Heizfläche der Serve-Rohre (feuerberührt, unter Berücksichtigung der Rippen) ist, um sie einer glattwandigen im Betrieb
gleichwertig zu machen, um 10 ÷ 25 ÷ 33 % größer zu machen.

In den Zahlentafeln 5 und 7, Seite 31 u. f., ist die Rippen-Heiz-fläche mit 0,7 ihrer wahren Oberfläche bewertet, vgl. hiezu S. 29. Der Einrichtung des Blasrohrs (Lage, Durchmesser, ev. Ver-änderlichkeit des Düsenquerschnitts durch Anwendung eines Froschmauls) ist wegen der Besonderheiten der Serve-Rohre Be-achtung zu schenken (vgl. hierzu die oben genannte Quelle).

5. Verkürzung der Siederohre unter Einbau einer im unteren Teil stark nach rückwärts gekröpften Stiefelknechtplatte und hinteren Rohrwand.

Typisches Beispiel: Pfalzbahn S²/₅ Klasse P4, Vierzylinder-Verbundmaschine (vgl. D. Lok. 1906, S. 56). Die Durchbildung

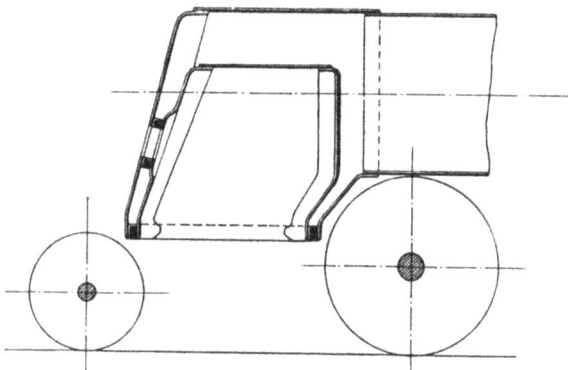

Abb. 25.

des Kesselhinterteils erfolgte u. a. unter dem Gesichtspunkt, die Hinterachse zu entlasten, dadurch, daß der Wasserraum des Langkessels möglichst nach vorn gerückt wurde (vgl. Abb. 25).

6. Anordnung der Siederohre in zwei zum senkrechten Kesselmittel symmetrischen Bündeln (vgl. Abb. 15, S. 135), wo-durch die Unterbringung einer etwas größeren Siederohranzahl möglich wird, gleichen Langkesseldurchmesser vorausgesetzt, als bei Anwendung der ununterbrochenen Rohrteilung.

Die weitere konstruktive Durchbildung des Kessels (Ver-ankerung, Armatur usw.) kann beim Vorentwurf einer Loko-motive übergegangen werden und wird zweckmäßig erst bei der später erfolgenden Durchbildung der Einzelteile erledigt.

Vierter Abschnitt.

Die Achsanordnung.

§ 29.   Die Gesamtzahl der Achsen und das Kupplungsverhältnis
sind bereits bestimmt (vgl. § 9, S. 20). Jetzt ist die Anordnung der Achsen festzulegen. Diese umfaßt

    1. die Feststellung des erforderlichen Gesamtachsstandes,

    2. die Gruppierung der Achsen innerhalb dieses Gesamt-
achsstandes.

I. Die Feststellung des Gesamtachsstandes erfordert

    1. Entscheidung über die Art der Verteilung des gefederten
Lokomotivgewichtes, insbesondere des Kessels und der
Zylinder über die Radbasis, mit anderen Worten: die Feststellung der Zulässigkeit eines Überhangs über die Endachsen (in senkrechtem Sinn),

    2. Entscheidung, ob die zu entwerfende Lokomotive ohne
oder mit besonderem Tender auszubilden ist,

    3. Festlegung der Länge des Hauptrahmens.

II. Die Gruppierung der Achsen innerhalb des Gesamtachsstandes
erfordert

    1. die Bemessung der geführten Länge,

                      des festen Achsstandes,

                      des Achsstandes allenfallsiger Drehgestelle

derart, daß

    1. der Hauptrahmen der Lokomotive in der Geraden ge-
nügend geführt ist,

2. die Lokomotive in der Kurve ausreichend beweglich ist, d. h. daß die Räder des Fahrzeuges der geometrischen Figur des Gleises genügend folgen können, wobei die zwischen den Rädern und den Schienen auftretenden Kräfte eine möglichst geringe Abnutzung der Radreifen und Schienenköpfe verursachen sollen,

3. einigen rein baulichen Bedingungen genügt wird. Diese betreffen die Triebstangenlänge, die Lage der Zylinder, die Ausbildung des Kesselhinterteils samt Aschkasten und einige andere Gesichtspunkte von praktischer Bedeutung.

2. Die Festlegung der Achsdrücke unter Beachtung der einschlägigen gesetzlichen Vorschriften.

> A n m e r k u n g. Die Prüfung, ob die festgelegten Achsdrücke tatsächlich verwirklicht werden können, erfolgt nach Fertigstellung der zweckmäßig im Maßstab 1 : 50 anzufertigenden Entwurfsskizze (vgl. hierzu S. 258 u. f.).

Die Vielgestaltigkeit der Anforderungen bringt es mit sich, daß die Aufstellung allgemeiner, überall zutreffender Leitsätze nicht gelingt. Örtliche Erfahrung und persönliche Anschauung beeinflussen die Wahl der Achsanordnung, soweit diese nicht durch Vorschriften des Bestellers bereits gegeben ist.

Eine Übersicht über die am meisten gebrauchten Achsanordnungen ist im fünften Abschnitt gegeben (vgl. S. 193 u. f.).

I. Die Feststellung des Gesamtachsstandes.

1. Die Verteilung des gefederten Lokomotivgewichtes auf die Radbasis, die Zulässigkeit eines Überhangs. § 30.

Das gefederte Lokomotivgewicht läßt sich über den Achsen, insbesondere über den Endachsen (»auf der Radbasis«) in verschiedener Weise anordnen. Die schwersten Teile der Lokomotive, der Kessel samt Rauchkammer, die Zylinder, bei Tenderlokomotiven die Kohlen- (und Wasser-) Kästen können

1. vollkommen z w i s c h e n die Endachsen gelegt werden (»Maschine ohne Überhang«), oder

2. sie können zum Teil über die Endachsen auskragen (»Maschine mit Überhang«), und zwar

a) v o r n e : »überhängende Rauchkammer« oder »überhängende Zylinder« oder »Rauchkammer und Zylinder
überhängend«;

b) h i n t e n : »überhängende Feuerbüchse«, »überhängender
Kohlenkasten«.

Das Vorhandensein eines derartigen Überhangs »in senkrechtem Sinne« ist von größtem Einfluß auf die Ruhe des
Laufes der Lokomotive, insbesondere bei hoher Fahrgeschwindigkeit, ja die für eine bestimmte Achsanordnung gesetzlich
zulässige Höchstgeschwindigkeit ist gemäß den T. V. § 102, 1
Fassung 1909 von dem Vorhandensein eines Überhangs abhängig (vgl. Zahlentafel 1, S. 10/11).

Nachstehend seien einige Anhaltspunkte gegeben, welche
die Entscheidung über die Anwendbarkeit eines Überhangs in
einem bestimmten Fall erleichtern sollen.

a) Bei Güterzuglokomotiven, welche mit höchstens 50 km/Std.,
bei Personenzuglokomotiven, welche mit höchstens 75 km/Std.

Abb. 26.

$3/3$ gek. Lokomotive mit überhängenden Massen an beiden
Fahrzeugenden.

fahren, sind überhängende
Massen an beiden Enden, also
»überhängende Zylinder und
Rauchkammer« und »über-
hängende Feuerbüchse« statt-
haft. Typisches Beispiel: Die
$\frac{3}{3}$ gekuppelte Güterzuglokomo-
tive, seit 1846 in Mitteleuropa
allgemein verbreitete Bauart,
vgl. Abb. 26. Sie steht im
Gegensatz zu der neuerdings mehr bevorzugten Anordnung
mit unterstützter Büchse (vgl. Abb. 58, S. 198).

A n m e r k u n g. Die hinsichtlich der Größe des Überhangs
nicht gerade mustergültige, aber doch in großer Stückzahl
in jahrelangem Betrieb stehende $4/4$ gek. Gütermaschine der
österreichischen Gebirgslinien hat einen senkrechten Überhang
von vorne 2,3 m, hinten sogar 3,2 m (vgl. Org. X, Taf. XX).

b) Bei Geschwindigkeiten, welche bei Güterzuglokomotiven 60,
bei Personenzuglokomotiven 90 km/Std. nicht überschreiten,
dürfen Zylinder und Rauchkammer überhängen; die Feuer-

büchse dagegen ist zu unterstützen, und zwar durch eine Achse hinter oder unter dem Feuerkasten. Voraussetzung ist hierbei, daß den in Zahlentafel 1, S. 10/11 gegebenen Bedingungen Genüge geleistet ist.

> Anmerkung. Die Anordnung einer Achse hinter der Büchse zur Vermeidung des Überhangs ist die ältere, schon von Stephenson ausgeführte.
> Die Achse unter dem Feuerkasten mit schrägem Büchsring (vgl. z. B. Abb. 49, S. 195) rührt von Borsig her (S²/₅, 1 Bo der Bergisch-Märkischen Eisenbahn, 1863) und wird vielfach ausgeführt.

c) Bei noch höheren Geschwindigkeiten, als unter b genannt, sind überhängende Massen überhaupt zu vermeiden.

Typische Beispiele: Alle neueren Schnell- und Eilgüterzugslokomotiven.

2. Die Ausbildung der Lokomotive als Tenderlokomotive oder als Lokomotive mit besonderem Tender. § 31.

Bei jeder zu entwerfenden Lokomotive ist zu untersuchen, ob ihre Ausbildung als Tenderlokomotive möglich ist. Die Eigenschaften der letzteren sind im § 32 zusammengestellt.

Bei der Entscheidung, ob »ohne« oder »mit« besonderem Tender, kommen in Frage:

1. die mit Aufbrauchung der Vorräte eintretende Abnahme des Reibungsgewichts,
2. die Entfernung der Wasser- und allenfalls der Kohlenstationen, an denen fahrplanmäßig Vorräte gefaßt werden dürfen,
3. die Möglichkeit des Drehens der Lokomotive an den fahrplanmäßig erreichten Endpunkten der Strecke.

Betriebstechnische und bauliche Eigenschaften § 32.
der Tenderlokomotive.

A. Vorteile.

1. Möglichkeit des Verkehrens in beiden Fahrtrichtungen mit gleich großer Geschwindigkeit, welche durch die Anordnung der gefederten Lokomotivteile auf der Radbasis (Vorhandensein eines Überhangs usw.), die Achsanordnung und die höchste zulässige Umdrehungszahl der Triebräder bedingt wird (vgl. Zahlentafel 1, S. 10/11).

Anmerkung. Lokomotiven mit besonderem Tender dürfen gemäß T. V. § 174 bei der Rückwärtsfahrt mit dem Tender voraus nur mit höchstens 45 km/Std. verkehren.

2. Unabhängigkeit von Drehscheiben, bessere Ausnutzbarkeit im Pendelbetrieb auf kürzeren und längeren Strecken.

3. Kürzerer Gesamtachstand und kürzere Gesamtlänge über die Puffer als bei der gleichwertigen Lokomotive mit besonderem Tender, demnach

4. geringerer Raumbedarf in Lokomotivschuppen, auf Reparaturständen, Drehscheiben und Schiebebühnen.

5. Möglichkeit der Ausbildung einer der Lokomotive mit Schlepptender mindestens gleichwertigen, zuweilen überlegenen Achsanordnung.

Die Tenderlokomotive erfordert je nach Größe der verlangten Vorräte eine oder zwei Lokomotivachsen mehr als ihre Schwester mit Tender. Dieser Mehrbedarf an Achsen bedingt allerdings vielfach gesteigerte Mittel zur Erzielung der Kurvenbeweglichkeit, kann jedoch bei größeren Ansprüchen an die Höchstgeschwindigkeit (insbesondere wenn $V_{max} > 80$ km/Std., also bei Personenzug-Tenderlokomotiven des Hauptbahnverkehrs) durch Anwendung von Drehgestellen zur Ausbildung eines auch in der Geraden sehr gut geführten Fahrzeuges verwertet werden. Hier kann also die auf S. 220 u. ff. besprochene »vollkommen indirekte Führung« (durch Drehgestelle) zur Anwendung kommen. Adams-Achsen und gleichwertige Bauarten sind in diesem Falle an den beiden Enden der Tenderlokomotiven nicht verwendbar, da sonst die Höchstgeschwindigkeit gemäß den T. V. § 88, 3 auf 80 km/Std. beschränkt wäre.

6. Große Masse des Fahrzeugs, somit geringes Drehen.

7. Wegfall der das unangenehme Zucken häufig begünstigenden Tenderkupplung.

8. Möglichkeit der Ausbildung eines allseitig geschlossenen, gegen die Unbilden der Witterung gut schützenden Führerstandes.

9. Im besonderen Fall der Güterzugtendermaschine und der Verschiebmaschine: Ausnutzung des Gewichtes der Vorräte zur Erzielung eines größeren Reibungsgewichts.

Anmerkung 1. Im vorigen Jahrhundert kam zu den genannten Vorteilen noch die Gewichtsersparnis, welche sich mit der Tenderlokomotive gegenüber der Schwester mit Tender erreichen ließ. Sie betrug in manchen Fällen bis zu 30 %.

Heute, bei den gesteigerten Dampfdrücken und Kesselgewichten, bei den höheren Geschwindigkeitsanforderungen, welche eine kräftigere Durchbildung des Rahmens bedingen und bei dem ständig im Wachsen begriffenen Gewicht der Lokomotivausrüstung kann eine Gewichtsersparnis nur bei »leichten« Lokomotiven mit geringer Leistungsfähigkeit erreicht werden. Der Wert der früher stark betonten Gewichtsersparnis hat bei der gesteigerten Leistung an Bedeutung verloren.

Anmerkung 2. Die unter 1 bis 5 genannten Vorzüge der Tenderlokomotive führten ihre große Verbreitung im Hauptbahn - Personenverkehr herbei.

B. Nachteile.

1. Die beim Verbrauch der Vorräte eintretende Abnahme des Reibungsgewichts.

Dieser Übelstand kann bei Tendermaschinen mit voller Adhäsion, also bei $^2/_2$-, $^3/_3$-, $^4/_4$- und $^5/_5$-Kupplern, überhaupt nicht beseitigt werden. Er tritt um so mehr in den Hintergrund, je größer die Zahl der erforderlichen Laufachsen ist und je mehr die Vorräte über den Laufachsen angeordnet werden.

Anmerkung. Günstig in dieser Beziehung sind die Anordnungen o B 2 und o C 2 (vgl. Abb. 108, S. 217 u. 112, 113, S. 219).

Es ist in jedem Fall zu prüfen, ob der Wert $\dfrac{Z}{L_1}$ bei vollkommen erschöpften Vorräten die in Zahlentafel 3, S. 17, gegebenen Grenzwerte nicht unterschreitet.

Die Tenderlokomotive wird für lange Strecken mit starken, anhaltenden Steigungen, also für ausgesprochene Gebirgsbahnen, vielfach als nicht geeignet erachtet. Indes ist nicht zu verkennen, daß die Anwendung des wassersparenden Heißdampfes hier einige Besserung gebracht hat.

Beispiele: Preußische Staatsbahn Klasse T 16 (T $^5/_5$: o E o) Z. 1907, S. 1783, D. Lok. 1907, S. 205; Est T $^5/_5$: o E o, Paris-Orléans T $^5/_5$: o E o; D. Lok. 1908, S. 232.

2. Die Beschränktheit der mitführbaren Vorräte. Bei voller Ausnutzung des zur Verfügung stehenden Raums kann indes die Größe der Vorratsräume sehr hoch getrieben werden.

Zahlentafel Nr. 9.
Grofs-Wasserraum-Tenderlokomotiven mitteleuropäischer Bahnverwaltungen.

Bau-jahr	Erbauer	Bahn-verwaltung	Bauart	Vorräte an Wasser m^3	Vorräte an Kohhlen t	Literatur
1878	Cie. belge	Belg. Sts. B.	$^3/_5$ 1C1	10,0	1,5	Org. 1880, S. 96
1891	Maffei	Gotthard B.	$^3/_3+^3/_3$ oCo+oCo	7,0	4,3	Z. 1891, S. 1078
1891	Maffei	Bad. Sts. B.	$^2/_4$ 1B1	6,0	3,1	Org.1891, S.200
1891	Winterthur	SchweizerC.B.	$^2/_4$ 2Bo	8,0	1,8	Barbey, S. 99
1894	Maffei	SchweizerC.B.	$^3/_2+^3/_2$ oBo+oBo	7,2	3,3	Barbey, S. 123, Taf. 71—73
1895	M. d. St. E. G. Wien	Österr. Sts. B. Serie 30	$^3/_5$ 1C1	8,3	3,0	Org.1897, S.203
1897	Krauß	Bay. Sts. B. DXII, Pt $^3/_5$	$^2/_5$ 1B2	8,9	2,6	vgl. Org. 1900, S.274, T.XXVIII
1899	Maffei	Bad. Sts. B.	$^3/_5$ 1C1	7,0	1,8	Z. 1904, S. 1481
1901	Paris	Nord	$^1/_6$ 2B2	7,0	3,5	Z. 1904, S. 1562
1902	Jung	Preuß. Sts. B.	$^3/_4$ 1Co	7,0	2,0	Z. 1903, S. 88.
1904	Chemnitz	Rete del Mediterraneo	$^3/_7$ 2C2	6,2	3,2	Z. 1904, S. 1978
1904	Belfort	Ouest	$^4/_6$ 2Do	6,0	4,0	Org. 1905, S. 240 Rev. gén. 1905, S. 312
1904	Krauß	L. A. G. München	$^4/_4$ oDo	6,0	1,6	D. Lok. 1905, S. 129
1905	Ansaldo	Ital. Sts. B.	$^3/_5$ 1C1	8,0	3,0	Z. 1907, S. 1609
1906	Paris	Nord	$^3/_4+^3/_4$ oC1+1Co	12,8	5,0	Z. 1906, S. 153.
1906	Grafen-staden	Elsaß-Lothr.	$^5/_7$ 2C2	9,5	4,0	Z. 1907, S. 1610
1906	Krauß	Bay. Sts. B. Pt $^2/_4$	$^2/_4$ 1B1	8,0	1,8	Z. 1906, S. 2054 D.L.1906,S.155.
1907	Krauß	Pfalz B.	$^5/_5$ oEo	6,0	2,5	
1908	Krauß	Pfalz B.	$^3/_6$ 1C2	16,0	4,5	

Die $^3/_6$ gekuppelte 1 C 2-Tenderlokomotive der bayerischen Pfalzbahn (erbaut 1908 von Krauß) führt 16 m³ Wasser und 4,5 t Kohlen mit sich, Vorräte welche sonst einen drei-

achsigen Schlepptender erfordern. Zahlentafel 9, S. 150,
gibt eine Zusammenstellung bemerkenswerter »Großwasser-
raum«-Tenderlokomotiven.

3. Die Beeinträchtigung der Übersicht über das Geleise durch
seitliche Wasserkasten.

Eine Verbesserung läßt sich erreichen

a) durch Abschrägung des Vorderteils der Wasserkasten
(vgl. z. B. Preußische Staatsbahn T²/₄: 2 B o »Wannsee-
type«, Z. 1904, S. 1479);

b) durch Ersatz der seitlichen Wasserkasten durch einen
Kraußschen im Rahmen untergebrachten Kasten oder
durch einen auf dem Rahmen liegenden, unter dem
Langkessel Platz findenden Behälter (vgl. Abb. 30, 32,
33, S. 152).

Die Unterbringung der Vorräte auf der Tenderlokomotive. § 33.

I. Die Kohlenvorräte werden regelmäßig auf dem Führerstand
untergebracht:

a) bei der gewöhnlichen schaufelweisen Beschickung des Rostes
von Hand in einem Kasten seitlich des Kessels auf der
Heizerseite oder hinter dem Führerstand, seltener auch
auf der Führerseite.

Die italienische Staatsbahn hat bei den ⁵/₅ gek. Güter-
Tendermaschinen (Bauart Plancher) mit getrenntem Wasser-
wagen den Kohlenbehälter über dem Kessel vor dem
Führerhaus angeordnet; seine Schaufelöffnung mündet nach
der Heizerseite aus (vgl. The Eng. 1908, I, S. 485). Die
hierbei eintretende einseitige Belastung der Achsen unter
dem Kohlenkasten muß in Kauf genommen werden.

b) Bei halbselbsttätiger Rostbeschickung nach Zeh-v. Littrow
in einem Bunker über oder hinter dem Feuerkasten (vgl.
Glasers Ann. 1906, I S. 69; Z. 1906, S. 2054).

1 t Kohlen erfordert einen Raum von etwa 1,25 bis 1,33 m³.
1 m³ Kohlen wiegt 750 bis 800 kg.

II. Die Wasservorräte können in verschiedener Weise untergebracht werden (vgl. Abb. 27—34, S. 152). Diese geben gleichzeitig eine Übersicht über die im Laufe der Entwickelung

gesteigerte Ausnutzung des im Querschnitt zur Unterbringung von Wasser verwertbaren Raumes.

1. Abb. 27: Zwischen die Rahmenlängsträger eingehängter Wasserkasten mit besonderen Wänden, unter dem Langkessel Platz findend. Älteste, heute noch angewendete, bei Maschinen mit Außenrahmen und bei Barrenrahmen notwendige Anordnung.

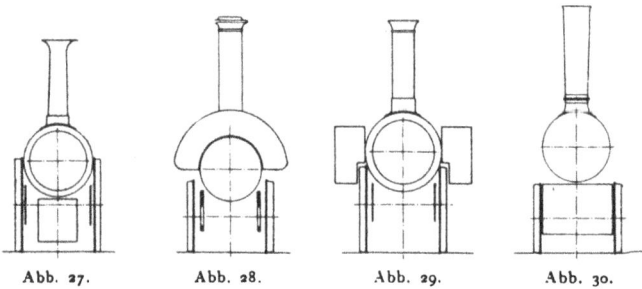

Abb. 27.   Abb. 28.   Abb. 29.   Abb. 30.

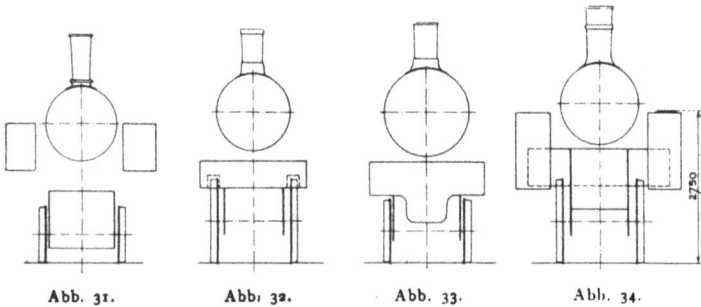

Abb. 31.   Abb. 32.   Abb. 33.   Abb. 34.

2. Abb. 28: Auf den Kessel aufgesattelter Wasserkasten, in England und Amerika beliebte Bauart, welche in Deutschland wegen des »Wasserkastenmaßes« heute keine Anwendung mehr finden kann.

Das »Wasserkastenmaß« (T. V. § 111) schreibt als höchsten Punkt der Eingüsse von Wasserbehältern 2750 mm über S. O. vor.

3. Abb. 29: Seitlich des Kessels liegende Wasserkasten. Die größte Breite überschreitet 3080 mm gewöhnlich nicht.

4. Abb. 30: Kraußscher Wasserkasten, welcher die Tragwände des innerhalb der Räder liegenden kastenförmigen
Rahmens als Wände ausnutzt und gleichzeitig ein nach
allen Richtungen steifes, dabei sehr leichtes Untergestell
der Lokomotive schafft.

5. Abb. 31: Kraußscher Kastenrahmen in Verbindung mit
seitlichen Wasserkästen.

6. Abb. 32: Auf dem Rahmen liegender, den Raum unter
dem Langkessel ausnutzender Wasserkasten von großer
Breite. Zweckmäßige, die Unterbringung sehr großer Vorräte ermöglichende Anordnung.

7. Abb. 33: Bauart wie unter 6. unter gleichzeitiger Ausnutzung des unter der Rahmenoberkante über den Achsen
zur Verfügung stehenden Raumes.

8. Abb. 34: Vereinigung der unter 3., 4. und 6. genannten
Wasserkastenformen.

Die Anordnung von Wasserbehältern u n t e r dem Kessel
bringt die Ausfüllung eines sonst nicht verwerteten Raumes
und gleichzeitig eine Herabziehung des Schwerpunkts mit
sich, welche bei Lokomotiven mit großem Kesseldurchmesser nicht unerwünscht ist. Die Standfestigkeit in der
Querrrichtung wird demnach durch die unter 1., 4. und 6.
genannten und die hievon abgeleiteten Anordnungen erhöht.

Abb. 35, S. 154 zeigt beispielshalber die Unterbringung der
Wasser- und Kohlenvorräte auf einer $^3/_4$ gek. Tenderlokomotive.

3. Der Tender. § 34.

Muß die Lokomotive mit einem besonderen Tender versehen werden, so kann dieser als S c h l e p p tender oder als
S t ü t z tender ausgebildet werden.

Die Tender haben im allgemeinen die Eigentümlichkeit,
daß die Belastungen ihrer Achsen wegen der Veränderlichkeit
der Vorräte in weiten Grenzen schwanken.

1. D e r   S c h l e p p t e n d e r ist die gewöhnliche Tender-
bauform. Er ist ein selbständiges Fahrzeug, welches unter Einhaltung bestimmter Abmessungen für die Tenderkupplung, Plattform usw. an Lokomotiven verschiedener Gattungen angehängt
werden kann. Die Schwankungen seiner Achsdrücke sind u. U.

sehr bedeutend, z. B. bei vierachsigen 22 m^3-Tendern zwischen
12,5 und 5,5 t. Letzterer Wert wird allerdings erst bei völlig
erschöpften Vorräten erreicht, ist jedoch bei hohen Fahrgeschwindigkeiten im Interesse der Betriebssicherheit nicht un-
bedenklich.

    2. Der Stütztender (Bauarten Engerth, Klose und
Klose-Krauß[1]) [vgl. S. 167]) ist nicht freizügig wie der Schlepptender, hat jedoch diesem gegenüber u. a. folgende Vorzüge:
1. geringere Veränderlichkeit der Achsbelastungen, da der Tender
stets durch einen, und zwar unveränderlichen Teil des Loko-

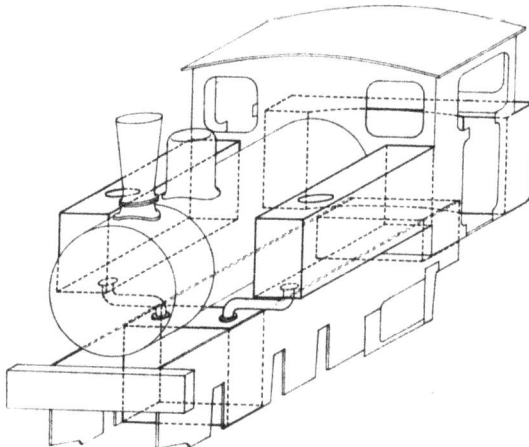

Abb. 35.

motivgewichts belastet wird, 2. ruhigeren und sichereren Gang,
da Lokomotive und Tender nicht mehr zwei getrennte, sondern
ein Fahrzeug bilden, zu dessen Führung im Gleis der Stütztender in wirksamerer Weise herangezogen werden kann, als
dies beim Schlepptender üblich ist.

    Gegenüber der Tenderlokomotive, hat die Stütztender-
maschine den weiteren Vorzug nahezu unveränderlichen Reibungsgewichtes.

    Drehscheiben, welche bei Tenderlokomotiven entbehrt werden
können, sind bei Lokomotiven mit besonderem Tender unbedingt erforderlich.
Ihre nutzbare Gleislänge ist, wie auf S. 26 bereits bemerkt, für den

---

[1]) Vgl. D. Lok. 1906, S. 110.

Gesamtachsstand einer auf diese Drehscheibe angewiesenen Lokomotive mit besonderem Tender maßgebend. Getrenntes Drehen ist bei Schlepptendern als Notbehelf möglich, bei Stütztendern dagegen ausgeschlossen.

4. Festlegung der Länge des Hauptrahmens.

§ 35.

Der Längsschnitt des Kessels wird zweckmäßig in den Maßstab 1 : 50 umgezeichnet, da dieser eine gute, ausreichend genaue Übersicht für den Vorentwurf gewährt; alsdann wird die Rahmenlänge durch die Festlegung der Rahmenstirnwände bestimmt.

Die Lage der vorderen Rahmenstirnwand ist durch die Ausbildung einer genügend langen Plattform vor der Rauchkammer bedingt. Zweckmäßige Länge des Trittbleches vor der Rauchkammertüre (zur bequemen Bedienung der Laternen und Ermöglichung eines sicheren Betretens der Laufbleche auch während der Fahrt): $> 0{,}2$ m, in neuerer Zeit, namentlich bei Lokomotiven ohne vorne überhängende Massen $> 0{,}5$ m. Bei Ausbildung einer Übergangsbrücke, welche bei Tenderlokomotiven, insbesondere bei einmännig bedienten, vielfach erforderlich wird, ist dieses Maß entsprechend zu vergrößern.

Die Lage der hinteren Rahmenstirnwand bestimmt sich bei Lokomotiven mit besonderem Tender und bei Tenderlokomotiven ohne Vorratskästen hinter dem Führerstand durch die genügend groß auszubildende Länge der Führerstandsplattform. Bei Tendermaschinen mit hinter dem Führerstand angeordneten Kohlen- oder Wasserkästen kommt deren Länge zu der des Führerstandes noch hinzu.

Zur bequemen Bedienung des Feuers (Heizen, Ausschlakken) sei die Länge der Führstandsplattform

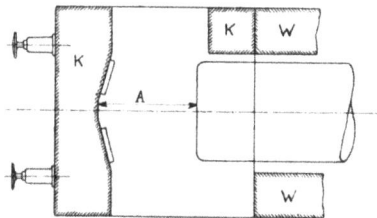

Abb. 36.

a) bei Lokomotiven mit besonderem Tender, wobei die Ausbildung einer Plattform auch auf dem Tender vorausgesetzt ist: $> 0{,}6$ m, gewöhnlich $0{,}7 + 1{,}0$ m.

b) bei Tenderlokomotiven gegenüber dem Schürloch $> 0{,}7$ m, gewöhnlich $1{,}2 + 1{,}4$ m und mehr, vgl. Abb. 36, Maß A.

Durch Festlegung der Lage der beiden Rahmenstirnwände ist die Länge des Hauptrahmens der Lokomotive bestimmt.

§ 36. 5. Bestimmung des Gesamtachsstandes der Lokomotive.
Um Anhaltspunkte für die Konstruktion zu gewinnen, werden
zweckmäßig zuerst die Höhenlage des Kessels zu den Schienen und
der Durchmesser allenfalls vorhandener Laufräder angenommen.

a) Die Höhe des Kesselmittels über Schienen-
oberkante wird gemäß der Spalte h_{SO} der Zahlentafeln 5
und 7 gewählt und dementsprechend die S. O. unter den im
Maßstab 1 : 50 gezeichneten Kessel eingezeichnet.

Bei der späteren genauen Durchbildung der Einzelteile
kann sich das Bedürfnis einer Verkleinerung oder Vergrößerung
des Wertes h_{SO} einstellen. Den Kessel höher zu legen, als es
der Kesseldurchmesser, der Triebraddurchmesser, die Feuerraumtiefe, die Höhenlage der Hauptrahmen-Oberkante usw. erfordert,
ist nicht ratsam. Die einen ruhigen Gang erfahrungsgemäß
begünstigende hohe Kessellage ist bei den heute üblichen
Kesselabmessungen ohnedies schon immer erreicht. Den Kessel
noch höher zu legen als dies aus Raumgründen notwendig ist,
soll man unterlassen, da sonst ein rasches Einfahren in enge
Kurven nicht mit der wünschenswerten Ruhe und Sicherheit
erfolgen kann.

Heizflächen über 110 bis 130 m² erfordern einen Kesseldurchmesser $d_k > 1300$ mm, der Kessel muß also höher als
etwa 2,2 m über SO gelegt werden, um aus dem Bereich der
Trieb- und Kuppelräder zu kommen.

b) Durchmesser von Laufrädern. Übliche Werte:
    α) bei führenden Laufachsen: 750 ÷ 1000 mm,
    β) bei hinteren Laufachsen unter oder hinter dem Feuer-
        kasten: 1000 ÷ 1200, bei stärkerer Belastung bis 1440 mm.

Häufig wird der Laufraddurchmesser aus Gründen der Einheitlichkeit mit Tender- und Wagenradsätzen von der Auftrag
erteilenden Verwaltung vorgeschrieben.

Der Gesamtachsstand s der Lokomotive folgt aus der unter
4. festgelegten Länge des Hauptrahmens unter Beachtung der
über die Zulässigkeit überhängender Massen im § 30, S. 145 angeführten Punkte. Die Länge des (senkrechten) Überhangs, d. h.
des Abstandes einer Rahmenstirnwand von der durch die nächst
gelegene Achse gezogenen Senkrechten kann um so größer sein,
je geringer die höchste Fahrgeschwindigkeit beabsichtigt wird.

II. Die Gruppierung der Achsen innerhalb des Gesamt-achsstandes.

1. Die geführte Länge der Lokomotive.

§ 37.

Die »Führung eines Eisenbahnfahrzeugs« im geraden Gleis ist wegen des auch in der Geraden vorhandenen Spurkranzspieles σ (welches nach den T. V. § 70 nicht unter 10 und auch bei größter Abnutzung nicht über 25 mm betragen darf) keine

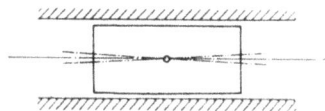

Abb. 37.   Abb. 38.

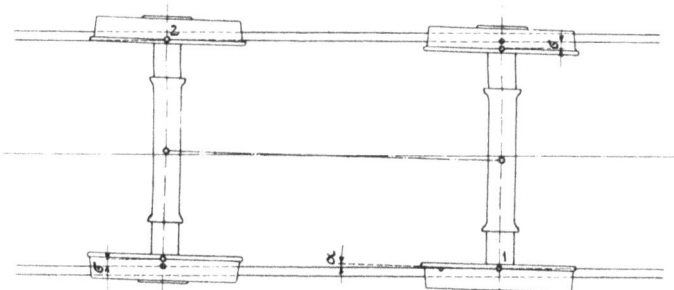

Abb. 39.

Führung im Sinn der Kinematik nach Abb. 37, bei welcher die Herbeiführung einer ganz bestimmten Stellung der Längsachse des zu führenden Körpers zur Führungsbahn erzwungen wird, sondern nur die Einschränkung der Stellungen der Fahrzeuglängsachse innerhalb zweier Grenzstellungen (vgl. Abb. 38). Das vorhandene Spurkranzspiel σ gestattet, wie aus Abb. 39 ersichtlich, eine Verdrehung der Längsachse des Fahrzeugs gegenüber der Bahnachse, und zwar ist die äußerste Grenzlage geometrisch durch die Berührungspunkte 1 und 2 der Spurkränze mit der rechten bzw. linken »Fahrkante« bestimmt. In der gezeichneten Stellung bewegt sich das Fahrzeug nicht parallel zur Bahnachse, sondern es »eckt sich«, »spießt sich«, schneidet unter dem

Winkel α an. Mit eintretender Spurkranzabnutzung wächst das Spurkranzspiel σ (bis zum zulässigen Höchstwert von 25 mm) und damit der Anschneidewinkel α.

Der Hauptrahmen und die mit ihm fest verbundenen Teile (Kessel, Zylinder usw.) einer Lokomotive werden, abgesehen von der Einwirkung angehängter Fahrzeuge durch die Spurkränze und Laufflächen der Lokomotivräder geführt. Bei dieser durch die Radreifen erfolgenden Führung des Hauptrahmens können drei charakteristische Arten unterschieden werden:

1. Die direkte Führung. Diese erfolgt bei Lokomotiven ohne Drehgestelle durch im Hauptrahmen fest oder lenkbar gelagerte Achsen. Beispiele dieser Art der Führung sind in den Abb. 48—73, S. 195 u. f. gegeben.

2. Die teilweise direkte, teilweise indirekte Führung. Diese wird bewirkt durch eine im Hauptrahmen fest gelagerte Achse und einen Drehgestellzapfen, welch letzterer durch die Räder eines besonderen Gestells, also eines Nebenfahrzeugs, geführt wird (vgl. Abb. 74—113, S. 205 u. f.).

3. Die vollkommen indirekte Führung. Diese erfolgt unter Vermittelung von zwei Drehgestellzapfen durch zwei Drehgestelle. Die im Hauptrahmen fest oder beweglich gelagerten Räder bestimmen hierbei die Stellungen der Lokomotive im geraden Gleise und in Krümmungen nicht. Die indirekte Führung der Eisenbahnfahrzeuge ist in den §§ 62—64, S. 220 u. f. besonders behandelt.

Die geführte Länge einer Lokomotive GL erstreckt sich somit

a) bei der direkten Führung: von der ersten bis zur letzten im Hauptrahmen fest oder lenkbar gelagerten Achse,

b) bei der teilweise indirekten Führung: vom Zapfen des führenden Drehgestells bis zur letzten führenden Achse des Hauptrahmens,

c) bei der indirekten Führung: vom Zapfen des vorausfahrenden Drehgestells bis zu dem des hinteren Gestells.

§ 39.   Nicht alle Bauarten von verschiebbaren, verdrehbaren Achsen und Achsgruppen (Drehgestellen) haben die Eigenschaft, die Lokomotive in Geraden und Krümmungen zu führen. Über

die Eigenart der einzelnen Konstruktionen in dieser Hinsicht
sei bemerkt:

1. Im Hauptrahmen fest oder lenkbar gelagerte (d. h. um
ihren geometrischen Mittelpunkt in wagrechtem Sinne verdrehbare) Achsen führen das Fahrzeug in der Geraden und in Krümmungen.

2. Im Hauptrahmen frei beweglich gelagerte Achsen (seiten-
verschiebliche Lauf- und Kuppelachsen und um einen außerhalb des geometrischen Achsmittels gelegenen Punkt verdrehbare Laufachsen nach Wöhler, Adams, Webb, Bissel usw.)
tragen an sich zur Führung des Fahrzeugs in der Geraden,
d. h. zur Feststellung der Grenzlagen der Fahrzeuglängsachse,
nichts bei. Allerdings kann die Lokomotive durch Anbringung einer Rückstellvorrichtung bis zu einem gewissen, jedoch
stets unvollkommenen Grade auch durch derartige Achsen geführt werden.

Nur in engen Kurven, wo die genannten frei beweglichen
Achsen an den an dem Hauptrahmen angebrachten Anschlägen
anliegen, wirken sie wie feste Achsen und führen die Lokomotive. Die genannten Anordnungen bezwecken also lediglich,
die Lokomotive kurvenbeweglich zu machen, nicht aber, sie in
der Geraden zu führen. Diese beiden Zwecke vereinigen nur
die Lenkachsen ohne Seitenverschiebung und die Drehgestelle
mit zwischen den Achsen gelegenem Drehpunkt (Amerikanische Bauform und Bauart Krauß-Helmholtz).

3. Zweiachsige Bissel-Gestelle mit außerhalb der Achsen
gegen die Fahrzeugmitte hin gelegenem Drehpunkt führen nicht
(vgl. Abb. 54, S. 195 und Abb. 102, S. 214).

4. Lenkachsen.

a) Zwangläufige, gekuppelte Lenkachsen (welche durch Gestänge so miteinander verbunden sind, daß sie beide
um einen ideellen, in ihrem geometrischen Achsmittel gelegenen Punkt nur gleichzeitig und im entgegengesetzten
Sinne verdreht werden können) bewirken eine Führung
des Fahrzeughauptrahmens.

b) Freie Lenkachsen (welche sich für sich wie die unter a)
genannten verdrehen) führen — wie unter 1. bemerkt —
das Fahrzeug. Ist dieses nur mit freien Lenkachsen

versehen (wie z. B. viele neuere Personen- und Güterwagen),
so zeigt es erfahrungsgemäß größere Neigung zum Schlingern als bei fester Lagerung der Achsen.

Einzelne freie Lenkachsen gewöhnlicher Bauart, welche
bei Lokomotiven gelegentlich Anwendung finden, laufen
am hinteren Ende des Fahrzeugs sehr ruhig, am vorderen Ende dagegen, wo sie die Lokomotive zu führen
haben, schlingern sie nicht unbeträchtlich, insbesondere
bei höherer Fahrgeschwindigkeit und bei starker Achsbelastung (vgl. Z. 1888, S. 335).

  c) Freie Lenkachsen mit Seitenverschiebung ohne Rückstellvorrichtung führen das Fahrzeug nicht.

  5. Amerikanische Drehgestelle führen den Hauptrahmen
(»indirekt«) mittels eines Zapfens, und zwar sind sie entweder
nur verdrehbar (in wagrechtem Sinn wegen der Gleiskrüm-
mungen, in senkrechter Richtung wegen der Gleisunebenheiten)
oder verdrehbar und senkrecht zur Fahrzeuglängsachse verschiebbar. Diese seitliche Verschiebbarkeit wird gewöhnlich
durch die elastische Gegenwirkung einer Feder erschwert. Hierdurch wird 1. eine Abschwächung des Seitenstoßes bei Einfahrt
in Kurven, 2. eine Rückstellung des Drehgestells in die Mittellage erreicht.

  6. Krauß-Helmholtz-Drehgestelle, Bauarten 1888 und
1908, sind gebildet aus einer im Hauptrahmen gelagerten parallel verschiebbaren Kuppelachse und einer in einem besonderen Rahmen (»Drehgestelldeichsel«) gelagerten, verdrehbaren
Laufachse, welch letzterer bei der Bauart 1908 gegenüber der
Gestelldeichsel noch eine geringe Verdrehbarkeit gestattet ist.
Derartige Drehgestelle führen das Fahrzeug indirekt, prinzipiell
wie amerikanische Gestelle. Gegenüber den unter 2. genannten
Anordnungen von frei beweglich gelagerten Achsen ermöglichen
sie eine Vergrößerung der geführten Länge, und zwar um einen
Betrag, welcher gleich ist dem Abstand des Drehgestellzapfens
von der nächstgelegenen, im Hauptrahmen festgelagerten Achse.

  Der Vorgang bei der Einfahrt in eine Krümmung und die
Art der Führung des Fahrzeugvorderteils ist in Z. 1906,
S. 1553 ausführlich auseinandergesetzt. Wesentlich ist hierbei: Die
Kuppelachse rollt rechtwinklig zu ihrer geometrischen Längs-

achse so lange fort, bis sie durch Anlaufen ihres eigenen äußeren Spurkranzes von der äußeren Schiene abgelenkt wird. Alsdann verschiebt sie — g e m e i n s a m mit der verdrehten Laufachse — mit Hilfe der Deichsel den Gestelldrehzapfen und damit das Vorderende der Fahrzeugmittellinie, nach innen und lenkt die Lokomotive in die Kurve ein.

Die in Italien unter dem Namen Zara-Drehgestell oder »Carrello italiano« bekannte und sehr verbreitete Bauart ist prinzipiell die nämliche wie die vorgenannte; lediglich die Art der Lastübertragung vom Haupt- auf den Drehgestellrahmen, die stets vorhandene seitliche Verschiebbarkeit des Drehzapfens und die konstruktive Durchbildung des Gestellrahmens weichen vom Krauß-Helmholtz-Gestell ab.

A n g a b e n ü b e r d i e G r ö ß e d e r g e f ü h r t e n L ä n g e. § 40.

Die geführte Länge ist um so größer zu machen, je höher die größte Fahrgeschwindigkeit V_{max} der Lokomotive beabsichtigt wird. Die Notwendigkeit der Anwendung von Drehgestellen wächst daher mit der Geschwindigkeit. Schnellzuglokomotiven, welche wegen der Größe des Kessels und der allenfalls auf der Lokomotive untergebrachten Vorratsräume einen großen Gesamtachsstand erfordern, werden vorteilhaft ausschließlich durch Drehgestelle geführt, da diese die senkrechten und wagrechten Stöße nur abgeschwächt auf den Hauptrahmen übertragen.

Lokomotiven mit festen Mittelachsen und einem sehr langen Gesamtachsstand, welche durch sehr enge Kurven ohne Klemmen hindurchgehen sollen, müssen zugunsten der erforderlichen Kurvengelenkigkeit auf eine große geführte Länge, d. h. auf eine t a t s ä c h l i c h w i r k s a m e Führung durch die E n d achsen bzw. D r e h g e s t e l l e, verzichten. Die Anforderungen, welche durch leichtes Kurvenbefahren einerseits, durch Ruhe des Ganges bei großer Fahrgeschwindigkeit anderseits gestellt werden, widersprechen sich.

Zur Beurteilung der Güte der Führung eines Fahrzeugs dürfte sich das Verhältnis $\dfrac{\text{Geführte Länge}}{\text{Gesamtachsstand}} = \dfrac{G\,L}{s}$ gut eignen. Es ist deshalb in die Zahlentafeln 5 und 7 aufgenommen.

Führen die Endachsen einer Lokomotive den Hauptrahmen direkt, so erreicht das Verhältnis $\dfrac{GL}{s}$ den Wert 1, ist also am günstigsten. Sind die Anforderungen an Kurvenbeweglichkeit größer, so müssen Drehgestelle mit z w i s c h e n den Achsen liegendem Zapfen angewendet werden, genügen auch diese noch nicht, so müssen Gestelle mit gegen die Fahrzeugmitte hin gelegenem Drehpunkt zur Anwendung kommen. Alsdann verringert sich die geführte Länge, das Verhältnis $\dfrac{GL}{s}$ nimmt stark ab, wie die betreffende Spalte der Lokomotivtabellen erkennen läßt. Als eine der ungünstigsten Anordnungen erscheint die $^2/_4$ gek. (2 B o) Personenlokomotive der Preußischen Staatsbahn (Köln, linksrh.) mit vorderem zweiachsigen Bissel-Gestell, vgl. Org. X, Taf. XVII: $\dfrac{GL}{s} = \dfrac{2150}{5975} = 0{,}36$; auch die Atlantik- und Pazifikmaschinen (2 B 1 und 2 C 1) mit hinterer Adamsachse werden durch ihren rückwärtigen recht bedeutenden Überhang im wagrechten Sinne in dieser Hinsicht nicht gerade günstig, der Wert $\dfrac{GL}{s}$ sinkt auf 0,59, selbst 0,52 herab.

Weit besser daran sind die Atlantikmaschinen mit hinterer festgelagerter Laufachse (z. B. Bayerische Staatsbahn S$^2/_5$ von Maffei: $\dfrac{GL}{s} = \dfrac{7750}{8850} = 0{,}875$) oder mit freier in nur geringem Maße seitlich verschiebbarer Lenkachse (z. B. Kaiser Ferdinand Nordbahn S$^2/_5$ von Wiener-Neustadt: $\dfrac{GL}{s} = \dfrac{7250}{8350} = 0{,}87$; Pfalzbahn S$^2/_5$ von Krauß $\dfrac{GL}{s} = \dfrac{7850}{8700} = 0{,}90$).

§ 41. **2. Die Mittel zur guten Führung in der Geraden.**

Die Fahrt eines Eisenbahnfahrzeuges in der Geraden ist um so ruhiger, die Führung also um so besser, je mehr das »Schlingern« vermindert wird, d. h. das Schwingen in wagrechter Ebene um die senkrechte Schwerpunktsachse, herrührend von den kleinen Unebenheiten der Gleise, von den Spielräumen der Achsen in Richtung ihrer geometrischen Mittellinie usw. Das Schlingern ist in der Eigenart der »Führung« der Eisen-

bahnfahrzeuge begründet (vgl. Abb. 39, S. 157) und deshalb eine
a l l e n Eisenbahnfahrzeugen gemeinsame, grundsätzlich nie zu
beseitigende Erscheinung, welche u n r e g e l m ä ß i g verläuft und
nicht verwechselt werden darf mit dem »Drehen« der Dampflokomotiven, d. h. den Schwingungen in wagrechter Ebene
um die senkrechte Schwerpunktsachse, herrührend von den
Massendrücken der hin und her gehenden Triebwerksteile,
und daher mit der Umlaufzahl der arbeitenden Triebwerke
p e r i o d i s c h v e r l a u f e n d.

M i t t e l z u r .V e r m i n d e r u n g d e s S c h l i n g e r n s, also
z u r g u t e n F ü h r u n g i m g e r a d e n G l e i s:

1. Große geführte Länge, also tunlichste Einschränkung
des ungeführten Überhangs »in wagerechtem Sinn«. Das Ver-
hältnis $\dfrac{\text{Geführte Länge}}{\text{Gesamtachsstand}} = \dfrac{GL}{s}$ soll sich dem Wert 1 möglichst
nähern. Ein großer Gesamtachsstand, welcher gewöhnlich als
wirksamstes Mittel gegen das Schlingern angegeben wird, verhindert das Schlingern nur, wenn seine Endachsen zur wirksamen
Führung herangezogen werden.

Ein gutes Mittel zur Vergrößerung der geführten Länge
bei vielachsigen und sehr schnell fahrenden Lokomotiven mit

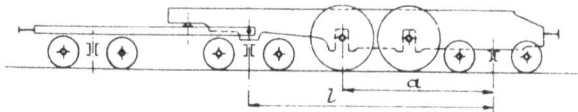

Abb. 40.

Schlepptender ist die Anwendung eines der Lokomotive und
dem Tender gemeinsamen Drehgestells, s. Abb. 40, vgl. G l a s e r s
Annalen 1904, Bd. LIV, Taf. III. Hierdurch wird die geführte
Länge der Lokomotive von a auf l vergrößert. Gleichzeitig
werden bei dieser Anordnung des der Lokomotive und dem
Tender gemeinschaftlichen Gestells dessen Achsen u n d a u c h
d i e d e s T e n d e r s durch einen unveränderlichen Teil des
Lokomotivgewichtes belastet.

2. M ö g l i c h s t k l e i n e s T r ä g h e i t s m o m e n t d e r L o k o-
m o t i v m a s s e durch günstige Gruppierung ihrer Hauptmassen
(Zylinder, Triebwerk, bei Tendermaschinen der Wasserkasten)

11 *

in der Nähe des Schwerpunktes, also Vermeidung überhängender Massen.

3. Führung des Hauptrahmens durch Drehgestelle, welche

1. wenigstens zwei Achsen haben,

2. den Drehpunkt zwischen den Achsen angeordnet haben.

Das ein- und zweiachsige Bissel-Gestell gehört somit nicht hierher. Die in Betracht kommenden Gestelle führen nämlich die durch die Flanschenstöße verursachten Schlingerbewegungen für sich aus und übertragen sie stark abgeschwächt auf den Hauptrahmen, insbesondere bei elastischer Lagerung des Drehzapfens. Die durch gespannte Federn wirkenden Rückstellvorrichtungen kommen somit nicht nur in Kurven, sondern auch in der Geraden zu günstiger Wirkung. Die Drehgestelle sind in diesem Sinne wie selbständige Fahrzeuge zu betrachten und demgemäß mit großer geführter Länge, geringem wagrechtem Überhang und geringem Trägheitsmoment auszubilden.

4. Vermeidung freier Lenkachsen als führende Vorderachsen, da diese, wie Z. 1888, S. 355 nachgewiesen ist, »keinen Beharrungszustand erreichen können, sondern um die radiale Stellung herumpendeln«.

5. Die Wirkung der Zug- und Stoßvorrichtung zwischen Lokomotive und angehängtem Fahrzeug, insbesondere der Tenderkupplung.

6. Die Anwendung des Engerthschen Prinzips der festen Tenderkupplung, welche eine gegenseitige seitliche Verschiebung von Lokomotive und Tender ausschließt und nur eine Drehung der beiden Fahrzeuge um einen bestimmten (durch einen Zapfen verkörperten oder nur kinematisch vorhandenen) Punkt gestattet.

§ 42. 3. **Mittel zur Erzielung der Kurvenbeweglichkeit.**

Die konstruktiven Mittel zur Erzielung der Kurvenbeweglichkeit bezwecken die Verminderung des sehr bedeutenden Kurvenwiderstands, welcher nach v. Röckl

bei 500 m Krümmungshalbmesser etwa 1,5 kg/t,

» 300 m   »   »   2,7   »

» 180 m   »   »   5,2   »

beträgt. Um diesen Widerstand herabzuziehen, muß

1. die geometrische Stellung der Fahrzeugachsen in den Kurven dem gekrümmten Gleis angepaßt sein,

2. müssen die von den Spurkränzen auf die Schienen ausgeübten Drücke möglichst vermindert werden.

Mit dieser Verkleinerung des Kurvenwiderstandes ist gleichzeitig eine Verminderung der Radreifen- und Schienenabnutzung verbunden.

a) Übersicht über die konstruktiven Mittel, welche das Durchfahren § 43. von Krümmungen mehr oder minder erleichtern.

1. Der schwächer gedrehte Spurkranz. Dieser vermindert in flachen Kurven das »Klemmen« des Fahrzeugs, beseitigt jedoch nicht den ungünstigen Einfluß des statischen Seitenschubs, der den Hauptrahmen zu verbiegen sucht und den Spurkranzdruck der anlaufenden Achse vermehrt.

2. Der spurkranzlose Radreifen. Dies ist ein geometrisch noch stärker wirkendes Mittel als das unter 1 angeführte, hat jedoch dessen ungünstige Einwirkung auf Rahmen und Schiene in der nämlichen Weise.

3. Die parallel verschiebbare Achse.

A. Die für sich parallel verschiebbare Achse

1. als Laufachse,

α) als Endachse, meist mit geneigten Gleitflächen als Rückstellvorrichtung versehen,

β) als Mittelachse, in drei- oder vierachsigen Fahrzeugen; meist ohne Rückstellvorrichtung;

2. als Kuppelachse, und zwar als End- oder Mittelachse,

α) als Endachse mit schwachem Seitenspiel, erdacht von Ghega, zuerst ausgeführt im Jahre 1855 von Haswell bei der Endachse von $^4/_4$-Kupplern, um das Klemmen zu vermeiden,

β) als Mittelachse mit derartig starker Seitenverschiebung, daß sie ihren statischen Seitenschub unmittelbar an das Gleis übertragen kann und die führende, festgelagerte Achse in wagrechtem Sinne zusätzlich nicht belastet; eingeführt im Jahre 1885 durch v. Helmholtz an den Mittelachsen von

$^3/_3$ - Kupplern. Die heute ganz allgemein übliche Anwendung der seitlich verschiebbaren Kuppelachse ist vorwiegend Gölsdorf zu verdanken, der sie als Mittel- oder Endachse bei vier- und fünffach gekuppelten Lokomotiven in großem Maßstabe zur Einführung brachte.

B. Die zwangläufig mit einer anderen Achse verschiebbare Achse

1. als Laufachse vereinigt mit einer seitlichverschiebbaren Kuppelachse: Altes Baldwin - Gestell, vgl. Z. 1906, S. 1177;

2. als Kuppelachse vereinigt mit einer parallel verschiebbaren Kuppelachse: von Baldwin herrührend, bekannt als Beugniot-Gestell[1]);

3. als Kuppelachse vereinigt mit einer um ihren geometrischen Mittelpunkt verdrehbaren Achse (»Lenkachse«), letztere ausgebildet als Lenk - Kuppelachse Bauart Klose, welche mit der am anderen Ende der Lokomotive befindlichen Lenkkuppelachse zusammen arbeitet[2]);

4. als Kuppelachse vereinigt mit einer Laufachse, die um einen außerhalb ihres geometrischen Achsmittels gelegenen Punkt schwingen kann: Krauß-Helmholtz-Drehgestell: Bauarten 1888 und 1908;

5. als Triebachse vereinigt mit einer Kuppelachse, die um einen außerhalb ihres geometrischen Achsmittels gelegenen Punkt schwingen kann: Helmholtz-Triebwerk, vgl. Z. 1906, S. 1180.

4. Die Lenkachse, um ihren geometrischen Mittelpunkt verdrehbar oder verdrehbar und seitenverschieblich.

A. Lenkachsen ohne Seitenverschiebung, meist als Endachsen ausgebildet

1. freie Lenkachsen,

2. zwangläufig gekuppelte Lenkachsen;

---

[1]) Vgl. Extrait des bulletins de la Société industrielle de Mulhouse, séance du 25 avril 1860; Heusingers Handbuch II. Aufl., 3, Taf, LXVII.

[2]) Vgl. die $^4/_4$ gek. Schmalspur-Tenderlokomotive der Württ. Sts. B., Org. 1896, Taf. XXVII.

α) an der Lokomotive selbst miteinander gekuppelt,

β) mit dem Tender gekuppelt und von diesem eingestellt.

B. Lenkachsen mit Seitenverschiebung, als Mittel- oder Endachsen angeordnet

　1. als Endachsen mit großer Verdrehung, aber geringer Seitenverschiebung,

　2. als Mittelachsen mit kleiner Verdrehung, aber größerer Seitenverschiebung.

5. Die um einen außerhalb ihres geometrischen Mittelpunkts gelegenen Punkt verdrehbare Achse

　a) mit konstruktiv ausgebildetem Drehpunkt: einachsiges Bissel-Gestell,

　b) ohne Ausbildung des Drehpunktes (Wöhler-, Adams-, Webb-, Roy- usw. Achse).

6. Das amerikanische Drehgestell

　a) zweiachsig,

　b) dreiachsig,

　c) kombiniert mit einer parallel verschiebbaren Kuppelachse (bisher noch nicht ausgeführt).

7. Das zweiachsige Bissel-Gestell, vgl. Org. X, Taf. XVII und XXIV.

8. Die feste Tenderkupplung nach Engerth und die aus ihr hervorgegangene Klose-Anordnung. Letztere unterscheidet sich von der ursprünglichen Engertschen (§ 51, I, 2, S. 182) 1. durch die Lage der Tenderachsen, welche durchweg hinter der Feuerbüchse liegen, 2. durch die gefederte Abstützung des Lokomotivhinterendes. Bei der Kraußschen Modifikation des Kloseschen Stütztenders ist der Drehzapfen aus Raum- und Gewichtsgründen kinematisch ersetzt. Die Zugkraft wird nicht mehr durch einen Engerthschen Drehzapfen, sondern durch eine normale Tenderkupplung übertragen[1]).

Wie diese Aufzählung zeigt, sind die Mittel zur Erleichterung des Kurvenbefahrens außerordentlich mannigfach. Demgemäß erfordert die Wahl der für einen bestimmten Fall am besten

---

[1]) Vgl. D. Lok. 1906, S. 110.

geeigneten Konstruktion reifliche Überlegung und reiche Erfahrung. Ein Fehlgriff in dieser Beziehung kann von den
schwerwiegendsten Folgen begleitet sein.

Die angeführten Mittel bezwecken, den beiden Forderungen
in mehr oder minderem Grade gerecht zu werden, welche für
ein möglichst »zwangloses« Durchfahren von Kurven erfüllt
werden sollen:

1. Jeder Radsatz soll radial stehen.
2. Jedes Rad soll auf solchen Laufkreisen rollen, daß die
   augenblicklichen Laufkreishalbmesser sich verhalten wie
   die Halbmesser ihrer Schienenstränge. Denn nur dann
   findet reines Rollen, kein Kurvenwiderstand erzeugendes
   Gleiten der Räder statt.

Die gleichzeitige, vollkommene Erfüllung beider Bedingungen
ist bei einem mehrachsigen Fahrzeug mit fest gelagerten Achsen
höchstens bei einer Achse und hier nur für einen bestimmten
Krümmungshalbmesser möglich. Man muß sich deshalb mit
den oben angeführten Anordnungen begnügen, welche den theoretischen Anforderungen nachzukommen suchen.

b) Die geometrischen Verhältnisse, das Roysche Verfahren.

§ 44.   1. Geometrisch-rechnerische Grundlage.

Die geometrischen Verhältnisse eines eine Krümmung durchfahrenden Fahrzeugs lassen sich in anschaulicher Weise mit Hilfe

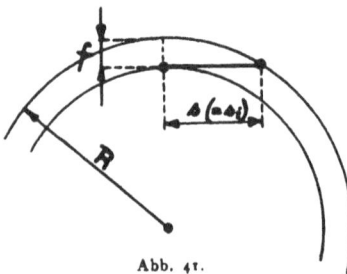

Abb. 41.

des vom französischen Ingenieur
Edmond Roy angegebenen zeichnerischen Verfahrens[1]) übersehen.

Dieses stützt sich auf die in
Abb. 41 wiedergegebene, unver-
zerrt gezeichnete Figur. Es
ist $s^2 = f \cdot (2R - f)$ folglich
$s^2 = 2Rf - f^2$ oder $f^2 - 2Rf + s^2 = 0$. Da f gegenüber R
sehr klein ist, kann f^2 vernach-

lässigt werden, so daß $f = \dfrac{s^2}{2R}$, wobei bedeutet

---

[1]) Rev. gén. 1884, S. 153.

f die Entfernung der »Fahrkanten« der Geleise,

s den Achsstand eines Fahrzeugs, welcher so bemessen sei, daß die radial stehende Hinterachse die innere Fahrkante gerade berührt, vgl. Abb. 41.

R den Krümmungshalbmesser der Bahn.

Bezeichnen f_z, s_z, R_z die verzerrt gezeichneten Größen der wirklichen Strecken f, s, R und hat man $s_z = \dfrac{s}{n}$, $R_z = \dfrac{R}{n^2}$ gemacht, wobei die Maßstabziffer n zweckmäßig zwischen 8 und 12,5 gewählt wird, so ist

$$ f_z = \frac{s_z{}^2}{2R_z} = \frac{\left(\dfrac{s}{n}\right)^2}{2 \cdot \dfrac{R}{n^2}} = \frac{s^2}{n^2} \cdot \frac{1}{2R} \cdot n^2 = \frac{s^2}{2R} \times 1, $$

d. h. f_z erscheint in der Zeichnung in wahrer Größe.

Die aus praktischen Gründen vorgenommene Verzerrung der Zeichnung bewirkt eine Vergrößerung der Winkel um das $n$fache gegenüber der Wirklichkeit.

2. Die zeichnerische Darstellung der Kurven- § 45.
einstellung eines Fahrzeugs.

Um das Zeichenblatt und den zu benutzenden Stangenzirkel nicht allzu groß zu benötigen, nimmt man zweckmäßig nochmals eine Verkleinerung der Werte f_z, s_z und R_z mit dem Faktor $\dfrac{1}{2}$ vor. Alsdann ermöglicht das Roy-Verfahren (bei Wahl der Maßstabziffer n zwischen 8 und 12,5) die Ablesung der Entfernung der Spurkränze von den beiden Fahrkanten in $^1/_2$ der natürlichen Größe, also sehr genau. Der hierbei benötigte Stangenzirkel von etwa 1 m Länge genügt für alle vorkommenden Bahnkrümmungen von 300 m Halbmesser abwärts; vgl. § 49, S. 175.

Man zieht zwei konzentrische Kreise im Abstand f, der sich zusammensetzt:

1. aus dem regelmäßigen, auch in der Geraden vorhandenen Spurkranzspiel $\sigma = 10$ mm, im neuen, noch nicht abgenutzten Zustand der Spurkränze gemessen,

2. aus der gemäß T. V. § 2 in Krümmungen erforderlichen Spurerweiterung e.

Diese beiden Kreise sind ein Bild der Fahrkanten der inneren und äußeren Schiene des Gleises, innerhalb deren die einzelnen Achsen eines Fahrzeugs Platz finden müssen.

Zwecks möglichst einfacher Vorstellung denkt man sich jede Achse einer Lokomotive in ihrem geometrischen Mittelpunkt durch die beiden Fahrkanten »geführt«, wie dies im § 37 S. 157 auseinandergesetzt und durch Abb. 38 und 39 gekennzeichnet wurde.

Läuft eine Achse a u ß e n an, so fällt der die Achse darstellende Punkt auf den ä u ß e r e n der beiden Kreise. Befindet sich der genannte Punkt z w i s c h e n den beiden Fahrkanten, so läuft die Achse weder außen noch innen an, kann also auch keinen seitlichen Druck a u f d a s G l e i s ausüben (wohl aber auf den Rahmen, falls die Achse nicht gerade zufällig radial steht). Fällt der maßgebende Punkt auf den i n n e r e n Kreis, so läuft die Achse i n n e n an, fällt er n o c h i n n e r h a l b desselben, so »klemmt« die betreffende Achse, ein Zustand, der grundsätzlich vermieden werden muß. Dies kann, wie die Zeichnung ohne weiteres erkennen läßt, durch Vergrößerung des Spurkranzspieles bei der in Frage kommenden Achse geschehen. Da die Spur nicht beliebig erweitert werden darf, ist die erwünschte Vergrößerung des Spielraums an dem Radsatz vorzunehmen, mit anderen Worten: seine Spurkränze sind um jenes Maß v zu verschwächen, um welches der die Achsmitte darstellende Punkt die innere Fahrkante überschneidet. Für die betreffende Achse sind alsdann nicht mehr die im Abstand $f = \sigma + e$ gezogenen Fahrkanten maßgebend, sondern zwei Kreise im Abstand $v + f + v$, welche gegenüber den normalen um die Spurkranzverschwächung v nach außen und innen verschoben sind. Im Bedarfsfall kann der Spurkranz ganz weggelassen werden, wie dies jetzt gemäß T. V. § 69 (Fassung 1909) zulässig ist. Über die zahlenmäßige Größe der zulässigen Spurkranzverschwächung usw. siehe § 49, S. 175.

§ 46.   3. D i e s t a t i s c h e u n d d i e d y n a m i s c h e E i n s t e l l u n g
eines Fahrzeugs in einer Kurve.

1. Die Einstellung eines Fahrzeugs in einer Kurve ist bei geringen und mittleren Geschwindigkeiten, etwa bis zu 70 km/Std., die »statische«, welche durch geometrische Verhältnisse und

durch die Reibung zwischen den Radreifen und Schienen bestimmt ist. Die von der Masse des Fahrzeugs hervorgerufenen
Fliehkräfte sind in diesem Fall noch nicht so bedeutend, um
die Stellung der einzelnen Achsen beeinflussen zu können.

Bei der statischen Kurveneinstellung sucht — wie dies in
Z. 1888, S. 330 f. auseinandergesetzt ist — jeder Radsatz so
lange geradeaus zu laufen, d. h. rechtwinkelig zu seiner geometrischen Längsachse fortzurollen, als er nicht durch außerhalb der Achse liegende Einflüsse hieran gehindert wird. Dem
Geradeausrollen in der Geraden entspricht in der Krümmung das
Rollen in radialer Stellung des Radsatzes, in welcher er sich im
stabilen Gleichgewicht befindet.

Von dieser natürlichen Stellung kann ein Radsatz in drei
Fällen abgelenkt werden:

1. wenn sein äußerer Spurkranz am äußeren Strang zum
   Anlaufen kommt. Dies ist bei allen Vorderachsen bei
   Einfahrt in eine Krümmung der Fall;

2. wenn seine Lagerung im Rahmen derart beschaffen ist,
   daß er an der Erreichung seiner Gleichgewichtslage (der
   radialen Stellung) verhindert wird. In diesem Falle befinden sich die Mittelachsen, wenn sie im Hauptrahmen
   nicht lenkbar gelagert sind, was gewöhnlich nur bei
   Wagen üblich ist.

3. wenn der Spurkranzspielraum zu klein ist, um dem
   Radsatz die radiale Einstellung zu gestatten. Dies
   kommt bei Maschinen mit langem, festem Achsstand vor,
   bei welchen die letzte festgelagerte Achse innen an-
   schneidet und die Stellung des Fahrzeugs geometrisch
   bestimmt.

2. Bei höheren Geschwindigkeiten, etwa über 70 km/Std.,
kommt es zur dynamischen Kurveneinstellung. Die Fliehkraft
ist hierbei so groß, daß alle Achsen, bei denen es nach Art
ihrer Lagerung im Rahmen möglich ist, außen anlaufen.

Die dynamische Einstellung erfordert demnach geringere
Spurkranzspielräume als die statische. Somit ist letztere die
ungünstigere und deshalb beim Entwurf zugrunde
zu legen.

3. Ein Fahrzeug geht bei hohen Geschwindigkeiten und bei der Grenzgeschwindigkeit zwischen statischer und dynamischer Einstellung um so ruhiger, je mehr die statische und dynamische Kurveneinstellung miteinander übereinstimmen.

§ 47.   4. Anwendungsgebiet des Royschen Verfahrens.

Mit Hilfe des Royschen Verfahrens läßt sich entscheiden, ob ein Fahrzeug mit bestimmten, zunächst aus der Erfahrung und mit Rücksicht auf die angestrebte Lastverteilung (siehe hierüber § 56, S. 190) gewählten Achsständen durch eine Krümmung bei Vor- und Rückwärtsfahrt überhaupt hindurchfahren kann; es ergibt sich hiebei, ob es zur Vermeidung des Klemmens bei einzelnen Achsen genügt, die Spurkränze auf das kleinste zulässige Maß oder ganz abzudrehen, oder ob eine seitliche Verschiebbarkeit oder Verdrehbarkeit einzelner Achsen erforderlich ist, ob ein- oder zweiachsige Drehgestelle nur verdrehbar oder auch seitlich verschiebbar anzuordnen sind, weiter, wo ein Drehpunkt zu wählen und wie groß eine seitliche Verschiebbarkeit bzw. Verdrehbarkeit auszuführen ist. Auch kann, wenn dies erwünscht ist, der »Anschneidwinkel« bestimmt werden (vgl. hierzu § 51, S. 180).

Das Roysche Verfahren entscheidet also, ob ein Fahrzeug überhaupt durch eine Krümmung hindurchgeht, nicht aber kann genau ermittelt werden, welche Stellung das Fahrzeug in der Krümmung tatsächlich einnehmen wird. Um auch dies beurteilen zu können, muß die Wirkung sämtlicher auf das Fahrzeug ausgeübten Kräfte berücksichtigt und der »Reibungsmittelpunkt«, d. h. der für die gleitende Bewegung der Räder in Betracht kommende Drehpunkt des Fahrzeugs nach Überlacker ermittelt werden.

5. Beispiel.

Die statische Kurveneinstellung einer $^3/_4$ gek. Tenderlokomotive, deren Achsanordnung in Abb. 42 S. 174 gegeben ist, soll nach dem Roy-Verfahren aufgezeichnet werden.

Krümmungshalbmesser $R = 180$ m,

Achsstand $s = 2{,}300 + 1{,}300 + 1{,}500 = 5{,}100$ m,

Spurkranzspiel $= \sigma + \epsilon = 10 + 24 = 34$ mm,

Achse I: Bissel-Gestell (Deichsellänge 2000 mm, Verdrehbarkeit 2 $\times$ 60 mm),

  » II: fest,

  » III: seitlich verschiebbar (2 $\times$ 20 mm),

  » IV: fest,

Spurkränze durchweg normal.

a) Vorwärts (mit dem Bissel-Gestell voraus) Abb. 43,
S. 174: Achse II läuft außen an und führt die Lokomotive,
Achse I wird nach der inneren Seite der Krümmung hin verdreht
(und zwar um 50 mm, ist also noch um 60 — 50 = 10 mm
vom Anschlag entfernt), läuft außen an, drängt nach außen,
da die aus dem Krümmungsmittelpunkt auf den Bissel-Arm
gefällte Senkrechte h i n t e r ihr einschneidet.

Die Lokomotive ist demnach mit l a n g e m Bissel-Arm
versehen, um in Krümmungen ruhigen Lauf zu erzielen, wie
dies auf S. 178 auseinandergesetzt ist.

Achse III läuft infolge ihres nach außen gerichteten statischen
Seitenschubs nach außen, und zwar kann sie zum Anlaufen am
äußeren Strang kommen, da die hierzu erforderliche seitliche
Verschiebbarkeit nur 16 mm beträgt, während die m ö g l i c h e
Verschiebbarkeit mit 20 mm bemessen ist. Die Achse übt
somit auf den Rahmen k e i n e n seitlichen Druck aus und
belastet den führenden Spurkranz der Achse II n i c h t.

Achse IV findet ausreichenden Raum zwischen den beiden
Fahrkanten, um ihre Gleichgewichtslage, die radiale Stellung,
zu erreichen. Sie bestimmt mit Achse II die Stellung des
Fahrzeugs.

b) Rückwärts (mit der festen Achse IV voraus) Abb. 44:
Achse IV schneidet außen an, Achse II läuft radial und bestimmt mit Achse IV die Stellung der Fahrzeuglängsachse.
Achse III drängt infolge ihres nach außen gerichteten statischen
Seitenschubs nach außen (erforderliche Verschiebbarkeit 18 mm,
läuft also a n d e r S c h i e n e an). Die Achse I des Bissel-
Gestells findet eben noch ausreichenden Spielraum, um die
radiale Stellung zu erreichen, sie schneidet innen noch
nicht an, was wegen des erhöhten Kurvenwiderstands un-
günstig wäre.

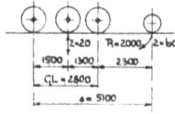

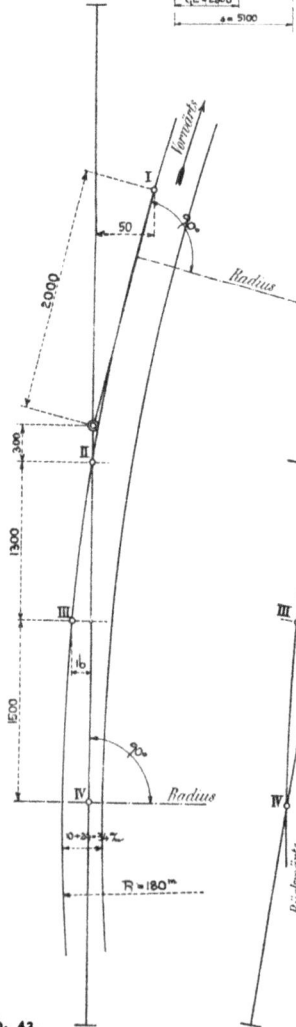

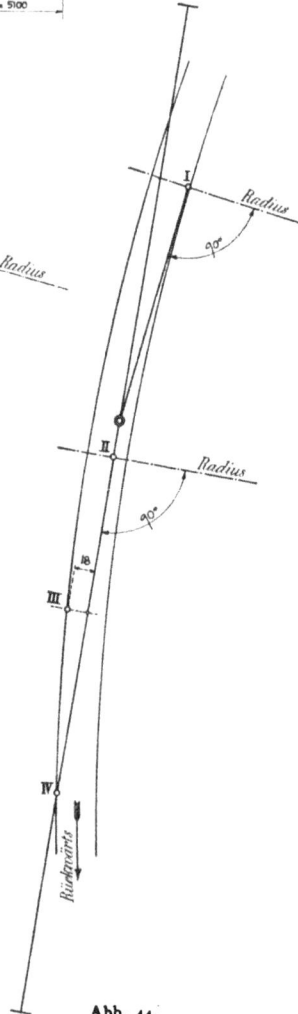

Abb. 43.   Abb. 44.

6. Zahlenangaben,

welche bei Auswahl der einzelnen Mittel zur Erzielung der
Kurvenbeweglichkeit wissenswert sind.

I. Empfehlenswerte Maßstabziffern zur Aufzeichnung von Kurven- § 48.
einstellungen.

			Maßstabziffer		
			$n = 8$	$n = 10$	$n = 12,5$
Pfeilhöhe f	d. s. in diesem Falle	die Abstände der Spurkränze von den Fahrkanten . . .	$\dfrac{1}{2}$	$\dfrac{1}{2}$	$\dfrac{1}{2}$
Sehnen s		die gegebenen bzw. angenommenen Achsstände . .	$\dfrac{1}{16}$	$\dfrac{1}{20}$	$\dfrac{1}{25}$
Radien R		die Krümmungshalbmesser der Fahrkanten	$\dfrac{1}{128}$	$\dfrac{1}{200}$	$\dfrac{1}{312,5}$

Für $R = 300$ m empfiehlt sich $n = 12,5$; demnach Halb-
messer des Stangenzirkels: $300 \text{ m} \cdot \dfrac{1}{2} \cdot \dfrac{1}{12,5^2} = \dfrac{300 \text{ m}}{312,5} = 0,96$ m.

Für $R = 250$ m empfiehlt sich $n = 12,5$; demnach Halb-
messer des Stangenzirkels: $250 \text{ m} \cdot \dfrac{1}{2} \cdot \dfrac{1}{12,5^2} = \dfrac{250 \text{ m}}{312,5} = 0,8$ m.

Für $R = 180$ m empfiehlt sich $n = 10$; demnach Halbmesser
des Stangenzirkels: $180 \text{ m} \cdot \dfrac{1}{2} \cdot \dfrac{1}{10^2} = \dfrac{180 \text{ m}}{200} = 0,9$ m.

Für Krümmungen unter 180 m Halbmesser wähle man
$n < 10$ derart, daß die erforderliche Stangenzirkellänge unter
1 m bleibt.

II. Zahlenangaben zu den einzelnen Kurvenbeweglichkeitskon- § 49.
struktionen.

1. **Größte zulässige Verschwächung des Spur-**
   kranzes in der Regel höchstens 2×15 mm. Der Gesamtspielraum der Spurkränze ist alsdann $2 \times 15 + 10 = 40$ mm.

2. **Stärkste Abweichung des Laufkreismittels**
   vom Schienenmittel bei Anwendung zylin-
   drischer Radreifen. Der beim Royschen Verfahren
   die Achsmitte darstellende Punkt soll auf der Zeichnung

nicht mehr als höchstens 50 bis 60 mm von der ä u ß e r e n Fahrkante entfernt sein. Die äußere Fahrkante ist deswegen für die genügende Auflagebreite des Radreifens auf dem Schienenkopf maßgebend, da das innere Rad wegen der nach i n n e n erweiterten Spur der Gefahr ungenügender Auflagebreite in geringerem Maße ausgesetzt ist als das äußere. Normale europäische Verhältnisse sind hierbei vorausgesetzt: Regelspur 1435, zwischen den Radreifen 1360, Radreifenbreite 140, Schienenkopfbreite ca. 60 mm. Sind die zylindrischen Radreifen nach außen verbreitert, wie dies auf amerikanischen Bahnen vielfach üblich ist, so kann der oben gegebene Grenzwert entsprechend vergrößert werden. Die T. V. § 69, 1 schreiben eine Auflagebreite des Radreifens auf dem Schienenkopf von 45 mm unter den ungünstigsten Umständen vor: bei $R = 180$ m, bei $1435 + 35 = 1470$ mm Spurweite, bei größter zulässiger Spurkranzabnutzung der das Fahrzeug führenden Räder, welche sich in ungünstigster Stellung befinden sollen.

3. S t ä r k s t e   z u l ä s s i g e   S e i t e n v e r s c h i e b l i c h k e i t e i n e r   p a r a l l e l   v e r s c h i e b b a r e n   A c h s e : mit Rücksicht auf die Durchbildung des Rahmens: 2×30, höchstens 2×35 mm, für Lokomotiven maßgebend (vgl. hierzu Punkt 5).

4. S t ä r k s t e r   z u l ä s s i g e r   V e r d r e h u n g s w i n k e l   e i n e r n u r   v e r d r e h b a r e n   L e n k a c h s e : $2 \times \frac{a}{2} = 2 \times 2^0 = 4^0$.

5. G r ö ß t e   z u l ä s s i g e   S e i t e n v e r s c h i e b u n g   e i n e r s e i t e n v e r s c h i e b l i c h e n (als Mittelachse ausgebildeten) L e n k a c h s e : bei Wagen 2×70 bis 2×80 mm.

6. L ä n g e   e i n e s B i s s e l - A r m e s , bzw. ideelle Deichsellänge einer Adams- usw. Achse[1]).

   a) Wenn die vorauslaufende Bissel-Achse radial stehen soll (vgl. Abb. 45), ist aus geometrischen Gründen

   $$l = \frac{s^2 - s_i^2}{2 s},$$ wobei l die Länge des Bissel-Armes;

   $s = s_i + a$; a der Abstand der Bisselachse von der

---

[1]) Vgl. hierzu Z. 1888, S. 353.

ersten im Hauptrahmen festgelagerten Achse; s_i die
»Anschneidelänge« der ersten im Hauptrahmen fest
gelagerten Achse, d. h. der Abstand dieser Achse von
einem ihr parallelen Radius. Wie die Formel zeigt,
ist die Deichsellänge von dem Halbmesser der zu
durchfahrenden Krümmung unabhängig.

b) Wenn die Bissel-Achse über die radiale Stellung hinaus
verdreht werden soll, so daß sie von dem äußeren
Strang a b zulaufen sucht:

$$l = \frac{s^2 - s_i^2}{2\,s} - \text{(ca. 250 bis 400 mm).}$$

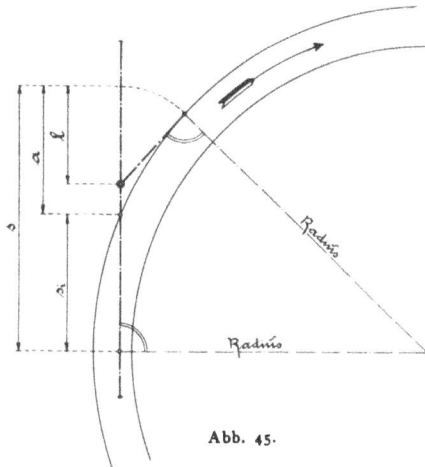

Abb. 45.

Diese letztere Bemessung des Bissel-Armes, d. h. die
Verkürzung desselben, bezweckt, bei regelmäßig voraus-
laufenden Bissel-Gestellen, die Fahrzeuglängsachse an
ihrem vorderen Ende nach i n n e n zu ziehen, und zwar
durch die statische Seitenkraft der nach innen drängenden
Bissel-Achse, welche unter Vermittelung einer anzu-
bringenden Rückstellvorrichtung die Einfahrt in die
Kurve »gewissermaßen vorbereitet« und die Durchfahrt
durch die Kurve dadurch erheblich erleichtert, daß
der Spurkranzdruck der ersten, im Hauptrahmen festgelagerten Achse, welche außen anläuft und das Fahrzeug führt, vermindert wird. Hierdurch kann der üble

Einfluß eines langen festen Achsstandes gemildert werden. Vorausgesetzt ist jedoch hierbei, daß der Achsdruck G der Bissel-Achse und damit ihr statischer Seitenschub $f \cdot G$ nicht ausreicht, um ein wirkliches, geometrisches Abziehen des führenden Spurkranzes der ersten festen Achse (von der äußeren Schiene) zustande zu bringen, da sonst erfahrungsgemäß ein sehr unruhiger Gang des Fahrzeugs in der Kurve eintreten würde. Die genannte Verkürzung des Bissel-Armes gegenüber seiner theoretischen Länge wird bei Lokomotiven mit geringerer Fahrgeschwindigkeit vielfach angewendet.

c) Wenn das Bissel-Gestell regelmäßig voraus mit größerer Fahrgeschwindigkeit, etwa über 45 km/Std., fahren soll, so empfiehlt es sich, den Bissel-Arm etwas länger zu machen, als die unter a) gegebene Gleichung ergibt. Alsdann steht die Bissel-Achse noch nicht radial und drängt mittels ihrer statischen Seitenkraft nach außen. Hierdurch wird die Neigung des Fahrzeugvorderteils, in der Kurve zu schlingern, eingeschränkt.

d) Eine Rückstellvorrichtung wirkt bei einem Bissel-Gestell, einer Adams- usw. Achse in der Geraden immer günstig, denn sie erschwert das Schlingern, zu welchem sämtliche hier in Frage kommende Radialachsen mehr oder minder Neigung haben. Für die Fahrt in der Kurve ist sie bei kurzem Arm wünschenswert, um ein Abziehen der Achse von der äußeren Schiene zu verhindern, bei langem Arm dagegen kann sie eher entbehrt werden, da alsdann die Achse an sich die Tendenz hat, nach außen zu laufen. Bei den neueren Ausführungen der österreichischen Staatsbahn hat das Weglassen der Rückstellvorrichtung zu keinen Anständen geführt.

Die Rückstellvorrichtung soll womöglich durch die Spannung einer Feder wirken, prinzipiell weniger geeignet, jedoch konstruktiv einfacher und weniger leicht veränderlich, sind Pendelwiegen und geneigte Gleitflächen.

7. Größte Verdrehung einer Bissel- bzw. Adamsachse. Maßgebend ist die kleinste zu durchfahrende

Krümmung (gewöhnlich $R = 180$ m). Die am Achsmittel gemessene größte Seitenverstellung überschreitet bei regelspurigen Lokomotiven kaum 2×8o mm.

8. Obere Grenze der Seitenverschieblichkeit amerikanischer Drehgestelle: 2×70 mm. Wenn irgend möglich, sollte dieses Maß jedoch nicht über 2×30 bis höchstens 2×40 mm getrieben werden.

c) Die beim Durchfahren von Krümmungen auftretenden Kräfte.

Grundlegend sind nachstehende Veröffentlichungen:

1. Organ 1880, S. 198, Hoffmann, Das Verhalten der Eisenbahnfahrzeuge beim Durchfahren von Kurven.
2. Z. d. V. d. I. 1888, S. 330, 353, v. Helmholtz, Die Ursachen der Abnutzung von Spurkränzen und Schienen in Bahnkrümmungen und die konstruktiven Mittel zu deren Verminderung.
3. Organ 1903, Beilage, Uberlacker, Untersuchung über die Bewegung von Lokomotiven mit Drehgestellen in Bahnkrümmungen.

Die wichtigsten Sätze, welche für die beim Durchfahren von Krümmungen auftretenden Kräfte in Betracht kommen. § 50.

1. Jeder nicht radial stehende Radsatz drängt mit einem gewissen Anteil seiner Reibung nach der Seite, nach welcher er — sich selbst überlassen — von der Bahnkrümmung abweichen würde. Dieser Anteil ist abhängig von der Entfernung der Auflagepunkte der beiden Räder, also von der Spurweite bzw. der Spurerweiterung, von dem augenblicklichen Zustand der Kegelform der Radreifen, von der Lage des Reibungsmittelpunktes, somit im allgemeinen schwer genau angebbar. Indes ist es für praktische Zwecke genügend genau, wenn man die volle Reibung $f \cdot G^t$ als »statische Seitenkraft« oder »statischen Seitenschub S« einsetzt. Seine Größe ist also angenähert gleich der Reibung des mit G^t die Schienen belastenden Radsatzes: $S^t = f \cdot G^t$. Seine Richtung ergibt sich bei Aufzeichnung der Kurveneinstellung nach dem Roy-Verfahren. Schneidet die vom

12 *

Krümmnungsmittelpunkt auf die Fahrzeuglängsachse gefällte Senkrechte die genannte Mittellinie $\left\{ \begin{smallmatrix} \text{hinter} \\ \text{vor} \end{smallmatrix} \right\}$ der in Frage kommenden Achse, so drängt diese nach $\left\{ \begin{smallmatrix} \text{außen} \\ \text{innen} \end{smallmatrix} \right\}$.

2. Sind in einem gemeinsamen Rahmen mehrere Achsen fest-gelagert, so überträgt jede nicht radial stehende Mittelachse ihren statischen Seitenschub nicht auf die Schiene (da sie infolge ihrer unverschieblichen Lagerung nicht zum Anlaufen kommen kann), sondern auf ihre Achskistenführungen, also auf den Rahmen und durch diesen auf die Spurkränze der zum Anlaufen kommenden (das Fahrzeug führenden) Räder.

Bei jedem mehr als zweiachsigen Fahrzeug wird somit bei fester Lagerung der Mittelachsen der Spurkranz der führenden Achse in wagrechtem Sinne zusätzlich belastet, also der Spurkranzdruck erhöht, die Gefahr des Auseinanderpressens der beiden Schienenstränge gesteigert.

Auf Grund der durch das Roy-Verfahren zeichnerisch dar-stellbaren geometrischen Beziehungen und der am besten rechnerisch zu verfolgenden Kräftewirkungen ergeben sich folgende

§ 51.   **d) Gesichtspunkte für den Entwurf.**

Alle Mittel sind aufzubieten

1. um den Anschneidewinkel möglichst klein zu machen,
2. um den Druck eines anlaufenden Spurkranzes auf den Schienenkopf möglichst zu verringern.

I. **Der Anschneidewinkel** ist derjenige Winkel, welchen eine Parallele zur Fahrzeugachse mit der im Anschneidepunkt ge-zogenen Tangente an die Bahnkrümmung bildet, oder kürzer derjenige Winkel, um welchen die geometrische Mittellinie der anschneidenden Achse von der radialen Richtung ab-weicht, vgl. Abb. 46, S. 181. Er ist bestimmt durch die aus Abb. 41, S. 168 ersichtliche Beziehung

$$\sin \alpha = \frac{s_i}{R}.$$

Bei einem bestimmten Krümmungshalbmesser wächst ge-mäß vorstehender Gleichung α direkt proportional mit der »Anschneidelänge s_i«, d. h. mit dem Abstand der anschnei-denden Achse von einem ihr parallelen Radius.

Die Anschneidelänge ist also zur Erzielung eines kleinen Anschneidewinkels m ö g l i c h s t k u r z zu machen. Dies kann geschehen:

1. durch möglichste Einschränkung des festen Achsstandes, am besten auf den Betrag o mm,

2. durch Anwendung von Konstruktionen, welche das hintere Fahrzeugende nach a u ß e n drängen.

Ein Eisenbahnfahrzeug wird beim Durchfahren einer Krümmung am vorderen Ende durch den äußeren Strang geführt und durch jede Art von Führung nach innen gelenkt, wie dies wünschenswert ist. Das hintere Fahrzeugende dagegen hat an sich die Tendenz, nach i n n e n zu laufen, und zwar so lange, bis die Endachse ihre Gleichgewichtslage, die radiale Stellung, erreicht hat. Bei langachsstandigen Fahrzeugen ist dies in engen Kurven nicht möglich, sie laufen vielmehr hinten innen an. Beide Vorgänge (Radiallaufen und Innenanschneiden) sind nicht geeignet, den Anschneidwinkel zu verkleinern. Die Fahrzeug-Mittellinie muß vielmehr möglichst als Sehne in den äußeren der beiden Roykreise eingestellt werden.

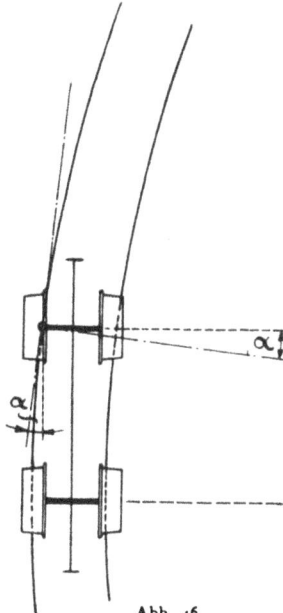

Folgende Konstruktionen bezwecken das erwünschte Hinausdrängen des hinteren Fahrzeugendes:

Abb. 46.

1. Das amerikanische Drehgestell am hinteren Ende. Dieses hat als selbständiges Fahrzeug das Bestreben nach außen zu laufen.

Geeignete Achsanordnungen mit hinterem amerikanischen Drehgestell sind die o B 2 und o C 2 - Anordnung, für Tenderlokomotiven in Frage kommend und in England und Frankreich verbreitet (vgl. Abb. 108, 112, 113). Dagegen

sehr vorsichtig zu untersuchen sind die für die Fahrt in
der Geraden zwar sehr gut geeigneten, in engen Krümmungen dagegen, also besonders in Weichen ($R = 180$ m;
$f = \sigma + e = 10 + 20 = 30$ mm) bei sehr langem Achsstand zuweilen bedenklichen Anordnungen 2 B 2 und 2 C 2.
Mißgriffe in dieser Beziehung können eine Lokomotive
u. U. geradezu unbrauchbar machen.

2. Der nach dem Engerth-Prinzipe angekuppelte Tender,
   dadurch gekennzeichnet, daß die Tendermittellinie sich
   um einen in der Längsachse der Lokomotive hinter deren
   Endachse gelegenen Punkt verdrehen kann. Der Tender
   ist bei Engerth in der ursprünglichen 1854 zuerst ausgeführten Bauform als Stütztender ausgebildet, welcher
   das sehr stark überhängende Hinterende der Lokomotive
   trägt. Die erste Tenderachse liegt hierbei vor der Feuerbüchse. Der weit vor dieser liegende Drehpunkt ist hierbei
   reell als Zapfen vorhanden, welcher die Zugkraft von der
   Maschine zum Tender zu übertragen hat[1]. Das hintere
   Ende der Lokomotive wird durch den Tender nach außen
   gedrängt, ihre Mittellinie also in die Sehne eingestellt, der
   Anschneidewinkel der führenden Achse verkleinert.

3. Die lenkbare Endkuppelachse, Bauart Klien-Lindner,
   welche durch eine an einem gewöhnlichen Schlepptender
   angebrachte Lenkvorrichtung überradial, nach außen laufend,
   eingestellt wird. Die Wirkungsweise dieser Anordnung
   ist prinzipiell wie beim Engerth-Tender.

**II. Der Druck eines anlaufenden Spurkranzes auf den
Schienenkopf** rührt her

1. von der anlaufenden Achse selbst,
2. von allenfalls vorhandenen, im nämlichen Fahrzeugrahmen
   festgelagerten Achsen, welche die radiale Stellung nicht
   erreichen können.

   Der letztgenannte zusätzliche Spurkranzdruck ist grundsätz-
   lich möglichst zu vermeiden. Es sind deshalb tunlichst alle
   Achsen derart seitlich verschiebbar zu machen, daß sie ihren
   Seitenschub unmittelbar auf die Schienen übertragen können.

---

[1] Vgl. Rühlmann, Allgemeine Maschinenlehre III, S. 309.

Bei der Triebachse muß dies allerdings aus baulichen Gründen (leider) regelmäßig unterbleiben.

Anmerkung. Es sei erwähnt, daß auch Lokomotiven mit seitlich verschiebbarer Triebachse mit gutem Erfolg in Betrieb stehen: Bosnisch-Herzegowinische Staatsbahn, 760 mm Spur, T $^4/_4$ mit Helmholtz-Triebwerk, Endkuppelachsen lenkbar, Mittelachsen beide seitlich verschiebbar (vgl. Z. 1906, S. 1180).

Zur Beseitigung des zusätzlichen Spurkranzdrucks empfiehlt sich die Anwendung folgender Konstruktionen:

1. die der führenden fest gelagerten Achse folgende seitlich frei verschiebbare Kuppelachse,

2. das Krauß-Helmholtz-Drehgestell mit zwischen Lauf- und Gestellkuppelachse liegender, im Hauptrahmen fest oder seitlich verschiebbar gelagerter Kuppelachse. Man kann alsdann die d r e i Vorderachsen in Krümmungen zum Außenanlaufen bringen, den Führungsdruck somit auf d r e i Spurkränze verteilen.

Wie aus vorstehender kurz gefaßter, nur die einfachsten Grundlagen erwähnenden Besprechung der Kurvenbeweglichkeit hervorgeht, erfordert der Entwurf einer Lokomotive hinsichtlich ihrer Achsanordnung, insbesondere hinsichtlich ihrer Kurvenbeweglichkeit die gleichzeitige Beachtung einer größeren Zahl von Gesichtspunkten. § 52.

Um keinen derselben außer acht zu lassen, lege man sich folgende F r a g e n vor:

1. Welche Achse bzw. welche Achsen laufen radial?

2. Welche Achsen laufen nicht radial? Nach welcher Seite drängen sie? Nach außen oder innen? Dies kann, wie auf S. 179/180 erwähnt, aus der nach dem Roy-Verfahren gezeichneten Figur leicht erkannt werden.

3. Wie laufen die Spurkränze der einzelnen Achsen? Schneiden sie (außen, innen) an? Unter welchem Winkel? oder laufen sie frei?

4. Welchen nach außen oder innen gerichteten Druck üben die Räder, d e r e n S p u r k r ä n z e a n l a u f e n, auf die Schienen aus? und zwar

a) von ihrer eigenen Achse aus?

b) von den sonstigen, im Hauptrahmen festgelagerten oder nicht genügend seitlich verschiebbar gelagerten Achsen aus?

c) Wird die unter a) genannte Kraft durch die unter b) genannte vermehrt oder vermindert?

5. Wie groß ist die »ideelle Achsbelastung« der anlaufenden Achse?

Hierbei ist unter »ideeller Achsbelastung «nach Z. 1888, S. 333 diejenige Belastung zu verstehen, »welche die Achse haben müßte, um den tatsächlich ausgeübten Spurkranzdruck a u s i h r e r e i g e n e n R e i b u n g zu erzeugen«.

6. Wie groß ist das Produkt: »Ideelle Achsbelastung (G_i in Tonnen) $\times$ tg des Anschneidewinkels (in $\%$).«

Die als zulässig erachtbare oberste Grenze dieses Produktes dürfte bei 16 t höchstem Achsdruck nach v. Helmholtz etwa bei 40 zu suchen sein.

Die Einführung der unter 5. und 6. genannten Größen bezweckt die Schaffung von Vergleichswerten, nach welchen die Sicherheit gegen Entgleisen, die Größe des Kurvenwiderstandes, der zu erwartende Grad der Abnutzung von Radreifen und Schienenköpfen, endlich die Gefahr des Auseinanderpressens der beiden Schienenstränge beurteilt werden kann.

§ 53. **4. Der feste Achsstand der Lokomotive.**

Die Größe des festen Achsstandes s_f einer Lokomotive findet ihre obere Begrenzung in der Forderung, daß die engste vorkommende Krümmung ohne »Klemmen« durchfahren werden kann. Unter Klemmen ist hierbei ein Überschneiden der inneren Fahrkante zu verstehen. Bei der Darstellung nach Roy liegt in diesem Falle der das Achsmittel verkörpernde Punkt i n n e r h a l b des i n n e r e n der beiden im Abstand $f = \sigma + e$ gezogenen Kreise.

In den T. V. § 87 sind für Lokomotiven bestimmte größte feste Achsstände »empfohlen« (nicht vorgeschrieben). Die hier gegebenen Werte sind noch kleiner als die, welche sich aus der Beziehung ergeben (vgl. hierzu Abb. 47):

$$s = s_f = \sqrt{f(2R - f)} = s_i.$$

Dies ist angenähert der Ausdruck der geometrischen Bedingung, daß die Hinterachse eines vierräderigen steifachsigen Fahrzeugs nach dem Krümmungsmittelpunkt gerichtet ist. Es bedeutet hierbei

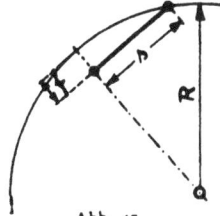

Abb. 47.

s_f^m den festen Achsstand des zweiachsigen Fahrzeugs (zusammenfallend mit seiner Anschneidelänge s_i),

R^m den Krümmungshalbmesser,

f^m den Gesamtspielraum zwischen Spurkranz und Schienenköpfen, sich zusammensetzend aus

1. dem auch in der Geraden vorhandenen regelmäßigen Spurkranzspiel σ ($>$ 10, aber $<$ 25 mm),

2. der gemäß T. V. § 2,2 in Krümmungen erforderlichen Spurerweiterung e,

so daß $f^m = \sigma^m + e^m =$ größte mögliche seitliche Verschiebbarkeit eines fest gelagerten, radial stehenden Radsatzes $=$ Abstand der beiden Fahrkanten in der Krümmung.

Beispiel. $R =$ 180 m, $\sigma =$ 10 mm, $e =$ 30 mm.

$$f = \sigma + e = 10 + 30 = 40 \text{ mm} = 0,04 \text{ m}.$$

$$s_f = \sqrt{f(2R - f)} = \sqrt{0,04(2 \cdot 180 - 0,04)} = 3,795 \text{ m}.$$

Im § 87 der T. V. wird jedoch für Lokomotiven bei $R =$ 180 m nur 3,2 m als größter zulässiger fester Achsstand empfohlen.

Anmerkung. Es sei erwähnt, daß vereinzelte Bahnverwaltungen auf die Spurerweiterung in Krümmungen verzichten, z. B. die Cie. de P. L. M., welche in der Geraden und in Krümmungen mit einem Spurkranzspiel von 25 mm rechnet.

Im Interesse der Sicherheit gegen das Aufsteigen der Räder auf die Schienen und zur Verminderung der Abnutzung der Radreifen und Schienen in Krümmungen sollten die in den T. V. § 87 empfohlenen Werte der festen Achsstände eingehalten werden.

Dies ist jedoch, wie aus den Zahlentafeln 5 und 7 ersichtlich (vgl. die Spalten s_f) bei den Ausführungen nicht immer der

Fall, insbesondere nicht bei manchen langachsstandigen Schnellzuglokomotiven mit führendem amerikanischen Drehgestell,
welche feste Achsstände von 4,5 m und darüber aufweisen,
trotzdem aber Weichenkrümmungen von 200 m Halbmesser
und darunter durchfahren müssen. Es würde sich vielmehr
empfehlen, derartige langachsstandige und schnellfahrende Lokomotiven ausschließlich durch Drehgestelle zu führen
und womöglich ganz ohne feste Mittelachsen, oder (der Not
gehorchend) doch nur mit einer solchen, nämlich der aus
Gründen der Einfachheit festzulagernden Triebachse (also ohne
jeden festen Achsstand der Achsen ihres Hauptrahmens), auszubilden.

Auch Lokomotiven mit führenden festen Achsen, das
sind hauptsächlich $^3/_3$- und $^4/_4$-Kuppler, weisen zuweilen unlieb
große feste Achsstände auf. Bei ihnen empfiehlt es sich, der
zweiten und nach .Bedarf auch der vierten Kuppelachse eine
derartige Seitenverschieblichkeit zu geben, daß sie in den
schärfsten vorkommenden Krümmungen »außen anlaufen«, also
sich durch den Spurkranz ihrer äußeren Räder selbst führen
und die in der Richtung ihrer geometrischen Längsachse wirkenden Kräfte direkt durch den Spurkranz ihrer äußeren
Räder an die Schiene abgeben, nicht aber sie indirekt (durch
die Achskistenführungen hindurch auf den Hauptrahmen und
durch diesen) auf die Spurkränze der die Lokomotive führenden
Räder übertragen. Bei den $^3/_3$-Kupplern ergibt sich dann überhaupt kein fester Achsstand, während er bei $^4/_4$-Kupplern nur
mehr von der ersten bis zur dritten Achse reicht, welche in
beiden Fällen Triebachse sein muß.

Lokomotiven mit seitenverschieblichen, im Hauptrahmen
festgelagerten Endachsen kommen für höhere Geschwindigkeiten kaum mehr zur Anwendung, wohl aber für geringere,
etwa bis zu 50 km/Std. Besonders bemerkenswert ist in dieser
Hinsicht der Gölsdorfsche $^5/_6$-Kuppler mit seitlich verschiebbarer
I., III. und V. Achse, vgl. Abb. 71, S. 203. Der feste Achsstand
reicht hier von der II. zur IV. Achse, er führt die Maschine in
der Geraden und beträgt bei den üblichen Abmessungen etwa
50 % des Gesamtachsstandes, ein bei der großen, mit einfachsten Mitteln erreichten Kurvenbeweglichkeit beträchtlicher Wert.

Bei Lokomotiven mit vorderen Adams-Achsen, Bissel-Gestellen und verwandten Konstruktionen kann der üble Einfluß
eines langen, festen Achsstandes durch geeignete Wahl der
Deichsellänge gemildert werden, vgl. hierzu § 49, 6b, S. 177.

5. Der Achsstand von Drehgestellen.   § 54.

Die Drehgestelle sind als Nebenfahrzeuge aufzufassen, welche
mit dem Hauptrahmen mittels eines in diesem gelagerten Zapfens
d r e h b a r oder d r e h b a r und s e i t l i c h v e r s c h i e b b a r
verbunden sind. Diese Nebenfahrzeuge — je nach Umständen
als Laufgestelle oder Dampfdrehgestelle ausgebildet — haben
alle Bedingungen zu erfüllen, welche an Eisenbahnfahrzeuge
überhaupt bezüglich ruhigen Laufs in der Geraden und bezüglich zwanglosen Durchfahrens von Kurven gestellt werden.

a) Z w e i a c h s i g e a m e r i k a n i s c h e D r e h g e s t e l l e.

Die Lage der Drehgestell-Endachse ist durch Feststellung
des Gesamtachsstandes *s* bereits bestimmt. Das Drehgestell-
mittel und damit der Drehgestell-Achsstand ergeben sich aus
der angestrebten Lastverteilung, d. h. aus dem Anteil des Lokomotivgewichtes, welchen das Drehgestell tragen soll. Der
Achsstand zweiachsiger amerikanischer Gestelle schwankt bei
neueren Ausführungen zwischen 1500 und 2700 mm. Über die
Art der Übertragung des Lokomotivgewichtes auf das Drehgestell siehe § 66, S. 228. Der Drehzapfen wird meist in der
Mitte des Drehgestells, also in seinem Achsstandmittel angeordnet; jedoch bringt eine Verschiebung des Zapfens gegen die
Fahrzeugmitte hin (üblich um etwa 100 mm) eine Verminderung
des Spurkranzdruckes der anlaufenden Drehgestellachse, somit
eine Schonung seiner in erster Linie dem Verschleiß ausgesetzten
Spurkränze mit sich.

Die Notwendigkeit einer seilichen Verschiebbarkeit des Drehzapfens und die Größe derselben ergibt sich mittels des Royschen Verfahrens unter Zugrundelegung des engsten vorkommenden Krümmungshalbmessers, der auf freier Bahn gewöhnlich
250 m, 300 m, in Weichen und engsten Kurven auf Schuppengleisen meist 180 m beträgt. Die Seitenverschieblichkeit des
Drehzapfens bringt gleichzeitig die Annehmlichkeit mit sich,

daß die Einfahrt in eine Krümmung durch den Übergangs-
bogen hindurch wegen der elastischen Lagerung des Gestelldrehpunktes mit geringerem Stoß erfolgt als bei fester Lagerung
desselben.

b) Dreiachsige amerikanische Drehgestelle.

Dreiachsige Drehgestelle werden bei großem Lokomotivgewicht und beschränktem höchsten zulässigen Achsdruck in
selteneren Fällen erforderlich, z. B. bei Tenderlokomotiven mit
außergewöhnlich großen Vorratsräumen. Die Mittelachse derartiger Drehgestelle wird zweckmäßig mit freier Seitenverschiebung angeordnet, um in Krümmungen eine Vermehrung des
Spurkranzdruckes der vorderen, außen anlaufenden Drehgestellachse zu vermeiden; vgl. hierzu Z. 1888, S. 332, Spalte I:
dreiachsiges Fahrzeug.

c) Krauß-Helmholtz-Gestelle Bauarten 1888 und 1908.

Diese Gestelle bestehen aus einer verdrehbaren Laufachse,
welche bei der Bauart 1888 in der Deichsel fest gelagert ist, bei
der Bauart 1908 dagegen eine geringe Verdrehbarkeit gegenüber
der Drehgestelldeichsel aufweist, und einer benachbarten oder auch
nicht benachbart liegenden im Hauptrahmen gelagerten, seitlich
verschiebbaren Kuppelachse. Das Gestell erhält einen möglichst
großen, aus den erwünschten Achsbelastungen zu bestimmenden
Achsstand. Die erforderliche Seitenverschieblichkeit der Kuppelachse, die Lage des Gestelldrehpunktes, seine eventuelle Seitenverschieblichkeit usw. ergeben sich mittels der Roy-Verfahrens
vgl. § 44, S. 168 u. f. Die Verschiebbarkeit der Kuppelachse betrage aus praktischen und konstruktiven Gründen höchstens
2×30, allenfalls noch 2×35 mm; der Gestelldrehpunkt liege
tunlichst gegen das Ende des Fahrzeugs hin, um eine große
geführte Länge zu erhalten. Es ist jedoch hierbei zu beachten,
daß der Seitendruck der führenden Laufachse um so größer
wird, je näher der Gestelldrehpunkt gegen diese hingerückt
wird. Am meisten empfiehlt es sich, den Drehpunkt in die
Mitte zwischen die Laufachse und den Anlenkungspunkt an der
Kuppelachse zu legen. Die Größe der Seitenverschieblichkeit
der Kuppelachse sei derart, daß die Lauf- und Kuppelachse in

der engsten, auf freier Bahn mit größerer Geschwindigkeit zu befahrenden Kurve außen anlaufen; jedoch sei bei der stärksten erforderlichen Seitenverschiebung der Kuppelachse zwischen den in Frage kommenden Anschlagflächen noch ein wenig Spiel, damit ihr statischer Seitenschub auf das Gleise, nicht auf den Rahmen übertragen wird.

d) Dampfdrehgestelle.

α) mit zwischen den Endachsen gelegenem Drehpunkt: Bauarten Fairlie, Meyer, du Bousquet u. a.,

β) mit außerhalb des Drehgestell-Achsstandes angeordnetem Zapfen, Bauart Mallet-Rimrott, prinzipiell ein zwei- oder mehrachsiges Bissel-Gestell mit Triebachsen.

Die Dampfdrehgestelle neigen wegen ihrer verhältnismäßig geringen Masse zum »Drehen« d. h. zum Schwingen in wagrechter Ebene um die senkrechte Schwerpunktsachse, herrührend von den nicht ausgeglichenen Massendrücken der hin und her gehenden Triebwerksteile. Dem kann (bei der Zweizylinderanordnung) nur durch Vergrößerung der Masse des Drehgestells (z. B. durch aufgesetzte Wasserkasten und andere Mittel) und durch möglichst große Bemessung des Achsstandes vorgebeugt werden. Alsdann wird den von den Massendrücken erzeugten Drehmomenten durch die an einem großen Hebelarm wirkende Reibung der Räder auf den Schienen das Übergewicht gehalten.

6. Sonstige konstruktive Gesichtspunkte bei Gruppierung der Achsen innerhalb des Gesamtachsstandes. §55.

1. Die Ausbildung des Rostes, ob er vorzugsweise in die Länge oder in die Breite entwickelt ist, die Anbringung eines genügend geräumigen Aschenkastens mit ausreichenden Luftklappen beeinflussen die Achsanordnung in hohem Grade, wohl fast in erster Linie. Für die Lage der dem Feuerkasten benachbarten Achsen ist die Rostform maßgebend (vgl. Abb. 1 bis 7, S. 125/126).

2. Bei Bestimmung der Lage der als Triebachse wirkenden Achse achte man auf genügende Triebstangenlänge, auf eine günstige Lage der Zylinder (möglichst in der Nähe des Schwerpunktes der Lokomotive), auf die Möglichkeit einer soliden Befestigung des Gleitbahnträgers.

3. Die Möglichkeit der Anbringung von Bremsklötzen und Bremsgestängen bestimmt in vielen Fällen die geringste Entfernung zweier benachbarter Achsen.

4. Die Naben und Radreifen der Räder unter oder nächst dem Feuerkasten sollen die in den Feuerbüchsecken über dem Bodenring befindlichen Auswaschlöcher des Kessels nicht verdecken.

5. Die Anbringung einer der Betriebsart der Lokomotive angepaßten Federanordnung beeinflußt gleichfalls die Gruppierung der Achsen innerhalb des durch die Baulänge des Rahmens bestimmten Gesamtachsstandes. (Vgl. hierzu § 70, S. 237.)

Damit sind die wesentlichsten, bei Wahl der Achsanordnung in Frage kommenden Gesichtspunkte besprochen. Bei ihrer endgültigen Festlegung in einem bestimmten Falle prüfe man die zu wählende Achsanordnung an Hand der im 5. Abschnitt, S. 193 u. f. gegebenen Zusammenstellung, welche eine Übersicht über die am meisten gebrauchten Achsanordnungen gibt.

III. Die Wahl der Achsdrücke.

Das Kupplungsverhältnis der Lokomotive ist nach § 9, S. 20 bereits bestimmt, die gekuppelten und die Laufachsen sind innerhalb des erforderlichen Gesamtachsstandes s gruppiert; es erübrigt noch, die einzelnen Achsdrücke, welche für die gewählte Achsanordnung geeignet erscheinen, anzunehmen.

Nach Fertigstellung des Gesamtentwurfs der Lokomotive ist nach den im 8. Abschnitt S. 249 u. f. gegebenen Anhaltspunkten das Leer- und Dienstgewicht zu berechnen und zu prüfen, ob die angestrebten Achsdrücke in der Tat verwirklicht werden. Erforderlichenfalls sind bestimmte, in § 85, S. 258 näher bezeichnete konstruktive Änderungen vorzunehmen, um die angestrebten Achsdrücke zu erzielen.

§ 56. Maßgebende Gesichtspunkte bei Wahl der Achsdrücke.

1. Die Achsdrücke sind, wie auf S. 5 bemerkt, bei stillstehendem Fahrzeug gemessen (T. V. § 6).

2. Der höchste zulässige Achsdruck ist in den Angaben zum Entwerfen einer Lokomotive stets vorgeschrieben (vgl. S. 5).

Derselbe beträgt auf den Hauptbahnen des V. D. E. V. gemäß T. V. § 6, 2 zurzeit höchstenfalls 16 t = 2 $\times$ 8 t.

3. Vorausfahrende Achsen sind geringer zu belasten als die
folgenden [T. V. § 90, 2].

> **Anmerkung 1.** Personenzug-Tenderlokomotiven, welche mit größerer
> Geschwindigkeit v o r - u n d r ü c k w ä r t s verkehren sollen, erhalten zweck-
> mäßig an b e i d e n Enden geringer belastete Laufachsen. Anordnungen,
> wie $^2/_3$ 1 B o, $^1/_4$ 2 B o, $^3/_4$ 1 C o oder $^3/_5$ 2 C o sind deshalb in diesem
> besonderen Fall weniger zu empfehlen.
>
> **Anmerkung 2.** Die Vorschrift, daß die Vorderachse einen be-
> stimmten Teil des Lokomotivgewichts trage, ist — wie auf S. 21 bereits
> bemerkt — seit Ende 1900 nicht mehr bindend.

4. Gekuppelte Achsen sind möglichst gleichmäßig zu belasten
[T. V. § 90, 1]. Es empfiehlt sich also die Einschaltung von
Ausgleichhebeln zwischen die Federn der Kuppelachsen.
Dann ist eine gleichmäßige Zugkraftübertragung, gleichmäßige
Abnutzung der Radreifen und Erhaltung gleicher Durch-
messer der Laufkreise zu erwarten, allerdings unter der
Voraussetzung, daß das Material sämtlicher Radreifen von
der gleichen Beschaffenheit ist.

Bei Lokomotiven »mit voller Adhäsion«, d. h. bei Lokomotiven ohne Laufachsen, widersprechen sich die Punkte 3
und 4. Man k a n n in diesem Falle der führenden Kuppelachse $1/_2$ bis 1 t weniger Achsdruck geben als der folgenden; vielfach ist dies wegen der starken Belastung der
ersten Achse durch die (überhängenden) Zylinder nicht
möglich.

5. Adams-Achsen sollen, wie auf S. 21 bemerkt, nur mäßig belastet werden, gleichviel ob sie sich am vorderen oder hinteren Ende der Lokomotive befinden.

Als Hinterachse der 2 B 1 (Atlantik-), 1 C 1 (Prärie-) oder
1 C 2 (Pazifik-Anordnung) empfiehlt sich an Stelle der vielfach ausgeführten Adams- usw. Achse die Anwendung einer
freien Lenkachse (welche sich als Endachse sehr ruhig ein-
stellt), sofern die geforderte Kurvenbeweglichkeit dies zu-
läßt. Der Lenkachse ist aus dem weiteren Grunde der Vorzug zu geben, da sie gegenüber der Adams- usw. Achse die

Führungslänge vergrößert, den wagerechten Überhang verkleinert.

Damit sind die Gesichtspunkte für die Festlegung der Achsanordnung und der Achsdrücke gegeben.

Der weitere Entwurf der Lokomotive befaßt sich zweckmäßig mit der Durchbildung des Hauptrahmens und allenfallsiger Drehgestelle, vgl. den 6. Abschnitt, S. 227 u. f.

Der nächste (fünfte) Abschnitt gibt die zu Vergleichszwecken wichtige Zusammenstellung der bei regelspurigen Lokomotiven am meisten gebrauchten Achsanordnungen.

Fünfter Abschnitt.

Übersicht über die vorwiegend gebrauchten Achsanordnungen von Lokomotiven mit Schlepptender und von Tenderlokomotiven.

1. Die nachstehend gegebenen Typenskizzen sollen erkennen lassen:

§ 57.

1. Die Art der Verteilung der schwersten gefederten Lokomotivteile (Kessel mit Rauchkammer, Feuerbüchse, Zylinder, ev. auch von Wasser-, Kohlenkasten usw.) auf der Radbasis.

2. Die Durchbildung der einzelnen Lokomotivbauarten hinsichtlich ihres Fahrzeugs:

ihre Führung in der Geraden, gekennzeichnet durch die geführte Länge GL,

ihre Kurvenbeweglichkeit, welche durch die im § 42 S. 164 zusammengestellten, sehr mannigfachen Mittel erreicht werden kann.

Die hierauf bezüglichen Zeichen sind:

schwächer gedrehter Spurkranz

spurkranzloser Radreifen

parallel verschiebbare Achse

Lenkachse, nur verdrehbar

»   verdrehbar und seitlich verschiebbar

um einen außerhalb ihres geometrischen Mittelpunktes gelegenen Punkt verdrehbare Achse.

Die Verschiebbarkeit, bzw. Verdrehbarkeit von Achsgruppen (Drehgestellen) ist ebenso gekennzeichnet.

Die beigesetzten Zahlen lassen die Größe der seitlichen Verschiebbarkeit bzw. Verdrehbarkeit erkennen.

3. Die Anordnung des Triebwerkes.

2. Die gegebene Zusammenstellung macht durchaus keinen
Anspruch auf Vollständigkeit, sie gibt nur die heute am
meisten gebrauchten Achsanordnungen, und zwar nicht nur
die heute noch gebauten, sondern auch solche, die im Laufe
der Zeit als weniger zweckmäßig erkannt wurden. Viele
der letztgenannten Bauarten sind allerdings umgebaut worden.

3. Die Zusammenstellung der Typenskizzen umfaßt:

     I. Lokomotiven mit Schlepptender.

     II. Tenderlokomotiven.

Beide sind zwecks besserer Übersicht gegliedert in Lokomotiven mit 1. direkter, 2. teilweise indirekter, 3. vollkommen in direkter Führung, wie dies im § 37 S. 157/158 besprochen ist. Innerhalb dieser Unterabteilungen sind die
einzelnen Bauarten nach der Zahl der gekuppelten Achsen
geordnet.

I. Lokomotiven mit Schlepptender.

           ### 1. Mit direkter Führung.

A. Einkuppler.

Steifachsige Einkuppler ($^1/_3$ 1 A 1) mit unterstützter Büchse,
von Stephenson herrührend, oder mit überhängendem »long
boiler«, im Jahre 1841 gleichfalls von Stephenson geschaffen,
ebenso Crampton-Maschinen ($^1/_8$ 2 A 0), erstmals erbaut im
Jahre 1846, seit 1850 mit Blindwelle und Innenzylindern,
kommen als Schlepptenderlokomotiven heute kaum mehr
in Betracht.

B. Zweikuppler.

1. Ohne Laufachsen.

$^2/_2$ 0 B 0 (vgl. Abb. 48), zuerst von Bury vertreten (seit
1830), später von Krauß (seit 1866), eine für weniger
dichten Personenverkehr und leichteren Güterzugdienst
unter besonderen Umständen immer noch vorteilhafte
Bauart.

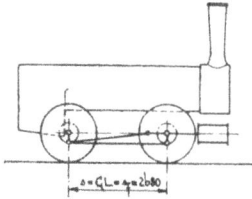

Abb. 48.

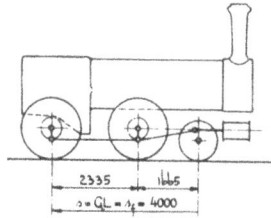

Abb. 49.

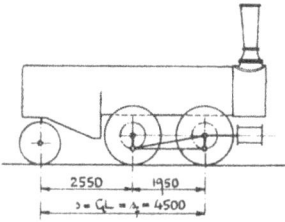

Abb. 50.

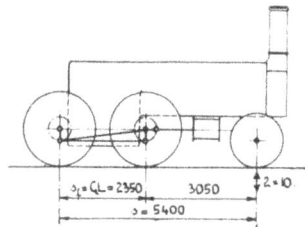

Abb. 51.

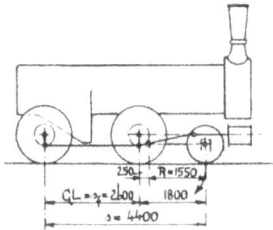

Abb. 52.

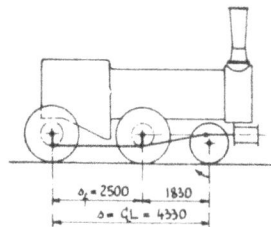

Abb. 53.

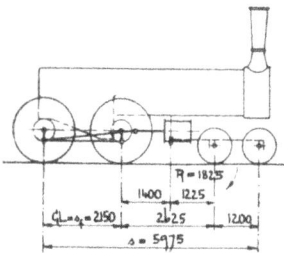

Abb. 54.

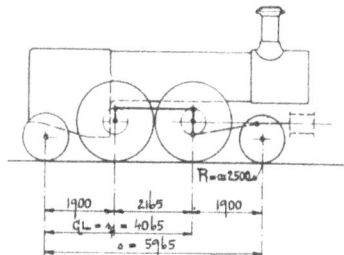

Abb. 55

13 *

2. Mit einer vorderen oder hinteren Laufachse.

   α) $^2/_3$ 1 B o, Abb. 49 (S. 195), normaler $^2/_3$ Kuppler mit vorderer fester Laufachse

   β) $^2/_3$ o B 1, Abb. 50, mit hinterer fester Laufachse, sog. »Mixt-Anordnung«, »Scherenmaschine«, da sich die Trieb- und Kuppelstange wie die Klingen einer Schere überkreuzen.

   γ) $^2/_3$ 1 B o mit gegen die Maschinenmitte hin gelegten Zylindern und hinterer Triebachse, ohne jeden Überhang:

      1. mit festgelagerten Achsen, Haswell-Type aus dem Jahre 1857, in Österreich, Belgien, Deutschland verbreitet,

      2. mit vorderer seitlich verschiebbarer Laufachse (Keilrückstellung), Abb. 51, Anordnung der Cie du Midi und der Cie de l'Est vom Jahre 1878.

   δ) $^2/_3$ 1 B o, Abb. 52, mit vorderem Bissel-Gestell, wegen des großen wagerechten Überhangs, der noch dazu die überhängenden Zylinder enthält, wenig vorteilhaft.

   ε) $^2/_3$ 1 B o, Abb. 53, mit vorderer Lenkachse, Bauart Novotny, im Jahre 1870 geschaffene, in Sachsen bewährte Anordnung, die bis zu 80 km/Std. gut brauchbar ist.

3. Mit zwei Laufachsen.

   α) $^2/_4$ 2 B o, Abb. 54, mit vorderem zweiachsigen Bissel-Gestell und gegen die Maschinenmitte hin gelegenen Zylindern. Diese wenig empfehlenswerte Anordnung ist um geringes besser als die mit vorne liegenden Zylindern (Preuß. Staatsbahn Köln, linksrh.), welche wohl zu den ungünstigsten Achsanordnungen gehört.

   β) $^2/_4$ 1 B 1 mit festen Achsen, im Jahre 1860 gleichzeitig von Stephenson und von Creusot geschaffene Anordnung.

   γ) $^2/_4$ 1 B 1, Abb. 55, mit vorderer Adams-Achse und hinterer fester Laufachse, von Belpaire im Jahre 1888 geschaffene Anordnung, welche in Belgien, Deutsch-

land, England u. a. O. zu finden ist. In Amerika
ist sie unter dem Namen Columbia-Type bekannt.

ð) $^2/_4$ 1 B 1, Abb. 56, mit seitlich verschiebbaren Endachsen (Keilrückstellung), »Orléans-Type«, seit 1873
in Frankreich vielfach in Anwendung, heute allerdings teilweise in 2 B o und 2 B 1 umgebaut. Ihr
Gang bei höheren Geschwindigkeiten war unruhig,
was bei der geringen geführten Länge $GL:s = 0{,}37$,
selbst 0,34 erklärlich ist.

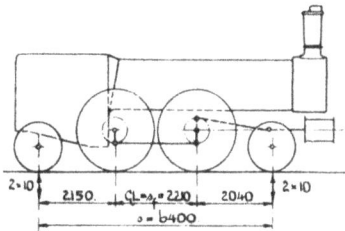 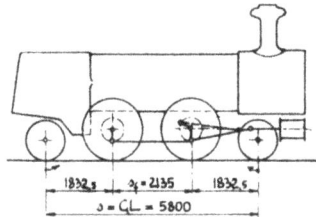

Abb. 56.　　　　　Abb. 57.

ε) $^2/_4$ 1 B 1, Abb. 57, mit lenkbaren, zwangläufig gekuppelten Laufachsen, welche vom Tender eingestellt
werden, „Klose-Anordnung", auf der Württ. Staatsbahn u. a. O. wohlbewährt.

C. Dreikuppler.

1. Ohne Laufachsen.

α) $^3/_3$ o C o, Abb. 58 (S. 198), steifachsig, mit kurzem
Achsstand, im Gegensatz zu den in England üblichen langachsstandigen $^3/_3$ Kupplern. Die Feuerbüchse ist unterstützt, während sie bei der älteren,
1846 geschaffenen Bauform überhängt (vgl. Abb. 26
S. 146).

β) $^3/_3$ o C o mit fest gelagerter Mittelachse und lenkbaren Endkuppelachsen, welche vom Tender eingestellt werden, »Klose-Anordnung« der Württ.
Staatsbahn (vgl. Org. 1896, S. 112, Taf. XVII).

2. Mit einer vorderen oder hinteren Laufachse.

α) $^3/_4$ 1 C o, Abb. 59, mit drei festgelagerten Kuppelachsen und vorderer Adams-Achse, mit leistungs-
fähigem Kessel, dabei relativ leicht, in Österreich
auch für höhere Geschwindigkeiten angewendet.

Steigen die Anforderungen an Kurvenbeweglichkeit, so wird zweckmäßig der Gesamtachsstand erheblich vermindert, etwa auf 5,5 m, als Triebachse
die Endkuppelachse ausgebildet und zur Verminderung des Spurkranzdruckes der führenden Achse II
die mittlere Kuppelachse III seitlich verschiebbar
angeordnet (vgl. Abb. 98 S. 213).

β) $^3/_4$ o C 1, Abb. 60, mit drei festgelagerten Kuppelachsen und hinterer seitlich verschiebbarer Laufachse
(Keilrückstellung); von der Cie de P. L. M. im
Jahre 1881 geschaffene Bauform. Die Anordnung
nach Abb. 59 dürfte ihr wohl vorzuziehen sein.

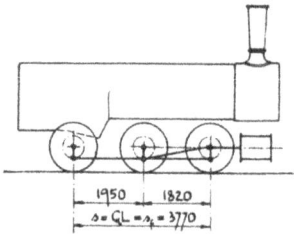

Abb. 58.

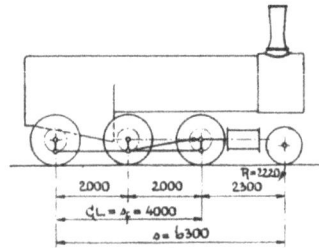

Abb. 59.

3. Mit vorderer und hinterer Laufachse.

$^3/_5$ 1 C 1, Abb. 61, mit drei fest gelagerten Kuppelachsen und verdrehbaren Endachsen, »Prairie-Type«;
ursprünglich nur bei Tenderlokomotiven angewendet·
in Europa seit 1905 auch auf die Schlepptender-
maschine übertragen; ermöglicht die bequeme
Verwirklichung großer Heiz- und sehr großer Rost-
flächen, ist relativ leichter als die 2 C o-Type und bis
zu 80 km/Std. gut brauchbar. Für höhere Geschwindigkeitsanforderungen dürfte sich die Vereinigung der beiden ersten Achsen in einem Krauß-
Helmholtz-Drehgestell empfehlen.

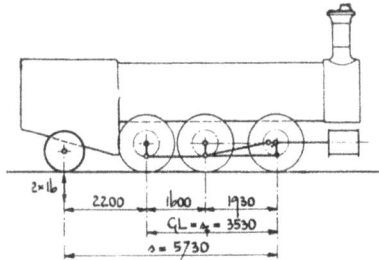

Abb. 60.

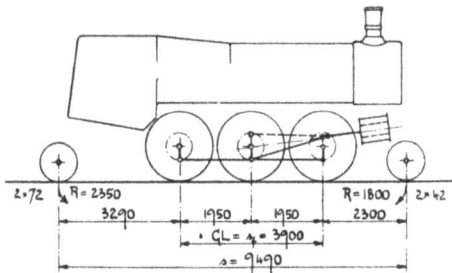

Abb. 61.

D. Vierkuppler.

1. $^4/_4$ o D o, Abb. 62 (S. 200), mit festgelagerten Achsen, allenfalls mit Verschwächung oder Weglassung mittlerer Spurkränze, ergibt sehr großen Spurkranzdruck, ist deshalb zu verwerfen.   An Stelle dieser Anordnung empfiehlt sich die nach Abb. 64, jedoch mit ausreichender seitlicher Verschiebbarkeit der Achse II.

Abb. 63 mit seitlich verschiebbarer Endkuppelachse, alte von Haswell im Jahre 1855 in der Absicht geschaffene Anordnung, den festen Achsstand, welcher früher für die Kurvenbeweglichkeit eines Fahrzeuges als allein maßgebend betrachtet wurde, zu verkleinern. Nachteilig ist der große wagerechte Überhang am hinteren Ende der Lokomotive. Die Stellung der Maschine in der Kurve wird durch die seitliche Verschiebbarkeit der Endachse nicht beeinflußt; die Endachse steht ungefähr radial (bei stärkerer Belastung der Vorderachsen ist dies bei der Achse III der Fall), der Spurkranzdruck der Achse I ist ebenso groß wie bei fester Lagerung der Endachse.   Um ihn zu

mindern, ist in erster Linie die zweite Achse ausreichend
seitlich verschiebbar anzuordnen, die Verschiebbarkeit der
Achse IV kann nach Bedarf beibehalten werden; es entsteht aldann die Achsanordnung nach Abb. 103, S. 215.

Abb. 64 mit seitlicher Verschiebbarkeit der zweiten
Kuppelachse. Diese muß — wie in § 43 S. 165 bemerkt —
grundsätzlich so groß sein, daß die Achse auch in engster
Krümmung am äußern Strang anläuft und ihren Seitenschub auf das Geleise übertragen kann.   Hierzu ist in der
Regel eine seitliche Verschiebbarkeit von 2 $\times$ 20 ÷ 25 mm
erforderlich.   Alsdann wird der Zweck der frei verschiebbaren Achse (Vermeidung eines zusätzlichen Spurkranzdruckes der führenden Achse) erreicht.

Abb. 65 mit seitlich verschiebbaren Endkuppelachsen
(Keilrückstellung, Anordnung der Cie du Midi[1]) wegen
der großen wagerechten Überhänge an beiden Fahrzeugenden
$$GL : s = 1300 : 3900 = 0{,}33$$ nur für sehr geringe Geschwindigkeiten geeignet und kaum zu empfehlen.

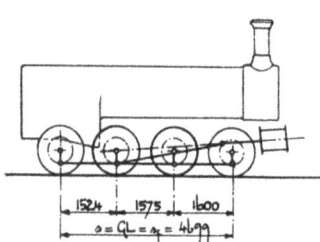

Abb. 62.

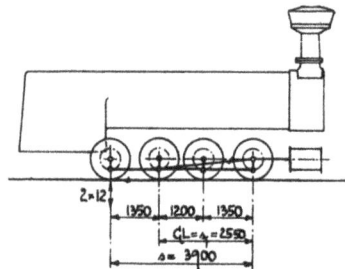

Abb. 63.

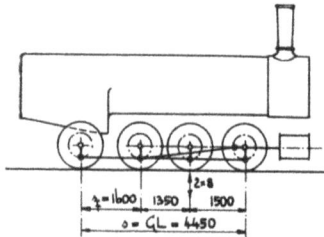

Abb. 64.

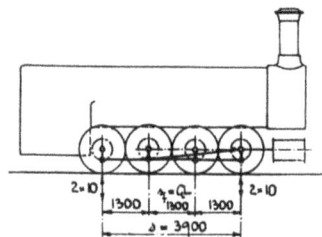

Abb. 65.

[1] Schaltenbrand, S. 26, Taf. VI.

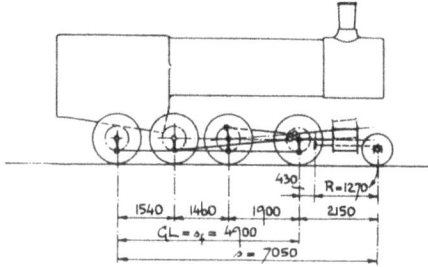

Abb. 66.

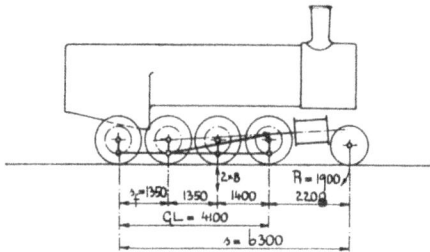

Abb. 67.

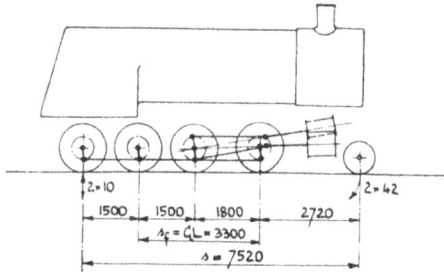

Abb. 68.

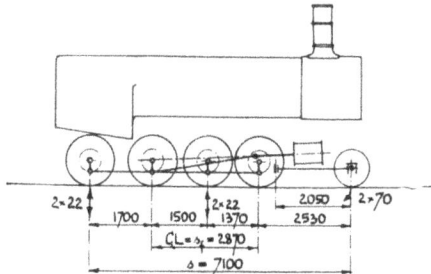

Abb. 69.

2. $^4/_5$ 1 D o Consolidation-Type.

Abb. 66 (S. 201) mit vorderer Radialachse und festgelagerten Kuppelachsen, Achse III, IV vielfach mit Spurkranzverschwächung. Das de Glehn-Triebwerk verbietet
im Falle der Abb. 66 die wünschenswerte seitliche Verschiebbarkeit der zweiten Kuppelachse (Achse III.)

Abb. 67 mit vorderer Radialachse und seitlich verschiebbarer zweiter Kuppelachse (Achse III). Die seitliche Verschiebbarkeit muß — wie oben bemerkt — größer
bemessen werden.

Abb. 68 mit vorderer Radialachse und seitlich verschiebbarer Endkuppelachse. Der Antrieb der Achse III
verbietet im Falle der Abb. 68 ihre wünschenswerte seitliche Verschiebbarkeit.

Abb. 69 mit vorderem Bissel-Gestell, seitlich verschiebbarer zweiter und vierter Kuppelachse. Günstigste Anordnung eines $^{•4}/_5$ Kupplers für Geschwindigkeiten bis
etwa 50 km/Std.

E. Fünfkuppler.

1. $^5/_5$ o E o.

Abb. 70 (S. 203) mit lenkbaren Endkuppelachsen, Bauart Klose, welche vom Tender zwangläufig eingestellt
werden. Ihre radiale Stellung muß durch einen Klose-
Mechanismus zur Verlängerung, bzw. Verkürzung der
Kuppelstangenlänge erkauft werden.

Abb. 71 Gölsdorf-Anordnung: I. III. V. Achse mit
freier seitlicher Verschiebbarkeit, II. und IV. Achse fest.
Einfachste, wohl bewährte Anordnung einer $^5/_5$ gekuppelten
Gütermaschine.

2. $^5/_6$ 1 E o.

Abb. 72 Gölsdorf-Anordnung mit vorderer Radialachse,
festgelagerten Achsen II, IV und V (Triebachse IV mit
zylindrischen Radreifen), Achsen III und VI seitlich verschiebbar. Bei großer, mit einfachsten Mitteln erreichter
Kurvenbeweglichkeit weist sie eine ausreichende geführte
Länge auf: $GL : s = 5010 : 8670 = 0{,}58$. Die Höchstgeschwindigkeit dieser Bauart ist auf 70 km/Std. festgesetzt.

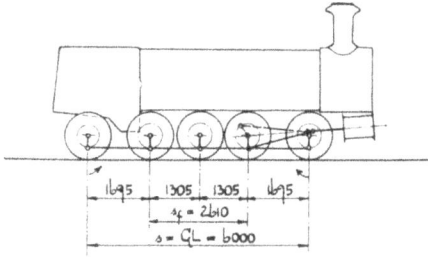

Abb. 70.

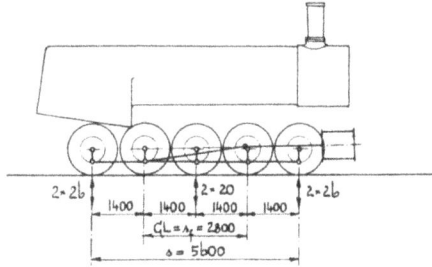

Abb. 71.

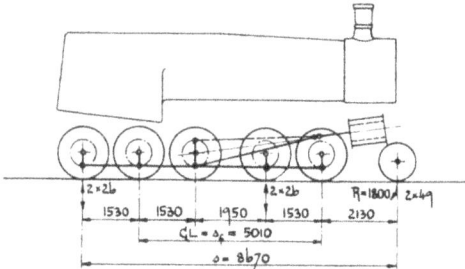

Abb. 72.

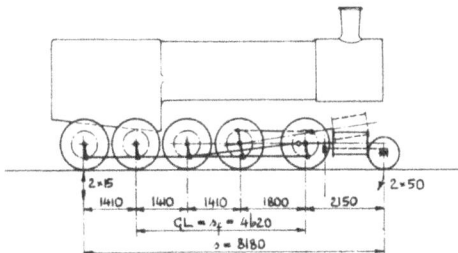

Abb. 73.

Abb. 73 (S. 203) de Glehn-Anordnung: mit vorderem Bissel-Gestell, 4 festgelagerten Kuppelachsen (Achsen III und IV mit Spurkranzverschwächung) und seitlich verschiebbarer Endkuppelachse. Das de Glehn-Triebwerk gestattet die an sich wünschenswerte seitliche Verschiebbarkeit der Achse III nicht.

In diese Gruppe gehören auch die Anordnungen nach Bauart Mallet-Rimrott, welche 2 + 2 fach gekuppelt (o B o + o B o oder 1 B o + o B o) oder 3 + 3 fach gekuppelt (o C o + o C o), in Amerika selbst 4 + 4 fach gekuppelt, auf Schmalspurbahnen auch in anderen Gruppierungen vorkommen. Das Niederdruckgestell ist nach Art eines Bissel-Gestells an den Hauptrahmen angegliedert, die geführte Länge der Lokomotive ist schwer angebbar.

§ 59. 2. Lokomotiven mit Schlepptender mit teilweise indirekter Führung.

A. Einkuppler.

    1. $1/_3$ 2 A o mit vorderem (meist kurzachsstandigem) amerikanischem Drehgestell:

        α) mit überhängender Büchse, amerikanische Type, schon vor 1840 entstanden, früher besonders in Österreich verbreitet

        β) mit unterstützter Büchse in Crampton-Anordnung haben nur mehr geschichtliches Interesse.

    2. $1/_4$ 2 A 1 mit vorderem (langachsstandigem) Drehgestell, Abb. 74 (S. 205), in England zur Beförderung leichterer Schnellzüge sehr beliebt und bis Anfang dieses Jahrhunderts immer wieder erbaut.

B. Zweikuppler.

    1. $2/_3$ 1 B o (vgl. Abb. 107, S. 217) mit Helmholtz-Drehgestell, Klasse B X der Bayer. Staatsbahn erbaut im Jahre 1889 als eine der ersten Ausführungen von Schnellzuglokomotiven, welche ein Drehgestell und Verbundanordnung aufweisen.

    2. $2/_4$ 2 B o mit vorderem amerikanischem Drehgestell, »American-Type«, schon 1837 geschaffen:

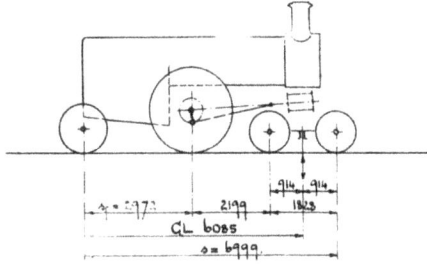

Abb. 74.

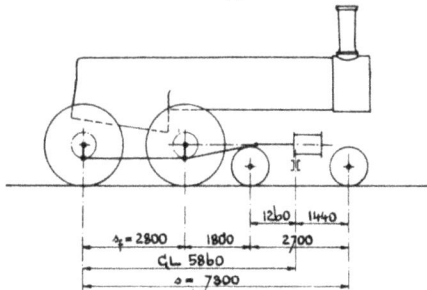

Abb. 75.

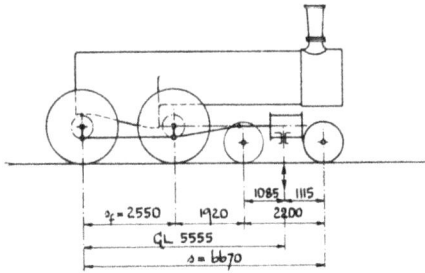

Abb. 76.

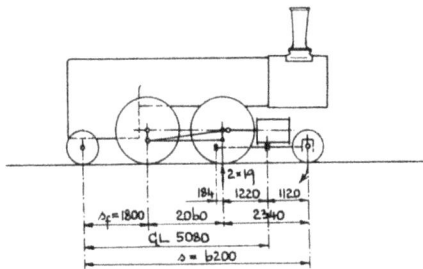

Abb. 77.

α) mit festgelagerten Drehzapfen, Abb. 75 (S. 205),

β) mit seitlich verschiebbarem Drehzapfen, Abb. 76.

3. $^2/_4$ 1 B 1 Abb. 77, Krauß-Bauform mit führendem Helmholtz-Drehgestell, festgelagerter Trieb- und Endlaufachse
vom Jahre 1891. Günstige Lage der Zylinder, große Triebstangenlänge, kurze Kuppelstange, freie Entwickelung der
Feuerbüchse in die Tiefe (nach Bedarf auch in die Breite),
Führerstand über einer Laufachse, somit frei von der
Belästigung, hervorgerufen durch das Klopfen der Achslager des Triebwerks.

4. $^2/_5$ 2 B 1 Atlantic-Type.

α) Mit fest gelagertem Drehgestellzapfen und seitlich
verschiebbarer Endachse, Abb. 78 (S. 207).

β) Mit seitlich verschiebbarem Drehgestell und festgelagerten Achsen III, IV, V, Abb. 79.

γ) Desgl., mit hinterer freier Lenkachse (mit geringer
Seitenverschiebung), Abb. 80.

δ) Desgl., mit hinterer Radialachse, Abb. 81.

Die vorteilhafteste dieser vier Anordnungen dürfte die
unter γ) genannte sein (erstmals erbaut in Wiener Neustadt
i. J. 1894 für die Kais. Ferd. N.-B.), dann folgt die mit
fester Laufachse (allgemein verbreitete Type der französischen N.-B.), an letzter Stelle stehen die Bauarten mit
nicht führender Endachse, bei welchen wegen des großen
Überhangs in wagrechtem Sinn das Verhältnis $G L : s$ bis
auf 0,52 herabsinkt, gegenüber 0,87 selbst 0,90 der unter
β) und γ) genannten Anordnungen.

C. Dreikuppler.

1. $^3/_4$ 1 C o mit führendem Krauß-Helmholtz-Drehgestell
bzw. carrello italiano.

Abb. 82 (S. 208) Bauart der Bayer. Staatsbahn vom
Jahre 1899 mit fest gelagertem Drehzapfen, in Deutschland
als Güter- und Personenzugmaschine sehr verbreitet.

Abb. 83 Bauart der Italienischen Staatsbahn, neuerdings
von den Schweizer Bundesbahnen übernommen.

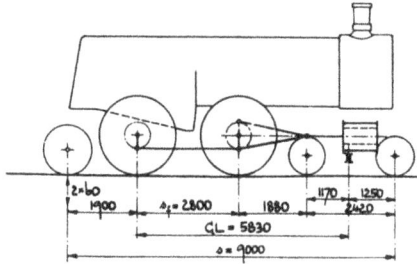

Abb. 78.

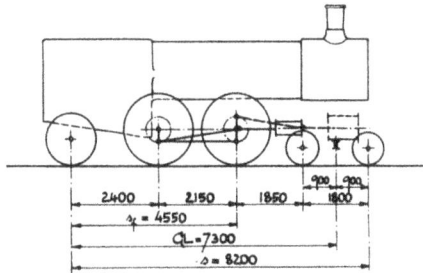

Abb. 79.

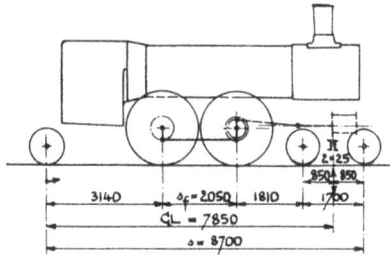

Abb. 80.

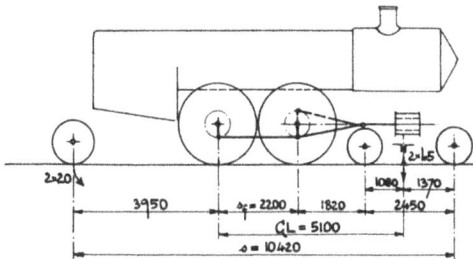

Abb. 81.

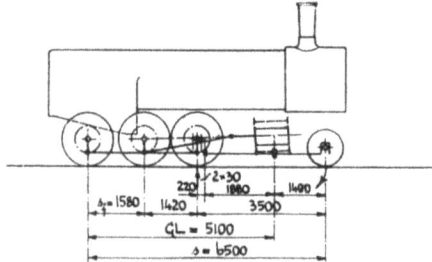

Abb. 82.

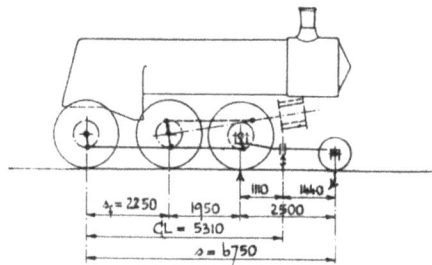

Abb. 83.

2. $^3/_5$ 1 C 1 mit führendem Zara-Drehgestell und fester Endachse, Gruppe 681 der Italienischen Staatsbahn.[1])

3. $^3/_5$ 2 C o ten wheeler.

Ausführungen mit festem Drehzapfen und fest gelagerten
gekuppelten Achsen waren früher in Amerika vielfach zu
finden.   In Europa wurde von jeher das seitlich verschiebbare Drehgestell bevorzugt.   Eine gewisse Aus-
nahmestellung nimmt die Bauart der Österreichischen
Staatsbahn (Serie 9), Abb. 84 (S. 209) ein, mit seitlich
verschiebbarer Endkuppelachse, während gewöhnlich die
d r e i Kuppelachsen fest gelagert werden.   Achse III hat
meist verschwächte Spurkränze, die Schwartzkopff-Type
der Preußischen Staatsbahn, Abb. 85 auch an Achse IV, in
der Absicht, die $^3/_5$ Anordnung der wohl bewährten $^2/_4$ Anordnung (American-Type, Abb. 76 S. 205) zu nähern.[2])

[1]) The Eng. 1908, II, S. 14, 209.
[2]) Vgl. Z. 1906, S. 1561.

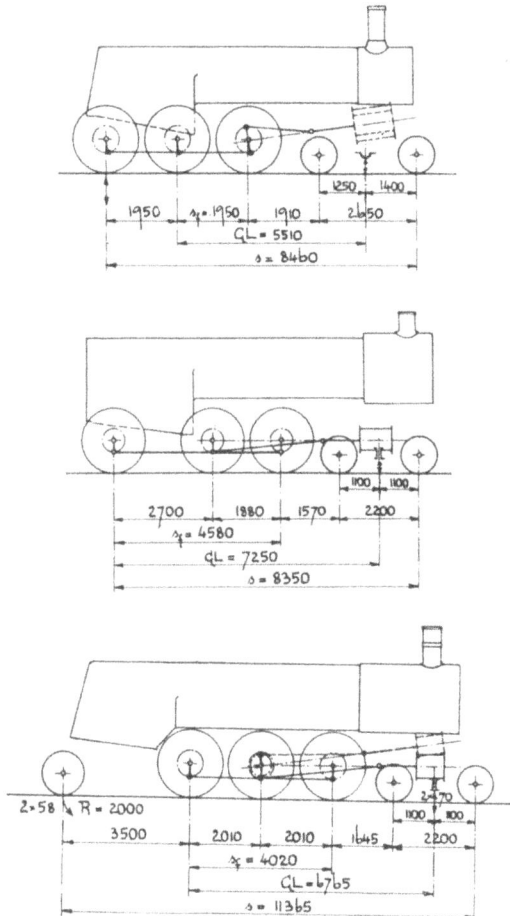

Abb. 86.

4. $^8/_6$ 2 C 1 Pazifik-Type, Abb. 86 (S. 209).

Vorteilhaft ist die gute Führung ihres Vorderteils durch das amerikanische Drehgestell und die Möglichkeit der uneingeschränkten Entwicklung der Rostfläche. Sonst haften dieser Anordnung nachstehende, kaum zu beseitigende Mängel an: 1. Der Raumbedarf der Hinterachse des amerikanischen Gestells, welcher eine unerwünschte Verlängerung des ohnedies schon sehr langachsstandigen

Lotter, Regelspurige Lokomotiven.   14

Fahrzeugs, damit unnötigen Gewichtsaufwand, eine über-
mäßig lange (schwer zu evakuierende) Rauchkammer und
ev. über 5 m lange Siederohre mit sich bringt. 2. Die
sehr starke Belastung der Endachse, welche durch Nach-
vorneschiebung des Kesselschwerpunkts tunlichst entlastet
werden muß (vgl. hierzu Abb. 25 S. 143). 3. Der große
wagerechte Überhang am hinteren Ende, welcher zudem
noch sehr schwer ist: $GL:s$ sinkt bis auf 0,59 herab.

Unter diesen Gesichtspunkten dürfte die kürzer bauende
$^3/_6$ gekuppelte Gölsdorf-Type (mit vorderem Krauß-Drehgestell und hinterem zweiachsigen Bissel-Gestell) und die
in Abb. 124, S. 226 gegebene $^3/_6$ Krauß-Type ($GL:s = 0,78$)
der gewöhnlichen Pazifik-Type überlegen sein.

D. Vierkuppler.

1. Mit führendem Helmholtz-Drehgestell $^4/_5$ 1 D o.

Abb. 87 ohne Überhang, Type der Bayer. Staatsbahn
vom Jahre 1896, von der Schwedischen und Italienischen
Staatsbahn übernommen (bei letzterer mit vierzylindrigem
Plancher-Triebwerk, Gruppe 460).

Abb. 88 mit überhängenden Zylindern und zwischen
Lauf- und Gestellkuppelachse festgelagerter Kuppelachse,

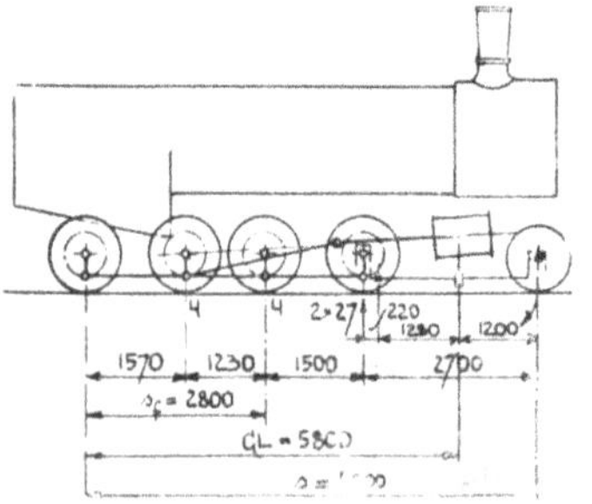

Abb. 87. 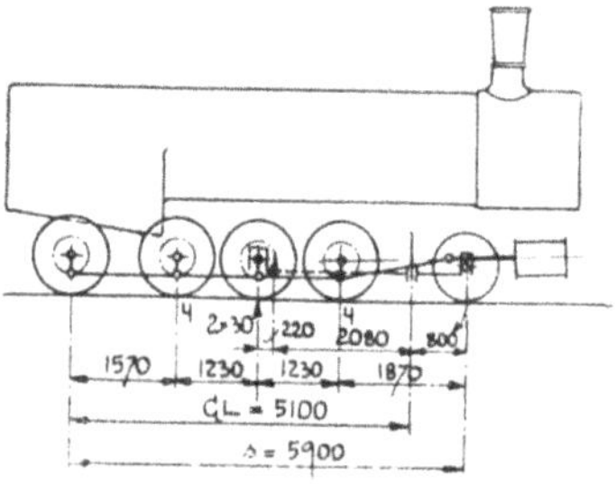   Abb. 88.

Type der Bayer. Staatsbahn vom Jahre 1894, genügt
höheren Ansprüchen an Kurvenbeweglichkeit, muß sich
jedoch wegen des senkrechten Überhangs mit geringerer
Höchstgeschwindigkeit begnügen.

2. Mit führendem amerikanischen Drehgestell $^4/_6$ 2 D o (Mastodon-Type) mit seitlich verschiebbarer Endkuppelachse, in Europa als Schlepptenderlokomotive bisher nur auf der Giovi-Linie der Italienischen Staatsbahn in Gebrauch.

3. Lokomotiven mit Schlepptender mit vollkommen indirekter Führung

§ 60.

wurden bisher nur in verschwindend geringer Anzahl gebaut (siehe hierüber § 62 u. f., S. 220).

II. Tenderlokomotiven.

1. Mit direkter Führung.

A. Einkuppler.

Die Maschine mit »freier«, d. h. ungekuppelter Triebachse kann bei Tenderlokomotiven in besonderen Fällen immer wieder berechtigt sein. Neuere Ausführungen dieser Art sind:

$^1/_2$ 1 A o, Abb. 89, S. 212, leichte Lokomotive der L. A. G. München.

$^1/_3$ 1 A 1, Abb. 91, mit hinterer Adams-Achse, Bauart der Österr. Staatsbahn (Serie 112), welche der alten englischen, schon im Jahre 1847 geschaffenen 1 A 1 - Type, Abb. 90 (rein symmetrische Anordnung mit festgelagerten Achsen, überhängenden Zylindern), vorzuziehen ist.

B. Zweikuppler.

1. Ohne Laufachse $^2/_2$ o B o nach Abb. 44, S. 195.

2. Mit einer vorderen oder hinteren Laufachse:

α) $^2/_3$ 1 B o, Abb. 92, S. 212, steifachsig mit überhängenden Zylindern, vielfach auch mit Vermeidung der letzteren, unter Ausbildung der Achse III als Triebachse,

β) $^2/_3$ o B 1 in Mixt-Anordnung, steifachsig, nach Abb. 50, S. 195.

γ) $^2/_3$ o B 1 mit vorderer Radialachse, nach Abb. 52, S. 195.

δ) $^2/_3$ o B 1 mit hinterer Radialachse, Abb. 93, S. 212.

Die Anordnungen mit Adams-Achsen sind wegen ihrer großen wagerechten Überhänge weniger zu empfehlen; den Vorzug verdienen Achsanordnungen mit Lenkachsen oder steifachsige $^2/_3$ Kuppler (ev. mit seitlich verschiebbarer Mittelachse und hinterer Triebachse).

14*

3. Mit vorderer und hinterer Laufachse.

$^2/_4$ 1 B 1 Columbia-Type nach Abb. 55, S. 195, mit vorderer Radial- und fester Endachse.

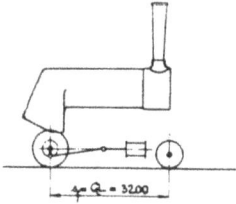

Abb. 89.

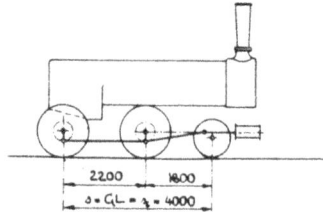

Abb. 92.

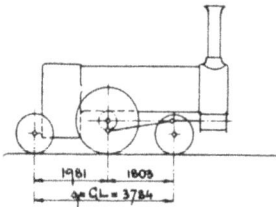

Abb. 90.

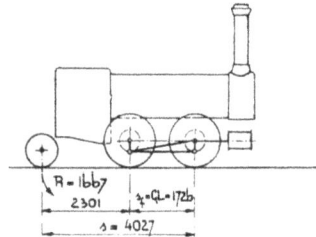

Abb. 93.

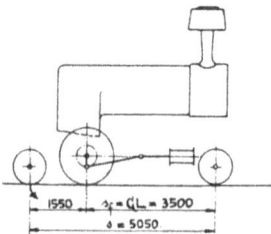

Abb. 91.

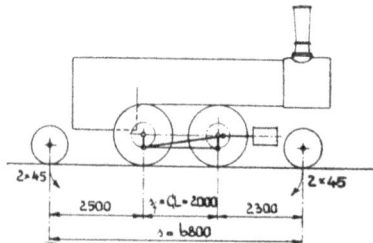

Abb. 94.

Die Bauart mit vorderer und hinterer Adams-Achse, Ab. 94, rein symmetrisch, dürfte für Geschwindigkeiten über 70 km/Std. kaum geeignet sein ($GL : s = 0{,}29$).

C. Dreikuppler.

1. $^3/_3$ o C o mit fest gelagerten gekuppelten Achsen, allgemein verbreitete Verschiebe- und Nebenbahnlokomotive, auf der Ital. Staatsbahn selbst für Hauptbahnbetrieb mit höherer Fahrgeschwindigkeit (bis zu 70 km/Std.) versucht, vgl. Abb. 95.

$^3/_3$ Anordnung, Krauß-Type vom Jahr 1885, Abb. 96, mit frei verschiebbarer Mittelachse, ist bei hohem Achsdruck und scharfen Kurven der Normalbauart mit mittlerer Triebachse vorzuziehen.

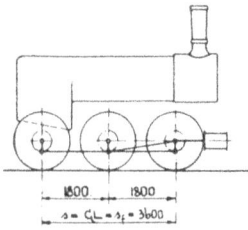

Abb. 95.

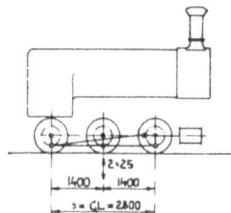

Abb. 96.

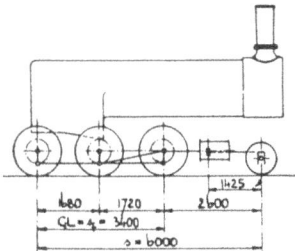

Abb. 97.

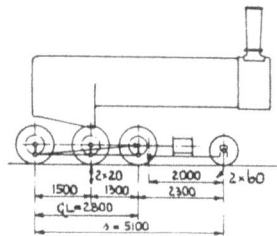

Abb. 98.

2. $^3/_4$ 1 C o, Abb. 97, »Mogul«-Type mit vorderem Bissel-Gestell und fest gelagerten Kuppelachsen.

Desgl., Abb. 98, mit seitlich verschiebbarer zweiter Kuppelachse (Achse III).

$^3/_4$ o C 1, Abb. 99, S. 214, mit hinterer seitlich verschiebbarer Laufachse, Type der Französischen Ostbahn vom Jahre 1888; Abb. 100 mit hinterer Radialachse, Langenschwalbacher Type der Preuß. Staatsbahn.

3. $^3/_5$ 1 C 1, Abb. 101, mit vorderer und hinterer Adams-Achse, rein symmetrische, sehr beliebte Bauart, »Prairie«-Type,

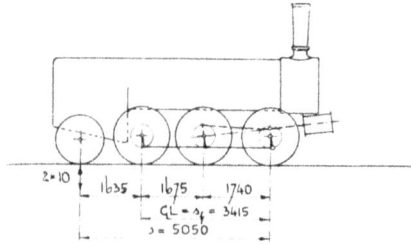

Abb. 99.

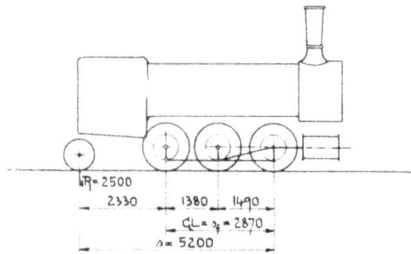

Abb. 100.

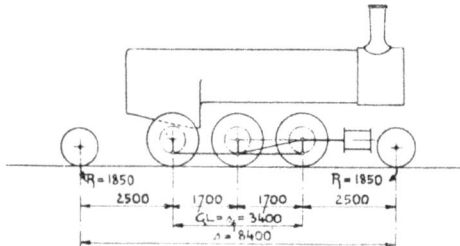

Abb. 101.

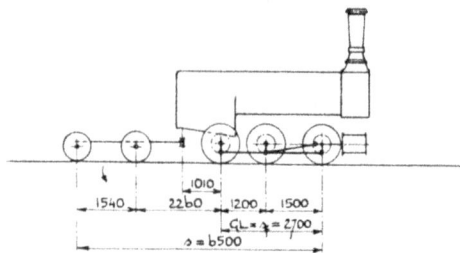

Abb. 102.

welche als Tendermaschine bis zu 80 km/Std. brauchbar ist.

4. $^3/_5$ o C 2, Abb. 102, mit hinterem zweiachsigem Bissel-Gestell, großen Ansprüchen an Kurvenbeweglichkeit genügend, Type der Kaiser Ferdinand-Nordbahn vom Jahre 1888.

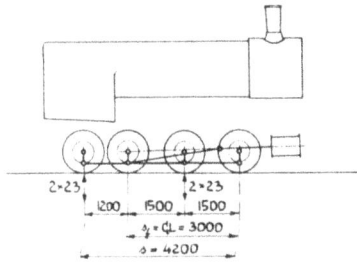

Abb. 103.

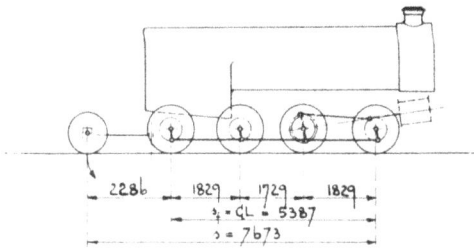

Abb. 104.

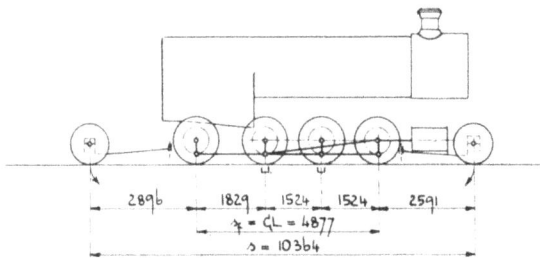

Abb. 105.

D. Vierkuppler

kommen in allen bei Schlepptenderlokomotiven besprochenen Anordnungen vor (vgl. Abb. 62, 63, 64, 65, S. 200). Für kurvenreiche Strecken kommt neuerdings die $^4/_4$ gek.

Gölsdorf-Type vom Jahre 1897, (vgl. Abb. 103, mit II. und IV. seitlich verschiebbarer Kuppelachse) in Anwendung. Für die Rückwärtsfahrt empfiehlt es sich, die Höchstgeschwindigkeit nicht über 40 km/Std. zu treiben.

Die Achsanordnung mit seitlich verschiebbarer Vorderachse (Österr. Staatsbahn, Arlberg-Type vom Jahre 1884) ist nach den heute geltenden Grundsätzen nicht zu empfehlen.

Neben dem $^4/_4$ Kuppler mit vorderer Radialachse (Consolidation-Type, vgl. Abb. 66 u. f. S. 201) findet sich in England auch der mit hinterem Bissel-Gestell, Abb. 104. Die Ausbildung der zweiten Kuppelachse als Triebachse verbietet ihre wünschenswerte seitliche Verschiebbarkeit.

$^4/_6$ 1 D 1, Abb. 105, mit vorderem und hinterem Bissel-Gestell, spurkranzlosen Achsen III und IV, Bauart der Indischen Nordwestbahn.

E. Fünfkuppler.

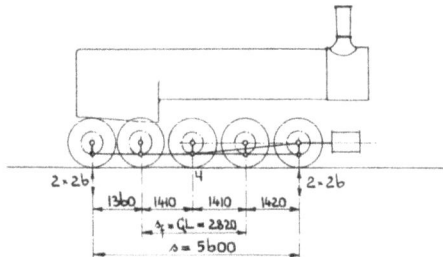

Abb. 106.

Neben der sehr verbreiteten Gölsdorf-Anordnung (vgl. Abb. 71, S. 203) ist die der Westfälischen Landeseisenbahn zu erwähnen, Abb. 106, bei welcher die Achse III als Triebachse ansgebildet ist. Achsen I und V sind seitlich verschiebbar, Achsen II, III, IV fest gelagert, Triebachse III mit verschwächten Spurkränzen.

§ 61. 2. Tenderlokomotiven mit teilweise indirekter Führung.

Fast alle bei den Maschinen mit Schlepptender angeführten Anordnungen sind auf die Tenderlokomotive übertragen oder umgekehrt.

A. Einkuppler kommen nicht vor.

B. Z w e i k u p p l e r.

  1. $^2/_8$ 1 B o, Abb. 107, Krauß-Type vom Jahre 1888, mit führendem Helmholtz-Drehgestell.

  2. $^2/_4$ α) 2 B o, American-Type (vgl. Abb. 75, 76, S. 205).

    β) o B 2, Fourney-Type, Abb. 108, guter Kurvenläufer
in beiden Fahrtrichtungen, in England sehr beliebt,
mit ziemlich unveränderlichem Reibungsgewicht.

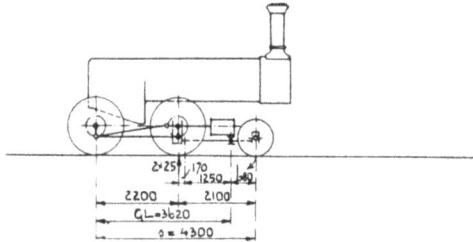

Abb. 107.

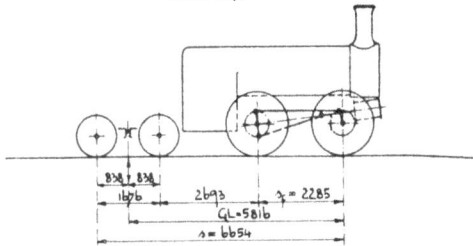

Abb. 108.

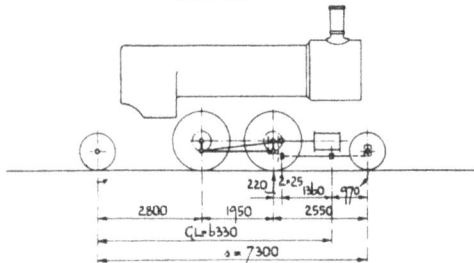

Abb. 109.

    γ) 1 B 1, Krauß-Type, Abb. 109, mit vorderem Helm-
holtz-Drehgestell und hinterer freier Lenkachse,
Bauart Klose, Achsanordnung der Bayer. Staatsbahn
vom Jahre 1906.

C. Dreikuppler.

  1. mit vorderem oder hinterem Krauß-Drehgestell:

  α) $^3/_4$ 1 C o, nach Abb. 82 und 83, S. 208, letztere Type von Breda aus dem Jahre 1906.

  β) $^3/_4$ o C 1, Abb. 110, Bauart der Bayer. Staatsbahn vom Jahre 1888, erste Anwendung des Helmholtz-Drehgestells.

  γ) $^3/_5$ 1 C 1, Abb. 111, Krauß-Type mit hinterer freier Lenkachse für höhere Fahrgeschwindigkeit in beiden Richtungen geeignet: $Gl : s = 0.86$.

  2. mit vorderem oder hinterem amerikanischem Gestell:

  α) $^3/_5$ 2 C o nach Abb. 85, S. 209, ten wheeler, bei Tenderlokomotiven selten.

  β) $^3/_5$ o C 2, Abb. 112, Bauart der Französischen Nordbahn vom Jahre 1881, mit ursprünglich elastisch, später festgelagertem Drehzapfen, nahezu unveränderlichem Reibungsgewicht.

  Desgl., Abb. 113, mit seitlich verschiebbarer I. Kuppelachse, festgelagerten Achsen II und III und seitlich verschiebbarem Drehgestell, Bauart der Midland Ry.[1])

  γ) $^3/_6$ 2 C 1, Pazifik-Type als Tenderlokomotive, bei außereuropäischen Verwaltungen vereinzelt in Anwendung.

D. Vierkuppler.

  $^4/_6$ 2 D o mit vorderem amerikanischem Drehgestell und vier festgelagerten Kuppelachsen (Achse IV ohne Spurkränze), bisher vereinzelt auf der Pariser Gürtelbahn.

  In Amerika kommt noch eine Anzahl von Achsanordnungen vor, deren Aufzählung hier zu weit führen würde.

3. Tenderlokomotiven mit vollkommen indirekter Führung.

(Vgl. die folgenden §§ 62÷64).

---

[1]) Engg. 1907, I, S. 707, Taf. XLI.

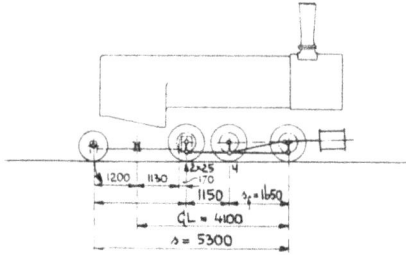

Abb. 110.

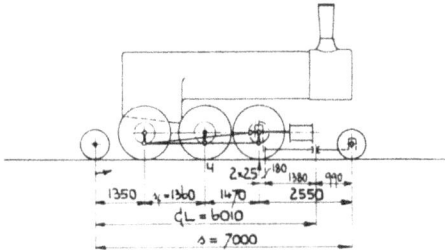

Abb. 111.

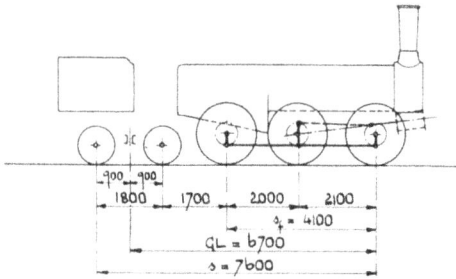

Abb. 112.

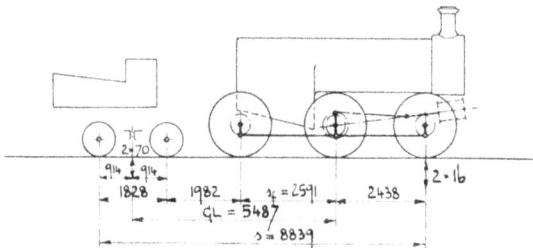

Abb. 113.

§ 62.   Die indirekte Führung im Lokomotivbau.

Diese Art der Führung ist, wie im § 37 bemerkt, dadurch gekennzeichnet, daß das Fahrzeug nicht durch im Hauptrahmen gelagerte Achsen, sondern ausschließlich durch zwei Nebenfahrzeuge, Drehgestelle mit mittlerem Führungszapfen, geführt wird. Sie ist seit den ersten Anfängen des Eisenbahnwesens bekannt, wohl bewährt und deshalb bei den auf zwei Drehgestellen ruhenden vier- und sechsachsigen Wagen in Amerika von jeher angewendet. Trotz ihres höheren Preises und größeren Gewichtes verdrängen diese Wagen auch in Deutschland seit den letzten zwanzig Jahren mehr und mehr die auf drei Lenkachsen ruhenden.

Diese Tatsache ist begründet 1. in dem sanfteren und geräuschfreieren Lauf der Drehgestellwagen, deren Gestelle die Stöße auffangen und sie nur abgeschwächt auf den Wagenkasten übertragen, 2. in der Schmiegsamkeit der Gestelle, welche den kleinen Unebenheiten der Bahn leicht zu folgen vermögen, 3. in der großen Kurvenbeweglichkeit, endlich 4. in der Schonung von Fahrzeug und Oberbau.

Die Führung eines Fahrzeugs durch zwei Drehgestelle hat sich also im Eisenbahn w a g e n bau als hervorragend geeignet bewährt.

Trotzdem wurde diese Erfahrung auf den L o k o m o t i v - bau unverhältnismäßig selten übertragen.

Aus der Zahl der Ausführungen von regel- und breitspurigen Lokomotiven, deren Hauptrahmen durch Drehgestelle mit mittlerem Zapfen geführt sind, seien die wichtigsten in geschichtlicher Folge aufgeführt.

§ 63.   I. Gruppe. Reine Drehgestell-Lokomotiven[1]).

Die ersten Lokomotiven dieser Art waren — abgesehen von einer etwas unsicheren amerikanischen aus dem Jahre 1831[2]) — die beiden Semmering-Konkurrenzmaschinen von 1851:

    1. die »Seraing«, entworfen von Laußmann,

    2. die »Wiener Neustadt«, entworfen von Günther,

---

[1]) Vgl. Z. 1891, S. 951, 1007.
[2]) Engg. Bd. XI, S. 253.

welche als Fahrzeuge prinzipiell gleich waren (zwei Dampfdrehgestelle) und sich nur durch die Bauart des Kessels unterschieden.
Zunächst konnten sie zu keiner Bedeutung kommen, erst die
im Jahre 1865 zum erstenmal erbaute Fairlie-Type gelangte zu
größerer Verbreitung, Abb. 114, S. 222. Sie deckt sich mit der
Laußmannschen Semmeringmaschine: Doppeldrehgestell - Lokomotive mit 2×2 HD-Zylindern an den Maschinenenden, Doppel-
kessel mit zwei zusammengestellten Feuerbüchsen und seitlicher
Rostbeschickung.

Nebenher baute Fairlie auch Lokomotiven mit nur einem
Dampfdrehgestell und hinterem Laufgestell. Eine der ersten
Ausführungen dieser Art war die vom Jahre 1869 für die Great
Southern & Western Ry of Irland[1]), Abb. 115 (Spurweite $5^{1}/_{4}'$
= 1648 mm).

Ziemlich gleichzeitig kam es (1868) zur ersten als »Meyer-
Maschine« bekannten Anordnung, welche den oben genannten
Güntherschen Entwurf zum Vorbild hat: Doppeldrehgestell-Loko-
motive mit 2×2 HD-Zylindern in der Maschinenmitte, normalem
Kessel. Abb. 116 gibt die 1872 erbaute Type der Cie belge.

Mit Einführung der Verbundwirkung durch Mallet entstand
die nicht in diese Gruppe gehörige Bauart mit vorderem, nach
Art eines Bissel-Gestells wirkenden Niederdruck-Dampfdrehgestell,
erstmals ausgeführt im Jahre 1887. Ihre betriebstechnischen
Vorzüge: geringerer Dampfverbrauch, sehr große Kurvenbeweglichkeit, gelenkige Rohrleitungen nur unter Niederdruckdampf-
spannung sichern ihr von jeher ein weites Wirkungsfeld.

Auch die Meyer-Bauart wurde in Verbundwirkung mehrfach
ausgeführt, so im Jahre 1904 von du Bousquet für die Französische
Nordbahn, Abb. 117, eine Type, welche auch bei sehr hoher
Geschwindigkeit (bei 5,11 Umdrehungs/Sek. = 84 km/Std.) be-
friedigenden Gang zeigte.

Immerhin sind wohl alle Doppeldrehgestell - Lokomotiven
vorwiegend unter dem Gesichtspunkt »große Leistung bei großer
Kurvenbeweglichkeit« entworfen, nicht aber in der Absicht, hohe
Geschwindigkeiten bei besonders ruhigem Gang zu erreichen.
Die im § 54d S. 189 angeführten Mängel der Drehgestell-Loko-
motiven lassen sich (allerdings auf Kosten der Kurvenbeweg-

---

[1]) Engg. Bd. IX, S. 180.

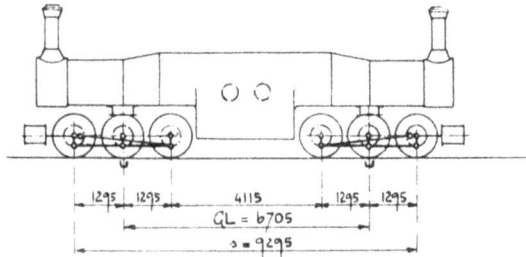

1295 | 1295 | 4115 | 1295 | 1295

GL = 6705

s = 9295

Abb. 114.

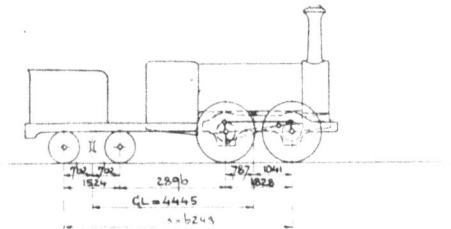

712 | 712 | 787 | 1041

1524 | 2896 | 1828

GL = 4445

s = 6249

Abb. 115.

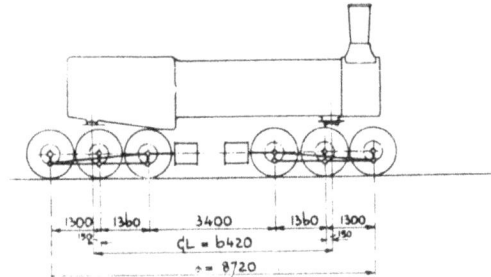

1300 | 1360 | 3400 | 1360 | 1300

192 | GL = 6420 | 1250

s = 8720

Abb. 116.

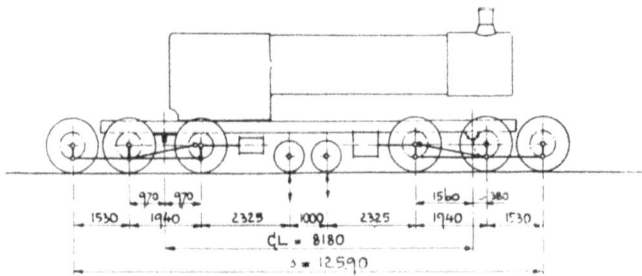

970 | 970 | 1560 | 380

1530 | 1940 | 2325 | 1000 | 2325 | 1940 | 1530

GL = 8180

s = 12590

Abb. 117.

lichkeit durch feste Lagerung der Zylinder im Hauptrahmen beseitigen. Die Führung der Lokomotive in der Geraden und in
Krümmungen soll hierbei nach wie vor durch die Drehgestelle
bewirkt werden.

So entsteht die Lokomotive »mit vollkommen indirekter
Führung (durch Drehgestelle) und im Hauptrahmen fest- oder
verschiebbar gelagerten Achsen«. Diese letzteren sollen den
Rahmen auch .in engen Krümmungen grundsätzlich nur durch
ihre Reibung zwischen Radreifen und Schiene, nicht aber durch
einen Spurkranzdruck beeinflussen.

II. Gruppe. Durch Drehgestelle geführte Lokomotiven § 64. mit sonstigen im Hauptrahmen gelagerten Achsen.

Diese Maschinen zeigen wegen der großen Masse des mit
dem Triebwerk verbundenen Rahmens, Kessels usw. keine
Neigung zum Drehen und dem vielfach hierdurch weiter hervorgerufenen unruhigen Lauf mehr.

Die ersten Ausführungen dieser Art dürften die im Jahre
1853—62 von Rothwell & Co., Bolton, erbauten $^1/_5$ gek. 2 A 2
Tenderlokomotiven der Bristol & Exeter Ry sein, Abb. 118
(Spurweite 7' == 2134 mm). Ihre Führung erfolgt in der Geraden und in Krümmungen durch die beiden festgelagerten Drehgestellzapfen. An den Triebrädern waren (bis z. J. 1876) keine
Spurkränze. Die große Geschwindigkeit dieser Type war welt-
berühmt (offizielle Höchstgeschwindigkeit 80 Miles = 128,7 km/Std.
bereits in den sechziger Jahren des vergangenen Jahrhunderts);
weniger allgemein bekannt war ihr sanfter Gang, der nicht

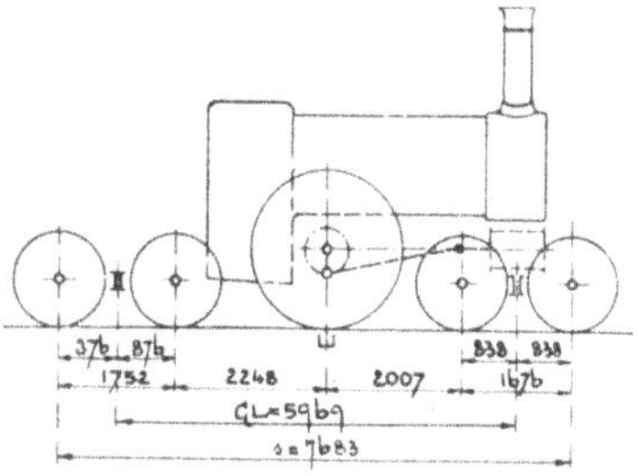

Abb. 118. 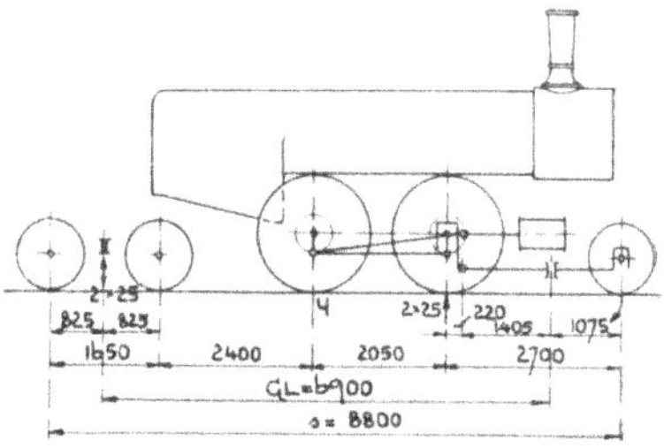   Abb. 119.

wundernehmen kann, da alle Bedingungen hierfür bei dieser
Bauart erfüllt sind (vgl. § 41 S. 162). Die letzte Lokomotive
dieser Gattung wurde im Jahre 1862 erbaut.

In der Folge fand der an sich sehr gute Gedanke der Füh-
rung der Lokomotive durch Drehgestelle bei festgelagerter
Triebachse mehrere Jahrzehnte lang keine Anwendung. Er wurde
Anfang der neunziger Jahre des vergangenen Jahrhunderts durch
A d o l f B r u n n e r wieder aufgegriffen (Entwurf einer $^2/_6$ gek.
Tenderlokomotive, vgl. Engg. 1890, S. 375); zur Ausführung in
hiervon abweichender Anordnung kam es erst im Jahre 1896 mit

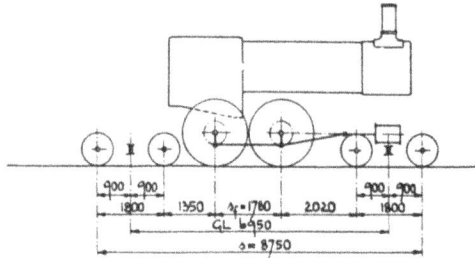

Abb. 120.

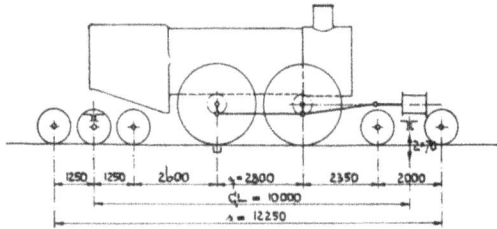

Abb. 121.

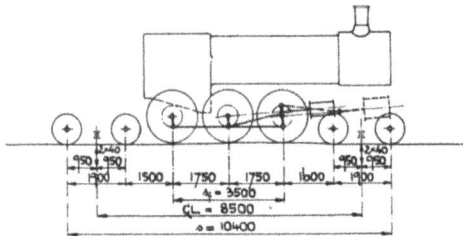

Abb. 122.

der $^2/_5$ gek. Tenderlokomotive, Klasse D XII der Bayer. Staatsbahn, entworfen von v. Helmholtz, für beide Fahrtrichtungen
und Geschwindigkeiten bis 90 km/Std. gleich gut geeignet:
Abb. 119, S. 223, Krauß-Type mit vorderem Drehgestell des Kon-
strukteurs, fest gelagerter Triebachse mit verschwächten Spurkränzen und amerikanischem, seitlich verschiebbarem Drehgestell
am hinteren Ende. Die Führung erfolgt in der Geraden und
selbst noch in der Krümmung von 180 m Halbmesser durch die
beiden Drehgestelle.

1897 folgte die $^2/_6$ gek. 2 B 2 Tenderlokomotive der Midland & South Western. Junction Ry, vollkommen symmetrische
Bauart mit vorderem und hinterem amerikanischem Drehgestell,
welche im Jahre 1901 von der Französischen Nordbahn übernommen wurde, Abb. 120.

1899 folgte Thuiles $^2/_7$ gek. 2 B 3 Versuchslokomotive,
Abb. 121, mit sehr stark seitlich verschiebbarem vorderem Drehgestell, zwei festgelagerten gekuppelten Achsen (Achse IV
ohne Spurkranz) und hinterem dreiachsigem Gestell mit festgelagertem Drehzapfen.

1903 folgte die $^3/_7$ 2 C 2 - Type mit vorderem und hinterem
Drehgestell, Abb. 122, in Europa erstmals ausgeführt von Maffei
für die Madrid—Zaragoza—Alicantebahn (Spurweite 1672 mm),
jetzt auch in Italien, Frankreich und Deutschland verbreitet.

Gleichzeitig wurde die $^2/_6$ 2 B 2 - Type auch auf die Schlepptender Lokomotive übertragen: erste Ausführung 1903 die beiden
Wittfeldschen Dreizylinder-Lokomotiven der Preußischen Staatsbahn (Henschel & Sohn), 1906 folgte der Maffeische $^2/_6$ Kuppler
der Bayer. Staatsbahn, Abb. 123, S. 226 mit vierzylindrigem Einachsenantrieb.

1908 wurde die $^3/_6$ 1 C 2-Krauß-Type der Pfalzbahn erbaut,
Abb. 124, mit führendem, seitlich verschiebbarem Helmholtz-
Drehgestell, gebildet aus der Laufachse und der zweiten Kuppelachse (Achse III), fest gelagerten Achsen II und IV (letztere
mit verschwächten Spurkränzen) und hinterem, seitlich verschiebbarem amerikanischem Gestell. Die Achsstände sind so bemessen, daß die Führung auch noch in der Kurve von 180 m
Halbmesser den beiden Drehgestellen verbleibt.

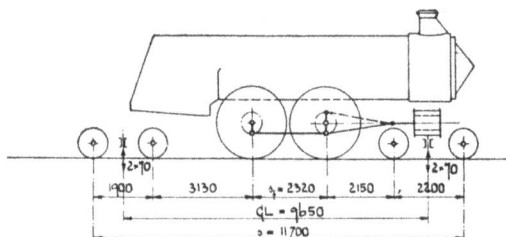

Abb. 123.

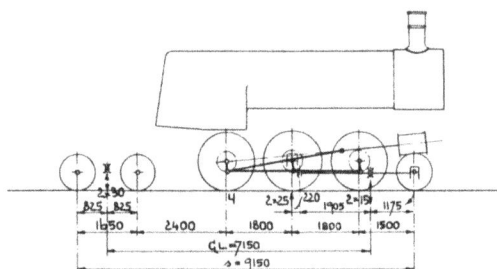

Abb. 124.

Damit ist ein kurzer Überblick über die Entwickelungs-
geschichte der Lokomotiven mit vollkommen indirekter Führung
gegeben. Die geringe Anzahl ihrer Achsanordnungen ist wohl
vorzugsweise in der geschichtlichen Entwickelung des Dampf-
lokomotivbaus begründet, welcher in Europa im großen und
ganzen — einige süddeutsche und österreichische Ausführungen
abgesehen — von der steifachsigen zur Drehgestell-Lokomotive
nach amerikanischem Muster führte. Nebenher schreitet, später,
mit dem Jahre 1888 beginnend, die Entwickelung der zahlreichen
Krauß-Typen mit Helmholtz-Drehgestell.

Die eingehende Erörterung der Baugrundsätze der nur
durch Drehgestelle geführten Lokomotiven gehört wohl zu den
schwierigeren, vielfach zu wenig gewürdigten Kapiteln des Lokomotivbaus. Möglichste Sparsamkeit in der Bemessung des Gesamtachsstandes dieser an sich schon sehr lang bauenden Lokomotiven dürfte wohl in erster Linie anzustreben sein.

_____

Die konstruktive Durchbildung des Hauptrahmens und von Drehgestellen.

Die Lagen der einzelnen Achsen, insbesondere der Trieb- § 65.
achse stehen bereits fest, die des Zylinders und des Gleitbahnträgers sind schon früher erwogen.

Während zur bisherigen Entwicklung der Anordnung der
Lokomotive der Maßstab 1 : 50 empfohlen wurde, geht man bei
der konstruktiven Durchbildung des Rahmens zweckmäßig zu
einem größeren Maßstab, etwa 1 : 20, über.

Sind Drehgestelle vorhanden, so müssen ihre Hauptverhält-
nisse z u e r s t wegen der zu überwindenden räumlichen Schwierigkeiten bestimmt werden.

I. Gesichtspunkte beim Entwerfen von Drehgestellen.

Über ihren Achsstand, die Lage des Drehzapfens, seine
allenfallsige Seitenverschieblichkeit ist mit Hilfe des Royschen
Verfahrens bereits Entscheidung getroffen. Der Ausschlag aller
Drehgestelle muß durch am Hauptrahmen angebrachte Anschläge
begrenzt sein; auch sind Konstruktionsteile vorzusehen, welche
beim Einheben einer entgleisten Maschine das Mitheben des
Drehgestells bewirken.

15*

§ 66.   **A. Amerikanische Drehgestelle.**

1. Feststellung der Art der Übertragung des Hauptrahmen-
   gewichts, ob in einem mittleren oder in zwei seitlichen
   Punkten, ob der Drehzapfen gleichzeitig Stützzapfen oder nur
   Drehzapfen sein soll. In neuerer Zeit letztere Bauart (mit
   s e i t l i c h e n , halbkugelförmigen Stützzapfen) beliebt. Entfernung seitlicher Stützzapfen möglichst groß, 900 ÷ 1000 mm
   und mehr, um eine zu einseitige Belastung des einen der
   beiden Unterstützungspunkte zu vermeiden.
2. Wahl der Lage des Drehgestellrahmens. Der vorwiegend
   angewendete Innenrahmen hat den Vorzug geringeren
   Gewichts und besserer Zugänglichkeit allenfalsiger Bremseinrichtungen. Das Drehgestell Grafenstadener Bauart mit
   Außenrahmen hat besser zugängliche Achslager, Trag- und
   Rückstellfedern; auch gestattet es größeren Abstand seitlicher
   Stützzapfen.
3. Federung. Entscheidung, ob das Drehgestell für sich im
   Gleichgewicht sein soll (durch Unterstützung in vier oder
   besser in drei Punkten, was durch Querausgleich der
   führenden Achse erreicht wird), oder ob das Drehgestell in
   nur zwei (seitlichen oder mittleren) Punkten unterstützt
   werden, also gewissermaßen »auf einer Schneide« ruhen soll.

   > Im Falle der quer zur Längsachse angeordneten Schneide
   > muß Vorkehrung getroffen sein daß der Drehgestellrahmen dem
   > Hauptrahmen in der Längsrichtung parallel bleibt.

   Typische Beispiele:

   a) Vierpunktunterstützung: Est Serie 11 ($S^3/_5$ 2 C o) Z. 1907,
      Taf. 13.
   b) Dreipunktunterstützung: Pfalzbahn P 3b ($S^2/_5$ 2 B 1 »Dr.
      v. Clemm«) G l a s e r s Ann. 1900, I, S. 238. — Bayerische
      Staatsbahn D XII ($T^2/_5$ 1 B 2) Org. 1900, S. 274, Taf. XXVIII.
   c) Zweipunktunterstützung:
      1. Zwei seitliche Punkte (»Querschneide«) Preußische
         Staatsbahn $S^2/_4$ 2 B o »Hannoversches Drehgestell«
         Z. 1902, Taf. XXVII: Belastung der Drehgestellachs-
         kisten durch Längstraverse und »Mittelfeder«.
      2. Zwei mittlere Punkte (»Längsschneide«) Pfalz-B. P 3a
         ($S^2/_5$ 2 B 1) Org. 1899, Taf. I, II.

Bei dieser Anordnung wird zwar die Stützlänge gegen Wanken verkleinert, da die Drehgestellachsen zur seitlichen Standfestigkeit der Lokomotive nichts beitragen, indes wird die Schmiegsamkeit des Lokomotiv-Vorderteils gegen Gleisunebenheiten erhöht und die Sicherheit des Laufs gesteigert, da einseitige Entlastungen bei b e i d e n Vorderachsen ausgeschlossen sind.

4. Lagerung des Drehzapfens derart, daß das Gestell nicht nur in wagrechtem Sinn, sondern auch in senkrechter Richtung (zwecks sanfter Überwindung der Gleisunebenheiten) schwingen kann.   Demnach zweckmäßig zylindrischer Zapfen in kugeliger Lagerschale.

5. Bei Drehgestellen mit Seitenverschiebung: Entscheidung der Bauart der Rückstellvorrichtung.

1. Spiral- oder Blattfedern.   Anfangsspannung $>$ 200 kg. Rückstellkraft bei vollkommen verschobenen Gestell ca. 1500 ÷ 1800 kg.

2. Geneigte Flächen, weniger geeignet, da ihr Reibungskoeffizient wegen des verschiedenartigen Zustands der aufeinander gleitenden Flächen in weiten Grenzen veränderlich ist.   Neigung der unter der Federstütze liegenden »Keilflächen« meist 1 : 8.

3. Die Pendelwiege, wegen ihrer konstruktiven Einfachheit vielfach ausgeführt.   Bauform und Abmessungen nach bewährten Ausführungen, da die ganze Vorrichtung stark den Charakter des »Empirischen« trägt.

Wirkungsweise, vgl. Abb. 125, S. 230: Bei der Einfahrt in eine Krümmung wird ein führendes Drehgestell nach dem Krümmungsmittelpunkt hin verschoben, die Hauptmasse der Lokomotive dagegen drängt vom Mittelpunkt weg.   Die Verschiebung des Drehgestells nach innen bewirkt eine Verschiebung des ideellen Aufhängepunktes A der Wiege und gleichzeitig eine Hebung des Lokomotiv-Vorderteils. Die nach außen drängende Belastung des Drehgestells erhöht den Raddruck der äußeren, verringert den der inneren Gestellräder, wodurch die Sicherheit beim Befahren der Krümmung gesteigert wird.   Bei der Ausfahrt aus der Krümmung bewirkt die aufgespeicherte »Energie der Lage« die Rückstellung der Wiege in ihre Gleichgewichtslage, d. h. in die Mittellage.

Der Punkt A liegt vielfach »als Stützpunkt« auch unterhalb der Drehgestellräder.   Welcher der beiden Anordnungen der Vorzug zu geben ist, ist schwer zu entscheiden.

Typische Beispiele:

Italienische Südbahn . . .	S³/₄ 2 Bo, Z. 1889, Taf. XLV.
Italienische Mittelmeerbahn	S³/₄ 2 Bo, Z. 1889, Taf. XLVI.
„ „	S³/₅ 2 Co, Z. 1889, Taf. XLVII.

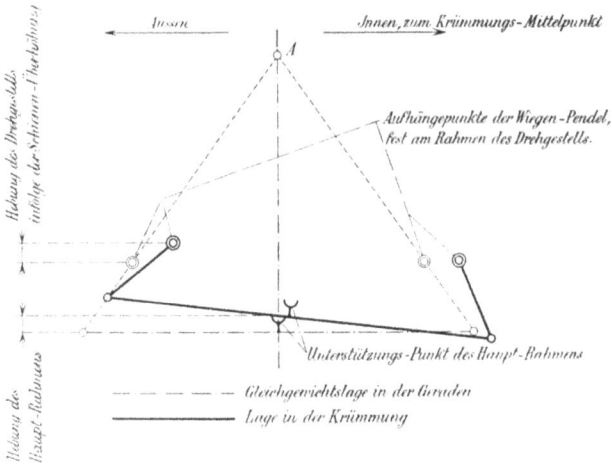

Abb. 125.

§ 67.

B. Kraufs-Helmholtz-Drehgestelle.

(Bauarten 1888 und 1908.)[1]

Die Achskisten der seitlich verschiebbaren Kuppelachse sind miteinander fest verbunden (meist durch eine Blechkonstruktion und im H a u p t r a h m e n seitlich verschiebbar gelagert). Die Drehgestelldeichsel ruht auf beiden Achsen und führt den Hauptrahmen regelmäßig mittels eines (fest oder nach Bedarf elastisch gelagerten) Kugelzapfens, kann also in wagrechtem u n d s e n k - r e c h t e m Sinne schwingen. Der Hauptrahmen wird durch Druckpendel oder besser durch Gleitpfannen getragen.

Typische Beispiele:

Bayerische Staatsbahn D VIII (T³/₄ o C 1). Org. 1889, Taf. 5: Rahmenstützung durch Druckpendel.

---

[1] Der Unterschied der Bauarten 1888 und 1908 ist im § 39, 6 angegeben (vgl. S. 160).

Bayerische Staatsbahn E I (G $^4/_5$ 1 D o). Z. 1897, Taf. 5:
Rahmenstützung durch Druckpendel.

Bayerische Staatsbahn P t $^2/_4$ (T $^2/_4$ 1 B 1). Z. 1906, Taf. 19:
Rahmenstützung durch Gleitpfannen.

Pfalz - Bahn (T $^3/_6$ 1 C 2): Rahmenstützung durch Gleitpfannen.

II. Gesichtspunkte beim Entwerfen des Hauptrahmens.

A. Zu treffende Entscheidungen.   § 68.

1. Entscheidung, ob Barren-, Platten- oder Kraußscher Kastenrahmen. Vorhandene Fabrikationseinrichtungen, Bewertung. der Vorzüge der einzelnen Bauarten sind für die Wahl der Rahmenkonstruktion entscheidend.

a) Barrenrahmen, gegossen oder geschmiedet oder aus vollen, panzerplattenartigen Blechen gestoßen, auf jeder Maschinenseite aus einem oder mehreren Barrenstücken bestehend.

Z. B. Bayerische Staatsbahn S $^2/_5$ (2 B 1) zweibarrig, Z. 1905, Taf. 4. — Pfalz-Bahn P4 (S $^2/_5$ 2 B 1) dreibarrig, D. Lok. 1906, S. 57. Badische Staatsbahn IV f (S $^3/_6$ 2 C 1) einbarrig, Z. 1908, Taf. 5. — Barreneisen, vielfach Rechteckquerschnitt 76 × 102 mm, oder quadratischer Querschnitt 100 × 100 mm und darüber.

b) Plattenrahmen aus einfachen oder Doppelblechen. Dem einfachen Blech wird heute allgemein der Vorzug gegeben. Blechstärke je nach beabsichtigtem Gewicht: 40 ÷ 32 ÷ 28 ÷ 22 ÷ 18 mm und bei richtig vorzunehmender Quer- und Diagonalversteifung noch weniger. Bei Doppelrahmen vielfach zwei 8 ÷ 10 mm Bleche in 52 mm lichtem Abstand.

c) Kraussscher Kastenrahmen: Geringstes Gewicht bei großer Steifigkeit in jeder Richtung. Tiefe Schwerpunktslage, welche bei rasch fahrenden Lokomotiven mit hoher (durch die Feuerraumtiefe und den über den Rahmen erbreiterten Rost bedingter) Kessellage zur Erhöhung der Standfestigkeit beiträgt.

Typisches Beispiel: Pfalz-Bahn T$^3/_6$ (1 C 2) mit kombiniertem Platten- und Kastenrahmen, Kesselmittel 2850 mm über S. O.

Übliche Blechstärken: 8 + 15 mm, zuweilen 18 + 20 mm und mehr.

2. Im Falle die Wahl auf Plattenrahmen gefallen ist: Entscheidung, ob Innen-, Außen-, vierfacher oder »kombinierter Innen- und Außenrahmen« ausgeführt werden soll.

> Anmerkung. Barrenrahmen liegen bei regelspurigen Lokomotiven wohl ausnahmslos innerhalb der Radebene.

a) Innenrahmen ist in erster Linie anzustreben, da bessere Quer- und Diagonalversteifung, geringeres Gewicht und einfachere Kessellagerung als bei Außenrahmen möglich ist. Bei Tenderlokomotiven wird der Innenrahmen vielfach zum Teil als Krausscher Kastenrahmen ausgebildet, z. B. Bayerische Staatsbahn DXII (T$^2/_6$ 1 B 2), Z. 1906, S. 2054. — Bayerische Staatsbahn Pt$^2/_4$ (T$^2/_4$ 1 B 1), Z. 1906, Taf. 19.

b) Reiner Außenrahmen kommt heute bei Regelspur nur ausnahmsweise zur Anwendung. Eine der letzten deutschen Ausführungen ist Badische Staatsbahn IIa, IIb (S$^2/_4$ 2 B o), vgl. Org. 1891, Taf. 25, 26.

c) Vierfacher oder dreifacher Rahmen bezweckt eine mehr als zweimalige Lagerung einer gekröpften Triebachse, kommt also nur für Innenzylinder- (und Vierzylinder-) Maschinen in Betracht.

Beispiel: Österreichische Staatsbahn Serie 9 (S$^3/_5$ 2 C o), Barb. & Godf., Taf. XX.

d) Kombinierter Innen- und Außenrahmen ermöglicht starke Verbreiterung des Rostes bei mäßig hoher Kessellage unter Ausnutzung der Vorzüge des Innenrahmens. Besonders geeignet für Lokomotiven mit hinterer Laufachse.

Typisches Beispiel: Pfalz-Bahn P 3 (S$^2/_5$ 2 B 1), Org. 1899 Taf. I, II.

3. Entscheidung der Zylinderanordnung.

a) B e i   z w e i   Z y l i n d e r n.

I n n e n z y l i n d e r sind bei rascher fahrenden, schwereren Maschinen vorteilhaft und anzustreben. (Besserer Wärme-schutz, geringeres Drehen, leichtere Gegengewichte und demnach geringeres Gewicht der ungefederten Teile.) Der vor den 90er Jahren des vergangenen Jahrhunderts fühl-bare Nachteil geringer Zugänglichkeit zum Innentriebwerk (von oben her) ist bei der heute üblichen hohen Kessel-lage nicht mehr von Bedeutung. Die Steuerung liegt zweckmäßig außen, Zylinder nach Grafenstadener Bauart (ohne durchschnittenes Rahmenblech, Schieberkasten nach außen gezogen). Die Ableitung der Schieberbewegung von der Triebstange nach J o y u. a. empfiehlt sich wegen des ungünstigen Einflusses des Federspiels und der Schwächung der Triebstange weniger.

B e i s p i e l e :

Badische Staatsbahn II c (S $^3/_4$ 2 B o): Zyl. und Schieber-kasten Grafenstadener Bauart, Innensteuerung mit besonderem innen liegendem Exzenter. Org. 1896, Taf. VIII.

Schweizer Nordostbahn (S $^3/_4$ 2 B o): Zyl. und Schieber-kasten Grafenstadener Bauart, Innensteuerung mit außen angeord-neter Exzenterstange. Z. 1902, S. 670.

Ouest (S $^3/_3$ 1 B o umgebaut in S $^3/_4$ 2 B o): Außen liegende Schieberkasten, Außensteuerung. Z. 1890, S. 248.

Pfalz-Bahn P 3 (S $^3/_5$ 2 B 1): Zyl. und Schieberkasten Grafen-stadener Bauart, Innensteuerung nach Walschaert-Heusinger mit Joy-Antrieb der Kulisse. Org. 1899, Taf. I, II.

Österreichische Staatsbahn Serie 9 (S $^3/_5$ 2 C o): Außen liegende Schieberkasten, Außensteuerung. Antrieb des unteren Punktes des Voreilhebels der Walschaert-Heusinger-Steuerung nicht vom Kreuzkopf der Innenmaschine sondern durch einen be-sonderen Kurbeltrieb (Gegenkurbel). Barb. & Godf. 1898, Taf. XX.

A u ß e n z y l i n d e r empfehlen sich bei allen anderen Lokomotivgattungen wegen besserer Zugänglichkeit des Triebwerks im Betrieb und bei Reparaturen. Außen-steuerung ist hierbei unbedingt anzustreben.

A n m e r k u n g. Walschaert - Heusinger - Steuerung mit Innen-einströmung bereitet (besonders bei geringem Triebraddurchmesser)

Schwierigkeiten wegen der durch die Voreilhebelanordnung bedingten
,hohen Kulissenlage. Hier empfiehlt sich der Einbau einer bajonett-
ähnlichen Stange, welche möglichst lang zu führen ist, vgl. Abb. 127
gegen Abb. 126.

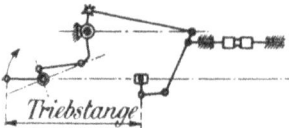

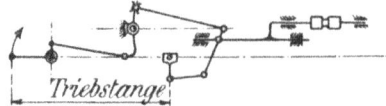

Abb. 126.   Abb. 127.

b) Bei vier Zylindern.

Innenlage der Niederdruckzylinder ist anzustreben.

De Glehnsche Anordnung ermöglicht genügende
Triebstangenlängen und ergibt nach Busses Erfahrungen
geringere Radreifenabnutzung als Einachsenantrieb. Bei
der $^2/_4$-Anordnung mit führendem amerikanischem Drehgestelle (2 Bo) spricht die für das Personnal sehr ungünstige Lage der Triebachslager unter dem Führerstand
gegen das de Glehn-Triebwerk.

Einachsenantrieb führt unter Umständen auf unerwünscht kurze Triebstangen, besonders bei der 2 B 1,
weniger bei der 2 Bo und 2 Co, überhaupt nicht bei der
2 C 1-Anordnung; er wird vielfach wegen der größeren
Einfachheit der Steuerungen in der Webb-, Borries-, Maffei-
oder Plancher-Anordnung vorgezogen.

Typische Beispiele:

de Glehn: Bayerische Staatsbahn CV (S$^3/_5$ 2 Co), Org
            1900, Taf. XXVI.

            Preußische Staatsbahn S 7 (S$^2/_5$ 2 B 1), Z. 1906,
            Taf. 3.

v. Borries: Preußische Staatsbahn (S$^2/_4$ 2 Bo), Z. 1902,
            Taf. XXVII.

            Preußische Staatsbahn (S$^2/_5$ 2 B 1), Z. 1904,
            Taf. 10.

Maffei: Badische Staatsbahn II d (S$^2/_5$ 2 B 1), Z. 1903,
            Taf. III.

            Bayerische Staatsbahn S$^2/_5$ (2 B 1), Z. 1905,
            Taf. 4.

Plancher: Italienische Staatsbahn Gruppe 690 ($S^3/_5$ o C 2),
Z. 1907, Taf. 14.

Sind die unter A genannten Entscheidungen getroffen, so erfolgt zweckmäßig

B. Die Aufzeichnung von Querschnitten. § 69.

Empfehlenswerte Maßstäbe: 1 : 20, 1 : 10.

1. Schnitt durch die Triebachse.

a) Festlegung der Lagermitten (Achsabmessungen, siehe S. 243).

Lagerentfernung bei Innenrahmen: 1080 + 1180 ÷ 1200 mm, bei Außenrahmen

  α) bei Aufsteck- oder Hallschen Exzenterkurbeln: 1760 ÷ 1820 mm,

  β) bei Hallschen Kurbeln: 1790 ÷ 1800 mm.

b) Wahl der Radsternabmessungen:

Länge des Nabensitzes: 140 ÷ 170 + 200 mm. Vielfach wird die Nabenlänge gleich dem Durchmesser der Achse im Radstern gemacht.

c) Kuppelstangenentfernung:

bei Innenrahmen bei innen angeordneten Kuppelstangen:
  1740 ÷ 1800 mm,

  bei außen angeordneten Kuppelstangen:
  2030 ÷ 2120 mm,

bei Außenrahmen bei innen angeordneten Kuppelstangen:
  2100 ÷ 2200 mm,

  bei außen angeordneten Kuppelstangen:
  2100 ÷ 2600 mm.

Kuppel- und Triebzapfenabmessungen siehe S. 244.

Die Kuppelstangenebene liegt nur bei zweifach gekuppelten Maschinen bei geringem Zylinderdurchmesser außerhalb der Triebstangenebene, bei mehr als zweifach gekuppelten Lokomotiven überhaupt nie außerhalb derselben.

d) Triebzapfenentfernung, gleichzeitig Zylinderentfernung:

bei Innenrahmen bei innen angeordneten Kuppelstangen:
  2000 ÷ 2120 mm,

bei außen angeordneten Kuppelstangen:

1830 ÷ 1850 ÷ 1880 ÷ 1920 mm;

bei Außenrahmen bei innen angeordneten Kuppelstangen:

2350 ÷ 2450 ÷ 2532 mm;

bei außen angeordneten Kuppelstangen:

2340 ÷ 2440 mm.

e) Wahl der lichten Rahmenbreite.

Bei Plattenrahmen überlege man, ob die Rahmenbleche in einem Stück durchlaufen sollen, oder ob zwei Bleche zu überlappen sind. Man sehe genügend Raum für den Ausschlag verschiebbarer oder verdrehbarer Achsen vor. Spiel zwischen ausgelenktem Radstern — man beachte die Breite des Gegengewichts — und den Nietköpfen des Rahmens: 10 mm, wenn möglich mehr.

Übliche lichte Rahmenbreiten:

bei Innenrahmen: 1220 ÷ 1240 ÷ 1300 mm, bei seiten-
verschieblichen Achsen 1190 mm und weniger. Soll die Federung zwecks besserer Zugänglich-keit der Federn, Ausgleichhebel usw. zwischen Rad und Rahmenblech angebracht werden (vgl. z. B. die leichte Lokomotive der Bayerischen Staatsbahn, Bauform Krauß, Z. 1906, Taf. 20), so wird die lichte Rahmenbreite entsprechend kleiner, etwa 1070 ÷ 1040 mm und darunter. Die Ersparnis an Rahmengewicht durch die kürzeren Querwände, Bodenversteifungen usw. wird durch das erforderliche Mehrgewicht des Zylinders und des Gleitbahnträgers aufgewogen. Auch wird die dauerhafte Befestigung der Bremsklotzhängeeisen wegen ihres größeren Abstandes vom Rahmen-blech schwieriger;

bei Außenrahmen: 1684 ÷ 1735 ÷ 1840 mm,

bei Barrenrahmen: 1060 ÷ 1078 mm.

Es ergibt sich demnach eine Außenbreite der Rahmen-tragwände:

bei Innenplattenrahmen: normal 1290 ÷ 1300 mm, ev. noch
1320 mm bei festgelagerten Achsen,

bei Barrenrahmen: 1260 ÷ 1282 mm.

2. Schnitt durch die Zylindermitte.

Konstruktion des Zylinderquerschnitts.

Großer Zylinderdurchmesser erfordert bei niederen Triebrädern ein geneigtes Triebwerk, um die Umgrenzungslinie
einzuhalten; auch die Nachbarschaft von Laufrädern nächst
dem Zylinder oder der Raumbedarf der über der vorderen
Kuppelachse angeordneten Triebstangen kann bei Innenzylindern zu einer unter Umständen sehr starken Neigung
des Triebwerks gegen die Wagerechte führen.

Typische Beispiele: Österreichische Staatsbahn Serie 110
(S³/₅ 1 C 1, Prärie-Type) vgl. Org. 1906, Taf. 1; Z. 1907,
S. 1346. Badische Staatsbahn IV f (S³/₆ 2 C 1, Pazifik-Type)
vgl. Z. 1908, S. 567.

3. Schnitt durch die Feuerbüchse.

Unterstützung der Feuerbüchse tunlichst unmittelbar unter
dem Bodenring durch Gleitlager oder Pendelträger. Kesselträger an den Feuerkasten-Seitenwänden vermeide man
nach Möglichkeit. Durchbildung des Aschkastens. Man achte
auf Geräumigkeit und ausreichende Luftzufuhr durch genügend
große, ev. auch seitlich anzubringende Klappen.

Gleichzeitig mit der Aufzeichnung der genannten Querschnitte, denen je nach Bedarf noch andere zu folgen haben,
muß die Federung und die weitere konstruktive Durchbildung
des Hauptrahmens überlegt werden.

C. Die Federung.   § 70.

I. Die Federn werden fast ausschließlich als Biegungsfedern
ausgebildet. Torsionsfedern, welche bei gleichem Volumen
und gleicher Materialausnutzung die etwa 3,5 fache Federungs-
arbeit aufnehmen können, werden bei Lokomotiven nur not-
gedrungen angewendet, da sie die Schwingungen nicht dämpfen.
Bei amerikanischen Drehgestellen sind sie aus Raumgründen
allerdings zuweilen nicht zu umgehen (vgl. z. B. Gotthard-
bah'n S³/₅, 2 C o, Barbey, Taf. 67, 68).

1. Übliche Abmessungen der Biegungsfedern.

a) Spannweite, je nach Raddurchmesser und beabsichtigter
Fahrgeschwindigkeit: 800, 900, 1000 ÷ 1200 mm und
mehr,

b) Krümmung der Federn vielfach derart, daß die Durch-
biegung der belasteten Feder etwa 15 mm beträgt.
Raummangel zwingt zuweilen zu Federn, welche im
unbelasteten Zustand gerade, im belasteten an den
Enden stark nach unten gekrümmt sind. Derartige
Federn gelten vielfach als weniger weich als die erst-
genannten.

Beispiele: Die Belpaire-Lokomotiven der Belgischen
Staatsbahn, vgl. z. B. Z. 1890, Taf. XVI, XVII.

Bad. Staatsbahn IV f (S $^3/_6$ 2 C 1), Z. 1908, S. 567.

c) Federblattbreite: meist 90 oder 100 mm, bis 130 mm.

d) Federblattstärke: meist 8 ÷ 13 mm, wobei die dün-
neren Blätter vorzuziehen sind, wenn genügend Raum
in der Höhe vorhanden.

Biegungsinanspruchnahme k_b unter der ruhenden Feder-
belastung:

1. von Federn: bei gewöhnlichem Federstahl

$$k_b = 4500 \text{ bis } 5000 \text{ kg/cm}^2$$

bei Kruppschem Spezialfederstahl

$$k_b^- = 6000 \text{ kg/cm}^2$$

2. von Ausgleichhebeln aus gutem Flußeisen

$$k_b = 1000 \text{ bis } 1200 \text{ bis } 1300 \text{ kg/cm}^2.$$

2. Federanordnung.

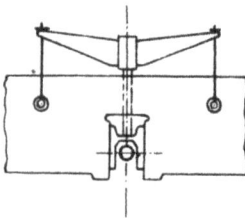 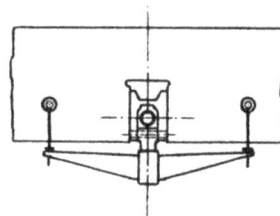

Abb. 128.   Abb. 129.

Die Federspanner sind entweder gezogen (vgl. Abb. 128)
(»Hängestangen« [k_z = 300 bis 350 kg/cm²]) oder gedrückt
(vgl. Abb. 129) »Druckstangen«. Entfernung der Feder-
mitten in der Quere, wenn möglich gleich der der Lager-

mitten. Ist dies mit Rücksicht auf die Nähe des Feuerbüchsmantels oder des Langkessels nicht angängig, so
ist ein Querträger (»Quertraverse«) einzuschalten (vgl.

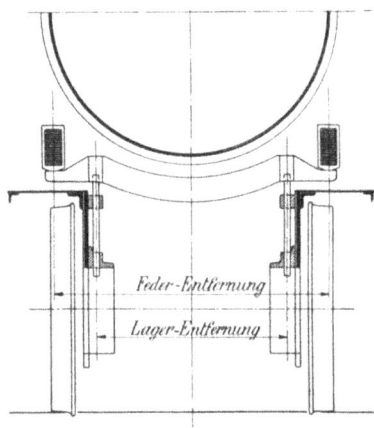

Abb. 130.

Abb. 130), welcher die Achse nach wie vor in zwei seitlichen, nicht etwa (wie ein Querhebel) in einem mittleren
Punkt belastet.   Dieser Querträger zählt im Gegensatz
zum Querhebel mit mittlerem Drehpunkt zur ungefederten,
»direkten« Last, ist also bei Lokomotiven mit hoher
Fahrgeschwindigkeit weniger erwünscht.   Er verbreitert
jedoch die Federbasis und erhöht die seitliche Standfestigkeit des Fahrzeugs.   Bei der in Abb. 130 gezeichneten
und anderen Anordnungen kommen die Federn sehr nahe
an den Kessel heran.   Man achte auf das Federspiel und
die Möglichkeit bequemen Aufbringens der Muttern über
die Federspanner bei ungespannter Feder.

Das Federspiel wird zu 25 bis 35 mm, bis höchstens
40 mm, festgesetzt.   Die Anschläge der gefederten gegen
die nicht gefederten Teile (zwischen Rahmen und Achskisten, zwischen Rahmen und Teilen des Federgehänges
usw.) sind dementsprechend zu bemessen.

II. Anwendung von Ausgleichhebeln.

1. **Längsausgleichhebel** werden vielfach angewendet bei gekuppelten Achsen zur Erzielung gleicher Achsbelastung (vgl. S. 191). Da der Triebradsatz in der Regel erheblich schwerer ist als ein Kuppelradsatz, erhält der Ausgleichhebel beim Triebradsatz meist eine größere Länge als beim Kuppelradsatz. Längsausgleichhebel sind weiter empfehlenswert bei der Vorderachse und der nächstfolgenden, um Änderungen der Belastung von der führenden Achse möglichst fernzuhalten (vgl. z. B. Abb. 131 und 132).

Die Anordnung einer umgekehrten Blattfeder und Belastung der Hinterachse mittels Hebels ermöglicht bei niedrigen Rädern und tiefer Feuerbüchse die Unterbringung einer gut zugänglichen Federung (vgl. Abb. 131).

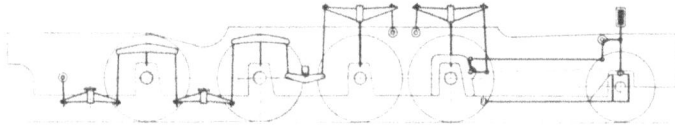

Abb. 131.
$^4/_5$ (1 D o) : Dreipunktaufhängung.

Typische Beispiele:

Bayer. Staatsbahn G $^4/_5$ (1 D o), Z. 1906, Taf. 18, (Abb. 131).

Lokalbahn A.-G. München T. $^4/_4$ (o D o), D. Lok. 1905, S. 129.

2. **Querausgleichhebel bzw. Querfedern** finden häufig Anwendung bei führenden Achsen, um einseitige Belastungen dieser Achse auszuschließen (vgl. Abb. 131 und 132). Die Belastung der führenden Achse in einem mittleren Punkt empfiehlt sich

> a) bei Maschinen, welche auf einem weniger sorgfältig verlegten Oberbau verkehren müssen,
>
> b) bei höheren Fahrgeschwindigkeiten, insbesondere bei Tenderlokomotiven, welche gleich gut und gleich rasch vor- und rückwärts verkehren sollen.

Typische Beispiele : Bayer. Staatsbahn D XII (T^2/$_5$ 1 B2), Pfalz-Bahn T^3/$_6$ (1 C 2), bei welchen die führende Achse für die Vor- und Rückwärtsfahrt in einem mittleren Punkt belastet ist.

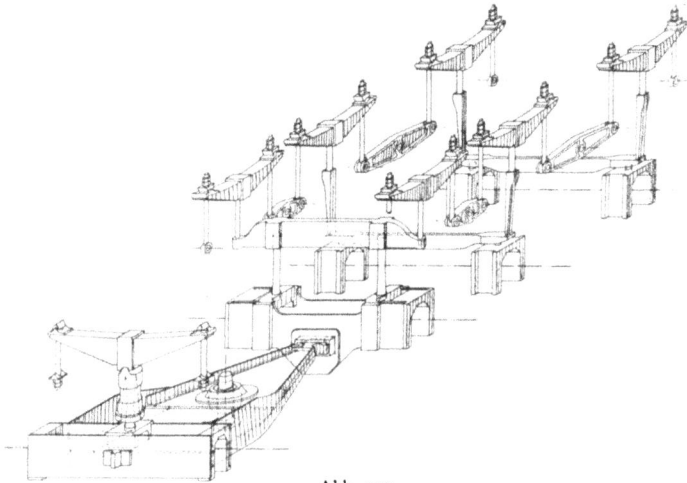

Abb. 132.

^{3}/$_4$ (C 10) : Dreipunktaufhängung.

Querfedern werden gewöhnlich quer, d. h. senkrecht zur Längsachse des Fahrzeugs angebracht; sie können jedoch bei Raummangel ebenso gut in der Längsrichtung (in der Maschinenmitte) angeordnet werden.

Es ist hierbei zu beachten, daß Resonanz nicht eintritt, d. h. daß die natürliche Schwingungszahl der Hauptmasse der Lokomotive, soweit sie auf s e i t l i c h e n Stützpunkten ruht, mit der Umdrehungszahl der Maschine oder ihrem Vielfachen nicht zusammenfällt.

Die Unterstützung des Hauptrahmens in drei Punkten ist auch heute noch vielfach sehr beliebt.

D. Die konstruktive Durchbildung des Hauptrahmens.   § 71.

Man achte auf

1. ausreichende Quer- und Diagonalversteifung der beiden Tragwände, insbesondere zwischen den Zylindern und Triebachslagern,

2. ausreichenden Querschnitt über den Achsausschnitten, sowie zwischen Zylinder, Gleitbahnträger und Triebachse; Blechquerschnitt derart, daß k_b bei hochgehobener Maschine, also bei abgenommenen Unterzugeisen, 900 bis 1000 kg/cm² nicht überschreitet,

3. reichliche Anbringung von Ausschnitten an allen Stellen, wo Konstruktionsblech entbehrt werden kann. Denn alles tote Gewicht im Rahmenbau ist zugunsten des Kessels zu vermeiden, ein Grundsatz, der besonders bei Schnellzuglokomotiven mit hoher Kesselleistung zu größter Sparsamkeit zwingt,

4. kräftige Versteifung der Bufferstirnwände, besonders bei Innenrahmen (Eckversteifungen).

Siebenter Abschnitt.

Triebwerk und Steuerung.

Für den Entwurf sind folgende Angaben wissenswert:

A. betreffend das Triebwerk.

I. Achsen. § 72.

Ihre Abmessungen werden nach der Erfahrung ausgeführt, da die Grundlagen einer Berechnung (Achsbelastung, Reibung zwischen Rad und Schiene, Flanschenstöße, Schleudern, Kolbenkraft) zu unsicher sind. Die Biegungsinanspruchnahme im Achslager, hervorgerufen durch die größte Kolbenkraft, erreicht und übersteigt bei schweren Gütermaschinen häufig 2000 kg/cm².

v. Borries empfiehlt für Stahlachsen folgende Abmessungen:

a) Trieb- und Kuppelachsen.

Achsdurchmesser im Schenkel:

$$d\,\text{mm} = 6 \cdot \sqrt[3]{P^t\,(D\,\text{mm} + 500)},$$

wobei P^t die Belastung der Achse, d. h. Achsdruck minus (Gewicht des Radsatzes + sonstiger die Achslager nicht belastender Teile: Kuppelstangen, Triebstangenanteil usw.), D mm der Trieb- und Kuppelraddurchmesser.

Lagerlänge derart, daß der Auflagedruck 12 ÷ 16 kg/cm² nicht überschreitet. Vereinzelt vorkommende Flächendrücke von 20 kg/cm² und darüber haben sich nicht immer bewährt.

b) Laufachsen.

Achsdurchmesser im Schenkel:

$$d\,\text{mm} = 65\,\sqrt[3]{P^t},$$

16*

wobei P^t die Belastung der Achse, d. h. Achsdruck minus $\varSigma$ der die Achslager nicht belastenden Teile.

Lagerlänge derart, daß der Auflagedruck 12 kg/cm² nicht überschreitet.

§ 73.

II. Die Zapfen des Triebwerks.

a) Kreuzkopf- und Triebzapfen werden durch die größte Kolbenkraft bei höchstem Dampfdruck gleichmäßig belastet vorausgesetzt. Kolbenstangenquerschnitt, Gegendruck auf der anderen Zylinderseite, Beschleunigungskraft werden nicht berücksichtigt, da sie die Festigkeitsrechnung in günstigem Sinne beeinflussen. Für die genannten Zapfen sei

$$k_b < 1000 \div 1200 \text{ kg/cm}^2,$$

Werte bis 1400 ÷ 1500 kg/cm² seien nur ausnahmsweise bei Nickelstahlzapfen zugelassen. Flächendruck unter dem größten (nicht unter dem mittleren) Kolbendruck: $p < 150$ kg/cm².

Übliche Lagerlängen für Kreuzkopfzapfen: 60 ÷ 85 ÷ 100 mm,

»   »   » Triebzapfen: 90 ÷ 100 ÷ 130 mm.

Triebzapfendurchmesser nach v. Borries:

$$d \text{ mm} = 0{,}675 \cdot \sqrt{P \text{ kg}} = l; \text{ d. h. } \frac{l}{d} = 1.$$

b) Kuppelzapfen werden durch den aus der Reibung zwischen Rad und Schiene bestimmten Widerstand belastet gedacht, und zwar soll ein Kuppelzapfen imstande sein, die der Reibung des ganzen Radsatzes entsprechende Umfangskraft aufzunehmen. f wird hierbei sehr hoch, etwa zu $\frac{1}{8}$ angenommen.

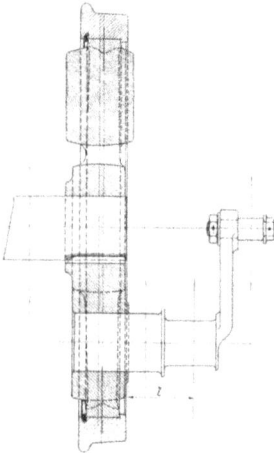

Der Kuppelzapfen der Triebachse wird durch die für den Triebzapfen bedingten Abmessungen stark genug. Der Hebelarm l der biegenden Kolbenkraft wird hierbei bis zur Einspannstelle im Radstern gemessen (vgl. Abb. 133).

Die Kuppelachsen erhalten

Abb. 133.

demnach bei gleichen Achsdrücken

gleiche Zapfen, können also unter Umständen mit vollkommen gleichen Radsätzen versehen werden.

k_b und p wie bei Triebzapfen.

Übliche Lagerlängen für Kuppelzapfen: $70 \div 90 \div 100$ mm.

Anmerkung. Der im allgemeinen Maschinenbau selten angewendete Kugelzapfen hat sich bei Kuppelzapfen wohl bewährt.

III. Die Gelenkigkeit der Kuppelstangen.   § 74.

Die Kuppelstangen müssen

1. in senkrechter Richtung nachgiebig sein, sofern mehr als zwei Achsen zu kuppeln sind,
2. in besonderen, durch die Kurvenbeweglichkeit bedingten Fällen nach Bedarf in wagerechtem Sinn nachgiebig sein.

Die günstigste Anordnung der hierzu erforderlichen Gelenke muß von Fall zu Fall gesucht und reiflich überlegt werden. Man achte besonders auf gute Führung der Kuppelstangen in **wagerechtem** Sinne.

IV. Trieb- und Kuppelstangen.   § 75.

Die Formgebung der Stangenschäfte ist besonders bei schweren Maschinen vorwiegend durch die Form der Stangenköpfe bestimmt. Schroffe Übergänge sind peinlich zu vermeiden. I-Querschnitt ist bei schwereren Ausführungen dem Rechtecksquerschnitt vorzuziehen.

Die Triebstange wird durch den größten Kolbendruck belastet. Die Belastung der Kuppelstangen aus der Reibung zwischen Rad und Schiene möge aus dem Beispiel eines Fünfkupplers ersehen werden (vgl. Abb. 134).

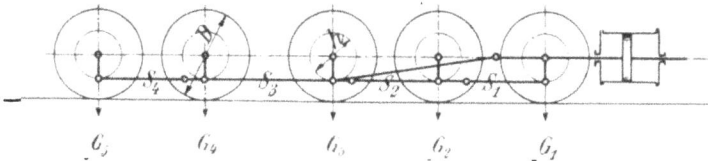

Abb. 134.

Belastung der Stange I—II: $S_1 = f\,G_1 \cdot \dfrac{h}{D}$

» » » II—III: $S_2 = f\,(G_1 + G_2) \cdot \dfrac{h}{D}$

Belastung der Stange III—IV: $S_3 = f\,(G_4 + G_5) \cdot \dfrac{h}{D}$

»   :   »   IV—V: $S_4 = f\,G_5 \cdot \dfrac{h}{D}$,

wobei $f = \dfrac{1}{3}$, G_1, G_2 .. G_5 die Achsdrücke der Achsen I, II, III, IV, V, D der Triebraddurchmesser, h der Kolbenhub.

Nach Gölsdorf empfiehlt sich bei Trieb- und Kuppelstangen die Einhaltung folgender Werte:

	bei Trieb-stangen	bei Kuppel-stangen
Zugbeanspruchung in den Stangenköpfen im vollen, ungeschwächten Querschnitt . . .	400 ÷ 500 kg/cm²	
in dem durch Löcher verschwächten Querschnitt	300 ÷ 400 »	
Zugbeanspruchung im Schaft (durch die Stangen-kraft)	400 ÷ 500 »	
Biegungsbeanspruchung im Schaft (durch die Flieh-kraft)	1000 + 1500 »	
Knicksicherheit des Schaftes in senkrechter Richtung	4 ÷ 6 fach	6 ÷ 8 fach
» » » » wagrechter Richtung (gegen die »Peitschwirkung«)	2 ÷ 3 fach	3 + 5 fach

B. betreffend die Steuerung.

Die Durchbildung der Steuerung ist Sache der Detailkonstruktion. Indes können nachstehende Angaben unter Umständen schon beim Entwurf einer Lokomotive von Nutzen sein.

§ 76.   **I. Die innere Steuerung.**

1. Querschnitt des Einströmkanals

$$f_{Kanal} = \frac{1}{10} \div \frac{1}{12} \div \frac{1}{15}\, F_{Kolben},$$

wobei man den Wert $\dfrac{1}{10}\,F_{Kolben}$ anstreben soll.

Unter Annahme der Kanallänge b (= Länge der gesteuerten Kante) ergibt sich die Kanalbreite $a = \dfrac{f_{Kanal}}{b}$.

Kanallänge $b = (0{,}7 \div 0{,}95) \times$ Zylinderdurchmesser
o d e r 6 ÷ 4 mm für 1 l Hubraum bei Hochdruckzylindern,
      3 ÷ 2,5 mm für 1 l Hubraum bei Niederdruckzylindern

2. Schieberbauart. Bei regelmäßigem Gebrauch von großen Füllungen (Verschiebemaschinen usw.) genügt ein Schieber mit einfachem Ein- und Auslaß. Wird dagegen vorwiegend mit Füllungen unter 40% gefahren (Eilgüterzug-, Schnellzugdienst), so empfiehlt sich doppelter Einlaß bei einfachem Auslaß: Trick-Schieber, Wilhelm Schmidt-Schieber. Doppelter Ein- und Auslaß nach Penn wird nur bei großen Niederdruckzylindern zur Vermeidung zu großer Schieberabmessungen notwendig. Die Vorzüge des Kolbenschiebers führen trotz der gelegentlich nicht unbeträchtlichen Dampfverluste zu dessen immer größerer Verbreitung.

3. Größte anzustrebende Füllung: $76 \div 78\%$, besser 80%, bei Zweizylinderverbundwirkung allenfalls noch größer. Unbequeme Abmessungen der äußeren Steuerung, herrührend von sehr hohem größtem Füllungsgrade, lassen sich vielfach durch Gölsdorf-Schlitze, d. h. durch örtliche Verminderung der Einlaßdeckung, vermeiden.

4. Die größte Schieberauslenkung sei derart, daß bei größter Füllung der Kanal beim Einlaß etwas überschliffen oder ganz oder wenigstens zu $75 \div 80\%$ eröffnet wird. Übliche Werte für $s_{max\ Füllung}$: $45 \div 50 \div 65$ mm, zuweilen noch mehr.

5. Schieberspiegel derart, daß der Auspuffkanal bei größter Füllung überschliffen wird.

6. Lineares Veröffnen

   a) bei einfachem Einlaß:
      bei Verschiebe- und Gütermaschinen: $2 \div 3$ mm,
      bei regelmäßig höheren Umlaufzahlen: $3,5 \div 5$ mm und mehr;

   b) bei doppeltem Einlaß:
      etwa $^3/_4$ der genannten Werte, so daß das wirksame Veröffnen etwa $1,5$ mal so groß wird wie bei dem einfachen Einlaß.

      Die höheren Werte sind bei Niederdruckzylindern empfehlenswert.

      Anmerkung. Bei der Stephenson- und Allan-Steuerung mit offenen Stangen nimmt das lineare Veröffnen zweckmäßig bis zum Werte o mm bei größter Füllung ab.

7. Die Auslaßdeckung ist um so kleiner auszuführen, je höher die Umlaufzahl im regelmäßigen Betrieb steigt. Verschiebemaschinen und Güterlokomotiven für ausgesprochenen Gebirgsdienst erhalten möglichst große positive Auslaßdeckung, etwa bis zu 6 mm. Bei Maschinen mit hoher Umlaufzahl geht man bei Zwillingswirkung etwa bis —4 mm, selbst bis —6 mm herab. Hochdruckzylinder von Verbundlokomotiven erhalten große negative Auslaßdeckung, vielfach bei absichtlich vergrößertem schädlichen Raum des Hochdruckzylinders, um bei kleinen Füllungen zu hohen Kompressionsenddruck zu vermeiden.

§ 77.   **II. Die äußere Steuerung.**

Anzustreben ist Walschaert - Heusinger - Steuerung, welche zurzeit für Lokomotiven am geeignetsten ist. Eigenschaften: In einem festen Lager schwingende Kulisse, demnach Widerstandsfähigkeit der Steuerung in der Querrichtung; Möglichkeit großer Schieberauslenkungen; genauere Dampfverteilung als bei allen anderen Umsteuerungen; kein Einfluß des Federspiels bei richtiger Lage des Angriffspunktes der Exzenterstange am Kulissenhorn (Mittellage des angetriebenen Kulissenpunktes in der Wagrechten durch das Triebachsmittel); Aufbau der Steuerung in einer Ebene; in der Regel Ersatz der zu Heißlaufen neigenden Exzenterscheibe durch einen Gegenkurbelzapfen.

An zweiter Stelle empfiehlt sich die Stephenson-Steuerung mit offenen Stangen, weiter bei genügendem Raum in der Längsrichtung die Allan - Steuerung, weniger die Gooch-Steuerung.

Die Joy-Steuerung wird aus Raum- (und wohl auch aus nationalen) Gründen in England vielfach ausgeführt. Eigenschaften: Aufbau in einer Ebene, großer Raumbedarf in senkrechter Richtung, starker Einfluß des Federspiels, starker Verschleiß des Kulissensteins, gefährliche Biegungs-Inanspruchnahme der Triebstange.

Achter Abschnitt.

Die Bestimmung des Leer- und Dienstgewichts. Die Verwirklichung der angestrebten Achsdrücke.

I. Die Berechnung des Leer- und Dienstgewichts. § 78.

Die Gewichtsberechnung bezweckt die ungefähre Feststellung

1. des Leergewichts L_l, des Dienstgewichts L,
2. der zu erwartenden Achsdrücke G_1, $G_2 \ldots G_n$.

Das Leergewicht L_l ist das Gewicht der leeren Lokomotive, ohne Wasser im Kessel, ohne Brennstoff auf dem Rost, ohne Sand in den Kästen, ohne Mannschaft auf dem Führerstand, ohne Vorräte in den allenfalls vorhandenen Wasser- und Brennstoffbehältern. Gewöhnlich wird die »Ausrüstung« (Werkzeuge, Laternen, Signalscheiben, Winden, Fackeln usw.) n i c h t in das Leergewicht einbezogen.

Das Dienstgewicht $L =$ Leergewicht $+$ Kesselwasser bei mittlerem Wasserstand und der dem höchsten Dampfdruck entsprechenden Temperatur $+$ Rostbeschickung $+$ Sandkastenfüllung $+$ Mannschaft $+$ Ausrüstung, wozu bei Tenderlokomotiven noch die (vollen) Wasser- und Brennstoffvorräte kommen.

Anhaltspunkte zur Gewichtsberechnung. § 79.

Das Lokomotivgewicht gliedert sich
in die nicht gefederte »direkte« Last, umfassend die Radsätze, die Kuppelstangen, die sich drehenden Triebstangen-

anteile, die Achskisten und allenfalls mit diesen verbundene Teile, Federstützen, allenfallsige Quertraversen, die Federn, Drehgestelldeichseln usw.

und in die gefederte »indirekte« Last, welche alle Teile umfaßt, die von den Federhänge- oder Stützstangen getragen werden.

Nachstehend sind Anhaltspunkte für die Gewichte vielfach vorkommender Einzelteile gegeben, und zwar entweder durch Erfahrungsformeln oder durch Zahlenwerte, welche Mittelwerte leichter, mäßig schwerer und schwerer Ausführungen regelspuriger Maschinen sind.

Nicht genannte Teile müssen von Fall zu Fall gerechnet werden.

Die etwas ausführlicheren Angaben über Lokomotiv-Ausrüstungteile sollen einen Überblick über die Vielgestaltigkeit des Zubehörs einer neuzeitlichen Maschine und die recht beträchtlichen Gewichtsansprüche dieser Teile geben.

§ 80.   I. Teile des Rahmens.

1. Radsätze.

Radsatzgewicht von Vollbahnlokomotiven mit $10 \div 14$ t Achsdruck nach v. Borries

bei Triebrädern $(D + 1600)$ kg, bei Kropfachsen noch etwa
$$400 \div 600 \text{ kg Zuschlag,}$$
bei Kuppelrädern $(1,4\,D + 350)$ kg,

bei Laufrädern $(1,2\,D)$ kg,

wobei D der Laufkreisdurchmesser in mm der mit 65 mm Reifenstärke auszuführenden Räder.

2. Achskisten, komplett mit Lagerschalen, Unterteilen usw.

a) Laufradachskisten.

1. Lokomotivbauart α) bei $8 \div 10$ t Achsdruck, bei 135 mm Schenkeldurchmesser und 150 mm Lagerlänge für 1 Radsatz: $2 \times (39 \div 46) = 78 \div 92$ kg;

β) bei $12 \div 13$ t Achsdruck, bei 160 mm Schenkeldurchmesser und 200 mm Lagerlänge für 1 Radsatz: $2 \times 75 = 150$ kg.

2. Geschlossene Wagenbauart, bei Drehgestellen mit Außenrahmen in Anwendung, bei $10 \div 12$ t Achsdruck, bei
105 mm Schenkeldurchmesser und 190 mm Lagerlänge,
für 1 Radsatz: $2 \times 73 = 146$ kg.

b) Trieb- und Kuppelrad-Achskisten.

Bei ca. $10 \div 12$ t Achsdruck, bei 120 mm Schenkeldurchm.
und 140 mm Lagerlänge für 1 Radsatz $2 \times 31 = 62$ kg.

Bei ca. $12 \div 14$ t Achsdruck, bei 170 mm Schenkeldurchm.
und 180 mm Lagerlänge für 1 Radsatz $2 \times 65 = 130$ kg.

Bei ca. $14 \div 16$ t Achsdruck, bei 185 mm Schenkeldurchm.
und 220 mm Lagerlänge für 1 Radsatz $2 \times 95 = 190$ kg.

3. Achskistenführungen.

a) Geteilte »Schleifbacken«

1. für Laufachsen mit Unterzugeisen usw. komplett:
bei ca. 11 t Achsdruck für 1 Radsatz: $2 \times 28 = 56$ kg.

2. für Trieb- und Kuppelachsen,

α) leichte Ausführung bei $10 \div 14$ t Achsdruck, ohne
Nachstellung, mit Unterzugeisen für 1 Radsatz:
$2 \times (30 \div 42) = 60 \div 84$ kg,

β) schwere Ausführung bei $14 \div 16$ t Achsdruck, mit
Keilnachstellung, Unterzugeisen: $2 \times (60 \div 70)$
$= 120 \div 140$ kg.

b) Geschlossene »Achsgabel«

1. für Laufachsen mit Unterzugeisen usw. komplett:
bei ca. 11 t Achsdruck für 1 Radsatz: $2 \times 65 = 130$ kg,

2. für Trieb- und Kuppelachsen, mit Keilnachstellung,
Unterzugeisen usw.:

bei ca. 10 t Achsdruck für 1 Radsatz: $2 \times 70 = 140$ kg
» » 12 t   »   » 1   » : $2 \times 85 = 170$ »
» 14 u. mehr t »   » 1   » : $2 \times (100 \div 140)$
$= 200 \div 280$ kg.

Die Achskistenführung ist einer der wenigen Konstruktionsteile, bei welchen durch sparsame Bemessung der Abmessungen eine erhebliche Gewichtsersparnis möglich ist.

4. Die Rahmentragwände (Bleche, Barreneisen) sind von Fall
zu Fall unter Berücksichtigung der Ausschnitte usw. zu berechnen. Die gewählte Stärke der Tragwände beeinflußt das
Lokomotivgewicht sehr.

5. Die Quer- und Diagonalversteifung des Rahmens durch Querwände und wagerechte Längsbleche (Bodenbleche, Deckbleche)
kann einschließlich der zu ihrer Verbindung erforderlichen
Rahmenwinkel geschätzt werden:

beim Kraußschen Kastenrahmen
    leichte Durchbildung 360 ÷ 410 kg
    schwerere   »   410 ÷ 480 »
    und mehr
beim Innenrahmen
    leichte Durchbildung   350 kg
    mittelschwere   »   420 »
    schwere   »   500 »
beim Außenrahmen etwa das 1,1 ÷ 1,3 fache
der beim Innenrahmen angegebenen Werte

für den lau-
fenden m
Rahmenkon-
struktion (ge-
messen von
der vorderen
bis zur hin-
teren Stirn-
wand).

Außergewöhnlich leicht durchgebildete regelspurige Lokomotiven weisen selbst nur 300 kg/m auf.

Anmerkung. Es sei ausdrücklich betont, daß bei vorstehenden Angaben die Hauptrahmenbleche nicht eingeschlossen sind. Das geringe Gewicht des Kraußschen Kasten-
rahmens ist vorwiegend in der geringen Blechstärke seiner
Längswände begründet, kommt also in den angegebenen
Zahlen nicht sehr zur Geltung.

Zur Gewichtsermittelung einzelner Bleche und Rahmenwinkel bediene man sich der Zahlentafeln 10 und 11.

6. Sonstige Teile des Rahmens, wie die Federn ($\gamma = 7{,}85$ kg/l
Federstahl), Federstützen, ihre Führungen, Federspanner, Ausgleichhebel, Traversen usw., allenfallsige Wasser- und Kohlen-
kästen u. dgl. müssen von Fall zu Fall gerechnet bzw. geschätzt werden.

7. Kupplungsteile.
1 Paar Puffer, je nach Bauart 120 ÷ 170 kg.
1 Zughaken, je nach Länge der Zugstange ohne Zubehör
16 ÷ 48 kg.
1 Zughakenfeder von 5 t Tragkraft (Kegelfeder mit Rechteckquerschnitt) 15,5 kg.
1 einfache Zughakenführung (Gußkörper) 40 kg.
2 Zughakenfedern mit Traverse für 10 t Tragkraft, Feder-
führungen und sonstigem Zubehör 69 kg.

Zahlentafel Nr. 10.

Gewichte von Flußeisenblechen in kg für 1 m² Blech.

1	2	3	4	5	6	mm Blechstärke
7,85	15,70	23,55	31,40	39,25	47,10	kg/m²
7	8	9	10	11	12	mm Blechstärke
54,95	62,80	70,65	78,50	86,35	94,20	kg/m²
13	14	15	16	17	18	mm Blechstärke
102,05	109,90	117,75	125,60	133,45	141,30	kg/m²
19	20	21	22	23	24	mm Blechstärke
149,15	157,00	164,85	172,70	180,55	188,40	kg/m²
25	26	27	28	29	30	mm Blechstärke
196,25	204,10	211,95	219,80	227,65	235,50	kg/m²

Zahlentafel Nr. 11.

Gewichte gebräuchlicher gleichschenkeliger Rahmenwinkel für den laufenden Meter.

120/16	90/14	75/14	65/13	60/9	45/6,5	35/5	mm
28,5	18,3	15,0	12,3	7,8	4,4	2,6	kg/m
120/15	90/13	75/12	65/11	60/8	45/5	35/4	mm
26,5	17,0	13,0	10,3	7,04	3,36	2,08	kg/m

1 Schraubenkupplung + 1 Sicherheitskupplung: 20 + 22 = 42 kg.

1 Zugkasten der Tenderkupplung in Eisen- oder Stahlguß je nach erforderlichem Gewicht: 60 ÷ 200 kg und mehr.

1 normale Tenderkupplung, bestehend aus 1 Haupt- und 2 Notkuppeleisen, den zugehörigen »Kuppelnägeln«, 2 Stoßpuffern mit Führungen, jedoch ohne Zugkasten, ohne Tenderfeder: ca. 250 ÷ 300 kg.

§ 81.   **II. Teile des Kessels.**

1. Die Kesselschale mit eingesetzter Feuerbüchse, einschließlich der Verankerungen, jedoch ohne Siederohre, ohne Armatur, ohne Verkleidung kann nach K r a m á ř in folgender Weise überschlägig bestimmt werden (vgl. Org. 1906, S. 12):

Bezeichnet h_1 m² die wasserberührte Heizfläche der Feuerbüchse (= feuerberührte Heizfläche der Büchse $H_B + 0{,}03\,H_B$),

h_2 m² die wasserberührte Heizfläche der Siederohre $= d_a\,\pi \cdot l \cdot i$,

p^{atm} die höchste zulässige Dampfspannung,

so ist das Kesselgewicht

$$G_K = G_{St\cdot K} + G_{L\cdot K}$$

= Stehkesselgewicht (Feuerbüchse mit Feuerbüchsmantel) + Langkesselgewicht.

Hierbei ist

$$G_{St\cdot K} = 250 + 435{,}6\,h_1.$$
$$G_{L\cdot K} = G_Z + G_R + G_{R\cdot R} + G_D.$$

= Zylindrische Schüsse + Rauchkammer + Rauchkammerrohrwand + Dom.

$$G_Z = 0{,}0255 \cdot p \cdot h_2 \cdot [8{,}33 - 0{,}016\,h_2] \cdot \sqrt{h_2}.$$
$$G_R = 29{,}5\,\sqrt{h_2}.$$
$$G_{R\cdot R} = 0{,}2 \cdot [12{,}1\,h_2 - 37{,}2\,\sqrt{h_2}\,].$$
$$G_D = 265.$$

Die g e n a u e Bestimmung des Kesselgewichts erfordert die Abwicklung aller Bleche und getrennte Gewichtsbestimmung der einzelnen Blechtafeln und sonstigen Kesselteile.

2. G e w i c h t d e r S i e d e r o h r e f ü r d e n l a u f e n d e n M e t e r.

a) Glatte Eisenrohre:

39,5/44	40/44	40/45	43/47,5	45/50	46/50	47/52 mm.
2,302	2,058	2,603	2,49	2,90	2,368	3,032 kg/m.

b) Glatte Messingrohre:

40/44	45/50	46/50 mm.
2,24	3,17	2,58 kg/mm.

c) Serve-Rippenrohre:

    45/50   55/60   65/70 mm.

    4,20   5,24   6,31 kg/m.

3. Gewicht der Rauchrohre des Schmidtschen Rauchröhrenüberhitzers für den laufenden Meter:

    100,5/108   118/127   123/133 mm.

    9,56   13,48   14,17 kg/m.

4. Gewicht von Überhitzerrohren für den laufen den Meter:

    23/30   26/33   28/35 mm.

    2,287   2,55   2,70 kg/m.

5. Kesselarmatur:

Sicherheitsventile.

Ramsbottom-Doppelventil für Kessel bis ca. 120 m² Heizfläche: 26 kg.

Ramsbottom-Wöhler-Ventil für Kessel bis ca. 120 m² Heizfläche: 48 kg, über 120 m² Heizfläche 100 kg.

Sicherheitsventil mit Federwage 1 Stück ca. 30 kg.

1 Hochhub-Sicherheitsventil, Bauart Pop, 5 ÷ 15 kg, je nach Größe.

Wasserstandszeiger: 1 Stück 8 ÷ 10 kg.

Probierhahn: 1 Stück 1,3 kg.

Probierventil: 1 Stück 2 ÷ 2,3 kg.

Manometer (Druckmesser): 1 Stück 2,1 ÷ 3,2 kg.

Dampfentnahmeventil: 1 Stück 5 ÷ 6 kg.

Armaturstutzen mit kompletter Armatur: 1 Stück 20 ÷ 30 ÷ 60 kg.

Pfeife mit Hebel und einfacher Zugstange: 1 Stück ca. 8 kg.

Kesselablaßhahn: 1 Stück 6 ÷ 10 ÷ 12 kg.

Injektoren (Strahlpumpen), Bauart Friedmann, Klasse SZ, mit

    6 mm Düsenweite und ca. 88 l/min: 1 Stück 18,5 kg.

    7 »   »   » » 117 »   »   21 »

    8 »   »   » » 152 »   »   25 »

    9 »   »   » » 190 »   »   28,5 ÷ 30 kg.

    10 »   »   » » 230 »   »   30 ÷ 35 »

Kesselspeiseventil (»Speiskopf«) mit Absperrhahn und Rückschlagventil: 6 ÷ 16 ÷ 30 kg.

6. Sonstige Kesselteile.

Feuertüre mit Schutzring bei 350 mm Schürlochdurchmesser:
40 kg; bei ovalem Schürloch (350 $\times$ 280 mm): 39 kg.

Roststäbe mit Roststabträger pro 1 m^2 Rostfläche:

a) bei 100 $\div$ 110 mm hohen einfachen Stäben: 380 $\div$ 470 kg/m^2 Rostfläche,

b) bei 90 mm hohen, gußeisernen Doppelstäben: 260 $\div$ 320 kg/m^2 Rostfläche,

Aschkasten, je nach Geräumigkeit und Zahl der Luftklappen: 170 $\div$ 260 $\div$ 450 kg/m^2 Rostfläche.

Regler komplett mit Reglerkopf, Gestänge usw. 120 $\div$ 230 kg.

Der vordere Kesselträger (»Rauchkammersattel«), die Rauchkammertüre, der Kamin können in wirksamer Weise zur Regelung der Lastverteilung des Lokomotivvorderteils herangezogen werden.

§ 82.   **III. Teile des Triebwerks.**

Dampfzylinder samt Schieberkasten und Deckeln pro 1 l Hubraum:

a) bei innen oder außen liegenden Hochdruckzylindern: 12 $\div$ 14 $\div$ 20 kg/l,

b) bei leicht konstruierten Niederdruckzylindern: 8 kg/l und weniger, je nach Größe der Ausladung des Zylinders.

Die übrigen Teile des Triebwerks müssen von Fall zu Fall überschlagen werden.

§ 83.   **IV. Die Ausrüstung.**

Kesselverkleidung, Führerstand, Sandkasten, allenfallsige Wasser- und Kohlenkasten, Bremseinrichtungen mit Hand-, Dampf- oder Luftbetrieb, die Ausrüstung im engeren Sinn (Werkzeuge, Laternen, Signalscheiben, Schilder, Winden usw.) beanspruchen je nach Größe der Maschine 1,2 $\div$ 6 t.

Kesselverkleidung: 300 $\div$ 800 kg.

Führerstand: 300 $\div$ 500 bis 1200 $\div$ 1400 kg.

Westinghouse-Bremseinrichtung mit Dampfluftpumpe, Hauptbehälter und Zubehör: 400 $\div$ 500 kg; hierzu Rohrleitungen: 100 $\div$ 200 kg.

Exter-Bremshebel mit Lager, Winkelhebel und Zugstange: ca. 70 kg.

1 Paar Bremsklötze: 40 ÷ 50 kg.

Ausrüstung: Werkzeuge: 12 ÷ 50 kg,
     1 Laterne: 15 ÷ 22,5 kg,
     1 Winde bei 10 t Tragkraft: 50 ÷ 70 kg,
     1 Winde bei 15 t Tragkraft: 82 kg.

Nach Feststellung des Leer- und Dienstgewichts und gleichzeitiger Ermittelung der Schwerpunktslage der wesentlichen Teile erfolgt die Verwirklichung der angestrebten Achsdrücke.

Angaben der ungefähren Schwerpunktslage einzelner Lokomotivteile, wenn deren genaue Ermittelung umgangen werden soll. § 84.

1. Der Schwerpunkt des Rahmens kann ohne Berücksichtigung der über die Pufferstirnwand hinausragenden Teile (Puffer, Kuhfänger etc.) genügend genau in der Längsmitte des Rahmens angenommen werden.

  Anmerkung. Bei genauer rechnerischer oder zeichnerischer Bestimmung des Rahmenschwerpunkts wird die Form des Rahmenblechs bzw. der Barrenstücke in Karton ausgeschnitten und die Schwerpunktslage durch mehrmalige Bestimmung der Schwerlinie mittels Aufhängung an einem Faden gesucht.

2. Der Schwerpunkt des Kessels mit Wasserfüllung liegt unter normalen Verhältnissen bei zylindrischen Kesselschüssen und nicht allzu langer Rauchkammer beiläufig in

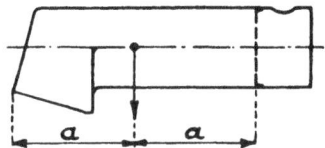

Abb. 135.

der Mitte des Abstandes der Rauchkammerrohrwand von der durch das hintere Kesselende gezogenen Senkrechten (vgl. Abb. 135).

II. Die Verwirklichung der angestrebten Achsdrücke.

Die Achsdrücke, welche sich für die zu entwerfende Lokomotive empfehlen und die Achsstände, also die Lage der
einzelnen Achsen sind bereits festgelegt. Es ist nunmehr fest-
zustellen, ob und wie die angestrebten Achsdrücke bei den angenommenen Achsständen v e r w i r k l i c h t werden können.

Ein rechnerischer Weg, der zum Ziele führt, sei allgemein
kurz gekennzeichnet und an einem Beispiel erläutert.

§ 85. Allgemeines Verfahren zur Verwirklichung angenommener Achsdrücke.

1. Wahl einer beliebigen Momentenlinie, auf welche sämtliche
   nachstehend aufzustellenden Momente bezogen werden sollen.
   Diese Linie wird vielfach in die Ebene der hinteren Pufferkante verlegt (vgl. Abb. 136, S. 260).
2. Aufstellung des vom Dienstgewicht der Lokomotive erzeugten
   Gesamtmomentes M.

$$M = \Sigma Gg = G_1 g_1 + G_2 g_2 + \dots + G_n g_n,$$

   wobei $G_1 G_2 \dots G_n$ die angestrebten Achsdrücke der einzelnen
   Achsen,

   $g_1 g_2 \dots g_n$ ihre Abstände von der gewählten Momentenlinie sind.
3. Zusammenstellung der Gewichte der ungefederten und der
   gefederten Teile der Lokomotive und ihrer Schwerpunktsabstände, zweckmäßig zusammengefaßt in

   I. U n g e f e d e r t e T e i l e : Radsätze mit Achskisten, Federn
   mit Stützen, Kuppelstangen, Triebstangenanteile, etwa vorhandene Drehgestelldeichseln usw.

   Gesamtgewicht ΣU t, Schwerpunktsabstand u m.

   II. G e f e d e r t e T e i l e :

	Gewicht:	Schwerpunktsabstand:
a) Rahmen samt Zubehör	R t	r m
b) Triebwerk mit Steuerung	T »	t »
c) Kessel im Dienst	K »	k »
d) Gesamtausrüstung im Dienst	A »	a »

4. Das unter 2. gefundene Gesamtmoment M wird verwirklicht,
   wenn

$$M = U \cdot u + R \cdot r + T \cdot t + K \cdot k + A \cdot a \text{ ist.}$$

In dieser Gleichung ist über sämtliche Größen, insbesondere über die Schwerpunktsabstände u, r, t, k, a durch den Entwurf bereits verfügt. Um die Erfüllung der Gleichung zu prüfen, empfiehlt es sich, '*einen der Schwerpunktsabstände als Unbekannte einzuführen und alsdann zu untersuchen, wie weit sich der rechnerisch gefundene Wert desselben mit dem konstruktiv bereits angenommenen Werte deckt.*

Hierzu eignet sich vorzugsweise der Abstand k des Kesselschwerpunkts, da der sich ergebende Unterschied der Rechnung und Konstruktion beim Kessel am leichtesten ausgeglichen werden kann. Denn 1. ist der (mit Wasser gefüllte) Kessel relativ schwer, hat also auf die Lastverteilung starken Einfluß, 2. kann eine Verschiebung des Kessels in engen Grenzen (etwa bis 0,5 m), je nach Bauart der Lokomotive meist ohne erhebliche weitere konstruktive Änderungen vorgenommen werden.

5. Untersuchung, ob der n e u e n, durch Rechnung bestimmten Kessellage keine baulichen Hindernisse im Wege stehen. Die im § 55, S. 189 angeführten Gesichtspunkte sind hierbei wohl zu beachten.

Kann die rechnerisch bestimmte Lage des Kessels aus konstruktiven Gründen nicht verwirklicht werden, so müssen Änderungen in der Annahme der Achsstände oder der Schwerpunktslagen des Rahmens, des Kessels, der Gesamtausrüstung (bei Tendermaschinen der Vorräte), so lange vorgenommen werden, bis sich die angestrebten Achsdrücke ergeben.

Beispiel zur Erläuterung des im § 85 gegebenen allgemeinen Verfahrens, in welchem untersucht wird, ob die ursprünglich in Aussicht genommenen Achsdrücke tatsächlich verwirklicht werden können. § 86.

1. Der Entwurf einer $^3/_4$ gekuppelten (1 C o) Tenderlokomotive sei nach der bisher gegebenen ·Anleitung durchgeführt und in einer im Maßstab 1 : 50 angefertigten Skizze aufgezeichnet (vgl. Abb. 136, S. 260). Nachstehende Gewichte und Schwerpunktsabstände der in der Ebene der hinteren Pufferkante angenommenen Momentenlinie sind ermittelt:

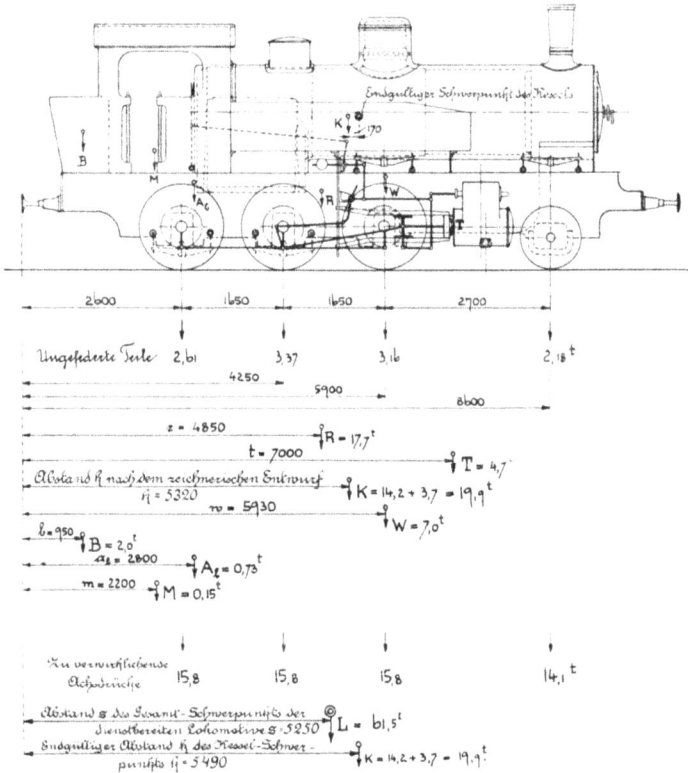

Abb. 136.

I. Ungefederte Teile:

	Gewicht	Schwer-punkts-abstand	Er-zeugtes Moment
	t	m	mt
1. Radsatz: Laufachse [1]) . . . . $U_1 = 2{,}18$		$u_1 = 8{,}6$	$18{,}75$
2. Radsatz: Vordere Kuppelachse [2]) $U_2 = 3{,}16$		$u_2 = 5{,}9$	$18{,}62$
3. Radsatz: Triebachse [3]) . . . . $U_3 = 3{,}37$		$u_3 = 4{,}25$	$14{,}32$
4. Radsatz: Hintere Kuppelachse [4]) $U_4 = 2{,}61$		$u_4 = 2{,}6$	$6{,}77$

[1]) Mit Achskisten, Federn und Deichselanteil des Krauß-Helmholtz-Drehgestells. [2]) Mit Achskisten, Federn, Deichsel-anteil des Drehgestells und Kuppelstangenanteil. [3]) Mit Achskisten, Federn, Trieb- und Kuppelstangenanteil. [4]) Mit Achskisten, Federn und Kuppelstangenanteil.

$\Sigma U u = 18{,}75 + 18{,}62 + 14{,}32 + 6{,}77 = 58{,}46$ m/t.

II. Gefederte Teile:

	Gewicht t	Schwer- punkts- abstand m	Er- zeugtes Moment mt
a) Rahmen. Bleche, Winkel, Achskisten-führungen, Federung, Zug- und Stoßvorrichtung, Bahnräumer, Gleitbahnträger, Bremseinrichtungen: 15,0 t. Wasser- und Kohlenkasten, Führerstand: 2,7 t.	$R = 17,7$	$r = 4,85$	86,6
b) Triebwerk. Zylinder, Kolben, Kreuzköpfe, Triebstangenanteile, innere u. äußere Steuerung, Umsteuerungsvorrichtung.	$T = 4,7$	$t = 7,0$	32,9
c) Kessel. Leer: Kesselschale mit eingesetzter Feuerbüchse, Siederohrbündel; komplette Armatur, Ein- und Ausströmrohre, Blasrohr, Rost, Aschkasten, Rauchkammertüre, Kamin, Kesselverkleidung.	14,2	$k.$ Ent- worfen $k = 5,32$	$14,2 \cdot k$
Hierzu zur Dienstbereitschaft: Wasser im Kessel bei mittlerem Wasserstand, Rostbeschickung.	3,7	$k + 0,22^1)$	$3,7 \times$ $(k +$ $0,22)$
d) Gesamtausrüstung. Vorräte an Speisewasser . .	$W = 7$	$w = 5,93$	41,51
Vorräte an Brennstoff . . .	$B = 2$	$b = 0,95$	1,90
Besondere Ausrüstung (Werkzeuge, Winden, Laternen usw.)	$A_b = 0,73$	$a_b = 2,8$	2,04
Lokomotivmannschaft . . .	$M = 0,15$	$m = 2,2$	0,33

[1]) Der Schwerpunkt der Wasserfüllung usw. liegt bei den gewählten Kesselabmessungen um 0,22 m vor dem Schwerpunkt des leeren Kessels.

17**

2. Die vorstehend zusammengefaßten Gewichte erzeugen in bezug [auf die gewählte Momentenlinie folgende Momente:

I. Ungefederte Teile:

$$\Sigma U u = 18{,}75 + 18{,}62 + 14{,}32 + 6{,}77 = 58{,}46 \text{ mt.}$$

II. Gefederte Teile:

     a) Rahmen . . . $R r = 86{,}6$ mt,

     b) Triebwerk. . . $T t =$ $32{,}9$ mt,

     c) Kessel im Dienst $K k = 14{,}2\, k + 3{,}7\, (k + 0{,}22)$ mt,

     d) Gesamtausrüstung $A a = 41{,}51 + 1{,}9 + 2{,}04 + 0{,}33$

                             $= 45{,}78$ mt.

3. Die entworfene Lokomotive soll bei den in Abb. 136 gegebenen Achsständen nachstehende Achsdrücke haben:

	Achsdruck G	Schwerpunktsabstand g	Erzeugtes Moment
	t	m	mt
1. Achse (Laufachse)	14,1	8,6	121,2
2. » (Vordere Kuppelachse) . .	15,8[1])	5,9	93,2
3. » (Triebachse)	15,8[1])	4,25	67,1
4. » (Hintere Kuppelachse) . .	15,8[1])	2,6	41,1
	$L = 61{,}5$		322,6

[1]) 15,8 t sind gegenüber dem höchsten zulässigen Achsdruck von 16 t gewählt, um bei der Ausführung noch eine Sicherheit gegen Überschreitung des gerechneten Gewichtes zu haben.

Die angestrebten Achsdrücke erzeugen ein Gesamtmoment M:

$$M = \Sigma G g = 121{,}2 + 93{,}2 + 67{,}1 + 41{,}1 = 322{,}6 \text{ mt.}$$

Der zu verwirklichende Gesamtschwerpunkt liegt somit in einem Abstand $s = \dfrac{\Sigma G g}{L} = \dfrac{322{,}6 \text{ mt}}{61{,}5 \text{ t}} = 5{,}25$ m von der gewählten Momentenlinie.

4. Das gewünschte Moment M wird verwirklicht, wenn:

$$M = \Sigma U u + R r + T t + K k + A a$$

oder unter Einsetzung der unter I. und II. zusammengestellten Werte

$$M = 322{,}6 = 58{,}46 + 17{,}7 \cdot 4{,}85 + 4{,}7 \cdot 7{,}0$$
$$+ \{14{,}2 \cdot k + 3{,}7 \cdot (k + 0{,}22)\} + \{7 \cdot 5{,}93 + 2 \cdot 0{,}95$$
$$+ 0{,}73 \cdot 2{,}8 + 0{,}15 \cdot 2{,}2\}.$$

Hieraus errechnet sich der Schwerpunktsabstand k des dienstbereiten Kessels (mit Wasserfüllung):

$$k = 5{,}49 \text{ m.}$$

Der zeichnerische Entwurf weist $k =$ 5,32 m auf. *Der Kessel ist somit zwecks Verwirklichung der angestrebten Achsdrücke um 5,49 — 5,32 = 0,17 m = 170 mm nach vorwärts zu verschieben.*

Diese Verschiebung auf dem Rahmen kann in diesem Falle ohne einschneidende konstruktive Änderungen vorgenommen werden.

Das allgemein und durch ein Beispiel erläuterte Verfahren § 87. zur Verwirklichung der beabsichtigten Achsdrücke ist für den vorläufigen Entwurf einer Lokomotive genau genug. Etwaige Änderungen der Achsbelastungen, welche sich nach Durchbildung sämtlicher Einzelteile ergeben können nach einer genauen, alle Einzelteile berücksichtigenden Gewichtsberechnung durch eine weitere, kleine, in der Regel ohne erhebliche konstruktive Änderungen vornehmbare Verschiebung des Kessels auf dem Rahmen ausgeglichen werden.

Zeigt die ausgeführte Lokomotive bei der Wägung noch Abweichungen der Achsbelastungen von den beabsichtigten Werten, so werden diese entweder durch Veränderung der Spannung der Tragfedern, oder — wenn dies nicht angängig ist — durch nachträglichen Einbau eines besonderen Belastungsgewichtes behoben.

Damit sind die wesentlichen, beim Entwurf einer Lokomotive Beachtung verdienenden Gesichtspunkte gegeben.

Weiter auf die Durchbildung der Einzelheiten, insbesondere der Federung, des Kessels, des Massenausgleichs, der Steuerung und der Bremseinrichtungen einzugehen, liegt nicht im Rahmen dieser »Anleitung«. Denn diese ist lediglich dazu bestimmt, Studierende und angehende Lokomotivingenieure anzuregen, ihnen aus der Fülle des Lesens- und Wissenswerten Wesentliches in kurzen Zügen zu geben und ihre Aufmerksamkeit auf wichtige Punkte zu lenken, die ab und zu weniger gewürdigt werden.

Übersicht über die gebrauchten Abkürzungen.

I. Zugkraft- und Leistungs-Berechnung.

G^t Nutzlast am Tenderzughaken.

Lt Dienstgewicht der Lokomotive.

L_1^t Reibungsgewicht der Lokomotive.

L_l^t Leergewicht der Lokomotive.

T^t Dienstgewicht des Tenders bei vollen Vorräten.

T_l^t Leergewicht des Tenders.

w kg/t   Laufwiderstand einer Tonne Zuggewicht.

s kg/t   Steigungswiderstand einer Tonne Zuggewicht, zugleich Steigungs-verhältnis der Bahn in $^0/_{00}$.

k kg/t   Krümmungswiderstand einer Tonne Zuggewicht.

W kg   Gesamtwiderstand des Zugs.

Z kg   Leistungsprogrammgemäße Zugkraft.

V km/Std.   Fahrgeschwindigkeit: $V = 3{,}6 \cdot v$.

v m/sek.   »   : $v = V : 3{,}6$.

n Minutliche Umdrehungszahl der Triebräder.

u Sekundliche   »   »   »

f Reibungsziffer zwischen Radreif und Schiene.

Z_Z kg   Zylinderzugkraft, Zugkraft aus der Maschinenleistung.

Z_{KL} kg   Zugkraft aus der Kesselleistung.

$Z_{aus\,L_1}$ kg   Zugkraft aus dem Reibungsgewicht.

II. Kessel.

H_{total} m²   Gesamtheizfläche (einschließlich einer etwa vorhandenen Über-hitzerheizfläche).

H m²   Gesamte wasserverdampfende Heizfläche (auf der Feuerseite gemessen)

$H_{\text{Üb}}$ m² Überhitzerheizfläche (feuerberührt).

R m² Rostfläche.

l_R m Rostlänge.

b_R m Rostbreite.

H_B m² Heizfläche der Feuerbüchse.

t m Feuerraumtiefe.

H_R m² Heizfläche der Siederohre, ev. vorhandener Flammrohre, Rauchrohre.

d_K mm Mittlerer lichter Durchmesser des Langkessels.

$d_{K\text{min}}$ mm Kleinster ›   ›   ›   ›

l mm Länge der Rohre zwischen den Rohrwänden.

i Anzahl der Siederohre, Rauchrohre.

d_i/d_a mm Innerer, äußerer Durchmesser der Siederohre, Rauchrohre.

t_R Teilung der Siederohre.

p kg/cm² Höchste Dampfspannung.

β PSe/m² Anstrengungsziffer der Heizfläche.

h_{SO} mm Höhe des Langkesselmittels über S. O.

III. Fahrzeug.

s Gesamtachsstand der Lokomotive.

GL Geführte Länge ›   ›

s_f Fester Achsstand ›   ›

s_T Gesamtachsstand des Tenders.

$s + s_T$ Gesamtachsstand von Lokomotive und Tender.

IV. Triebwerk.

d mm Zylinderdurchmesser bei einstufiger Dampfdehnung.

d_H mm Durchmesser des HD-Zylinders.

d_N mm ›   › ND· ›

h mm Kolbenhub.

J^{liter} Inhalt des bzw. der HD-Zylinder.

D mm Triebraddurchmesser (bei neuen Radreifen).

α Koeffizient zur Bestimmung der Zugkraft aus der Maschinenleistung (vgl. S. 23).

V. Betriebstechnische Angaben.

W m³ Wasservorräte.

K t Kohlenvorräte.

S   Schnellzug-.
P   Personenzug-.
G   Güterzug-.
V   Verschiebe-.

VI. Angaben über Literatur.

Org. Organ für die Fortschritte des Eisenbahnwesens.
Z. Zeitschrift des Vereins deutscher Ingenieure.
D. Lok. Die Lokomotive, Wien.
Rev. gén. Revue générale des chemins de fer.
Engg. Engineering.
The Eng. The Engineer.
E. d. G. Eisenbahntechnik der Gegenwart, Erster Abschnitt, Erster Teil:
Die Lokomotiven.
Garbe Die Dampflokomotiven der Gegenwart.
Barbey. Barbey, Les locomotives suisses.
Barb. & Godf. Barbier et Godfernaux, les locomotives à l'exposition de Paris 1900.